水文与水资源勘测研究和节约合理利用水资源

陈　云　陈　熙　张利敏　著

吉林科学技术出版社

图书在版编目（CIP）数据

水文与水资源勘测研究和节约合理利用水资源 / 陈云，陈熙，张利敏著. -- 长春 : 吉林科学技术出版社，2022.8

ISBN 978-7-5578-9389-7

Ⅰ. ①水… Ⅱ. ①陈… ②陈… ③张… Ⅲ. ①水文观测②水资源管理 Ⅳ. ①P332②TV213.4

中国版本图书馆CIP数据核字(2022)第120005号

水文与水资源勘测研究和节约合理利用水资源

著　　陈　云　陈　熙　张利敏
出 版 人　宛　霞
责任编辑　赵　沫
封面设计　北京万瑞铭图文化传媒有限公司
制　　版　北京万瑞铭图文化传媒有限公司
幅面尺寸　185mm×260mm
开　　本　16
字　　数　396千字
印　　张　18.25
印　　数　1-1500册
版　　次　2022年8月第1版
印　　次　2022年8月第1次印刷

出　　版　吉林科学技术出版社
发　　行　吉林科学技术出版社
地　　址　长春市南关区福祉大路5788号出版大厦A座
邮　　编　130118
发行部电话/传真　0431-81629529　81629530　81629531
　　　　　　　　81629532　81629533　81629534
储运部电话　0431-86059116
编辑部电话　0431-81629510
印　　刷　廊坊市印艺阁数字科技有限公司

书　　号　ISBN 978-7-5578-9389-7
定　　价　58.00元

《水文与水资源勘测研究和节约合理利用水资源》编审会

水是人类及其他生物赖以生存中的不可缺少的重要物质，也是工农业生产、社会经济发展和生态环境改善不可替代的极为宝贵的自然资源。然自然界中的水资源是有限的，人口增长与经济社会发展对水资源需求量不断增加，水资源短缺和水环境污染问题日益突出，严重地困扰着人类的生存和发展。水资源的合理开发与利用，加强水资源管理与保护已经成为当前人类为维持环境、经济和社会可持续发展的重要手段和保证措施。水资源勘测方面，主要突出基础知识，实用性强，内容全面，简明扼要，并适当考虑水文勘测技术和仪器设备的发展趋势，具有一定的前瞻性。其主要内容有水文站网规划与测站布设；水文普通测量；水位、流量、泥沙、降水、蒸发、地下水等水文要素的监测与资料整理方法；水文缆道；水文情报预报与水文信息码；水文分析计算与水资源及分析评价；计算机与其在水文勘测工作中的应用等。因此，编写能够全面系统介绍水资源利用与保护的基本原理、方法和原则及新技术、新发展的著作具有重要的现实意义。

本书介绍了水文与水资源的基础知识，水文要素的观测和资料整理方法、年径流与洪水的计算方法及水库的调节计算方法。包括水文水资源基础知识，水文资料的收集、地表水源的分析计算、设计洪水的计算、水库兴利调节计算、水库防洪调节计算等内容。

本书在吸收有关书籍精华的基础上，充实新思想、新理论，新方法和新技术，同时不过分苛求学科的系统性与完整性，强调理论联系实际，突出应用性，以期突出教育教学的特色。

目录

第一章 地下水的形成及其水循环

第一节 地下水的概念及其研究应用的发展

地下水指存在于地表以下岩（土）层空隙中的各种不同形式的水的统称。地下水是地表水资源的重要补充。地表水与地下水的区别见表 1-1。虽然地下水资源量在我国各大流域基本小于地表水资源量（见图 1-1），但因地下水对维持水平衡具有重大作用，同时地下水具有难以再生性的特点，因此对地下水的资源量的勘查是非常重要的。我们要根据地下水的补给、径流与排泄形式及其资源总量，确定其可以利用的量，保证水资源的可持续发展。

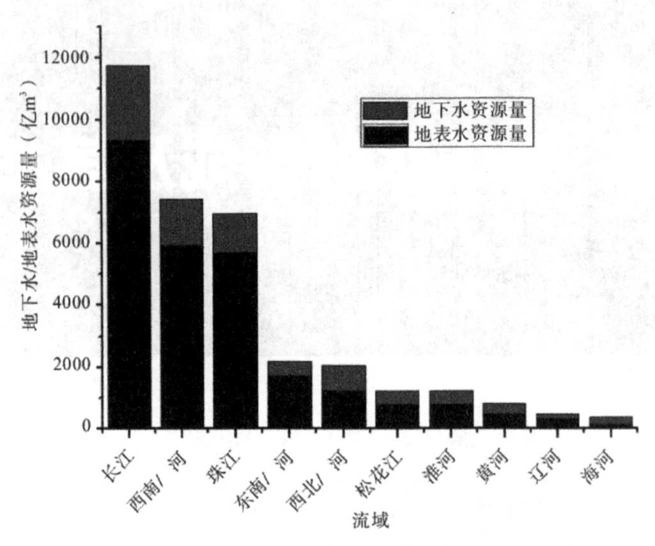

图 1-1　我国各流域地表水与地下水资源量组成

表 1-1　地表水与地下水的区别

比较项目	地表水	地下水
空间分布	地表稀疏的水文网	地下广阔的含水介质
时间调节	季节变化性大；需要筑坝建库进行人工调节	具有天然调节功能的地下水库
水质	易受污染；易恢复	不易受污染；不易恢复
可利用性	预先进行水质处理；修建管道	把地下水提升至地表消耗能量
补给速度	补给速度快，水资源可利用量大	补给速度慢，深层含水层的补给更慢

地下水基本规律由地下水水文学这一学科进行研究的，地下水水文学的发展经历了以下的过程：

萌芽时期——由先民的逐水而居到逐渐凿井取水，开始认识并积累地下水知识，同时也可以认为，正是由于正确掌握了地下水的有关知识，人们才可成功地凿井取水，从而不必过分依赖河流，使人类的居住范围得到了大范围的增加。

奠基时期——法国水力工程师达西通过试验及计算分析，提出了著名的“达西定律”，为地下水从定性到半定量计算提供了理论依据，使得人类对地下水的利用可以达到一种可控状态。

20世纪中叶到20世纪90年代——泰斯非稳定流理论的提出是该阶段的主要标志，同时计算机技术的应用为求解这些较复杂的公式提供了快捷的方式。

20世纪90年代以后——主要致力于地下水与环境可持续发展，数值模拟的方法与软件的出现为这种大范围的复杂的定量计算提供可能。

目前，水文地质领域内常用的数值模拟方法有：有限差分法（FDM）、有限单元法（FEM）、有限分析法（FAM）和边界单元法（BEN）等。目前数值模拟的软件也很多，常用的软件中MODF10W是由美国地质调查局于20世纪80年代开发出的一套专门用于孔隙介质中地下水流动数值模拟的软件，是当前地下水数值模拟领域的权威软件。该软件在科研、生产、城乡发展规划、环境保护及水资源利用等许多行业和部门得到了广泛的应用，已经成为最为普及的地下水运动数值模拟的计算机程序。MODF10W原本用于模拟地下水在孔隙介质中的流动，但通过大量实际工作发现，只要其恰当使用，MODF10W也可用于解决许多地下水在裂隙介质中流动问题。

第二节 自然界中的水循环与地下水的形成

一、水循环的过程与理解

水在地球的状态包括固态、液态和气态，而地球上的水多数存在于大气层、地面、地底、湖泊、河流及海洋中。水会通过一些物理作用（如蒸发、降水、渗透、表面的流动和地底流动等），由一个地方移动到另一个地方，例如水由河川流动至海洋。水循环是指自然界的水在水圈、大气圈、岩石圈、生物圈四大圈层中通过各个环节连续运动的过程，是自然环境中主要的物质运动和能量交换的基本过程之一。也可以说，水循环是指地球上不同地方的水，通过吸收太阳的能量，改变状态到地球上另外一个地方。例如，地面的水分被太阳蒸发成为空气中的水蒸气，水蒸气又在一定的地方形成降雨落入地上。

地下水是自然界水的一个组成部分，并参与自然界水的总循环。地下水循环从水文地质角度而言是指地下水的一个完整的补给、径流、排泄的全过程。其中：补给是指地下水形成，地下水形成是由地表水或大降水入渗地下形成地下水的过程；径流则是指地下水形成后在地下含水层系统中的运移；排泄则指地下水通过种种方式又转化为地表水或大气水的过程。

二、自然界中水循环的概念与分类

自然界中各部分水是处于动态平衡的状态中，它们在各种自然因素和人为因素的综合影响下不断地进行着循环和变化。也就是说自然界中的大气水、地表水和地下水并不是彼此孤立存在的，它们是一个互相联系的整体。即大气水、地表水和地下水三者之间实际处于不断地运动以及相互转换的过程之中，这一过程被称为自然界的水循环。

自然界中的水循环按其循环范围与途径的不同，可分为大循环与小循环。

（一）自然界中水的大循环

在太阳辐射热的作用下，水从海洋面蒸发变成水汽上升进入大气圈中，并随气流运动移至陆地上空，在适宜的条件下，重新凝结成液态或固态水，以雨、雪、雹、露、霜等形式降落到地面。降落到地面上的水，一部分就地再度蒸发返回大气中；一部分沿着地面流动，汇集成为河流、湖泊等地表水；一部分渗入地下成为地下水，其余部分最终流入海洋，如下图 1-2、1-3 所示。

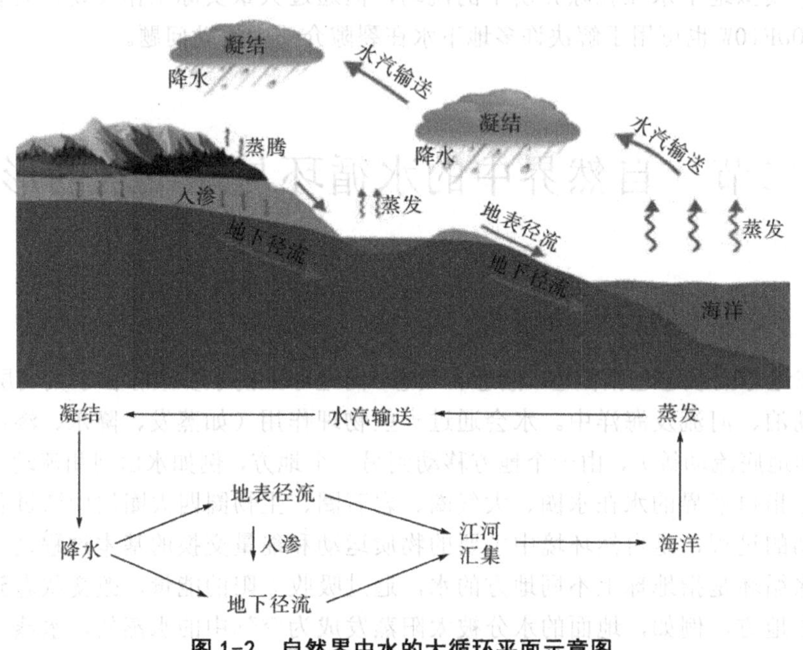

图 1-2　自然界中水的大循环平面示意图

大循环过程：海洋水→蒸发→水汽输送→降水至陆地→径流（包括地表径流与地下径流）→大海。

（二）自然界中水的小循环

自然界中水的小循环是指陆地或海洋本身的内部水循环。其中有两种情形，一种是从海洋面蒸发的水分，重新降落回到海洋面；另一种是陆地表面的河、湖、岩土表面、植物叶面蒸发的水分，又复降落到陆地表面上来，这就是自然界水的小循环，又名内循环，也称为局部性的水循环。

小循环过程：

陆地循环：陆地→蒸发（蒸腾）→降水到陆地；

海上循环：海洋→蒸发→降水至海洋。

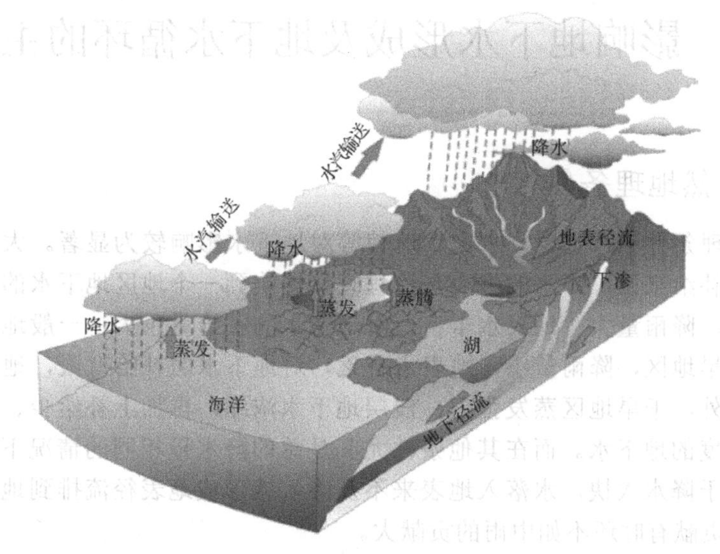

图 1-3　自然界水的大循环立体示意图

三、地下水的形成与地下水循环

地下水的形成必须具备两个条件：一是有水分来源，二是应有贮存水的空间。它们均直接或间接受气象、水文、地质、地貌和人类活动的影响。其中水分的来源与前述的自然界中的水循环有关，而贮存水的空间对地下水而言，如砂岩、石灰岩、砂卵石层等在条件合适时就可以成为良好的贮水空间，这部分岩土体也就被称为含水层。在野外进行找水钻探工作时要特别注意条件合适的问题，条件不同时哪怕是类似的附近岩层，其水质与水量可能差别很大，所以在钻探时“差之毫厘，谬以千里”的问题经常出现，因此不要随意移动钻孔位置，更不要减少水文试验与观察，仅凭想当然推论孔内水位情况。

地下水循环指地下水的一个完整的补、径、排过程。分成浅循环、深循环及不循环。浅循环一般是指一个水文地质单元中流速快，百年内就可将含水层中（通常指浅层地下水含水层）地下水更新一次的地下水循环；深循环则是指成百上千年或更长时间才能更新一次的地下水循环；不循环则指不具有稳定补给源的地下水含水层的地下水循环。

第三节 影响地下水形成及地下水循环的主要因素

一、自然地理条件

自然地理条件中，气象、水文、地貌等对地下水影响较为显著。大气降水是地下水的主要补给来源，降水的多少与过程直接影响到一个地区地下水的丰富程度。在湿润地区，降雨量大，地表水丰富，对地下水的补给量也大，一般地下水也比较丰富；在干旱地区，降雨量小，地表水贫乏，对地下水的补给有限，地下水量一般也较小。另外，干旱地区蒸发强烈，浅层地下水浓缩，再加上补给少、循环差，多形成高矿化度的地下水。而在其他条件尤其是总的降水量相同的情况下，在山区，特大暴雨由于降水太快，水落入地表来不及渗入就形成地表径流排到地表水中了，对地下水的贡献有时还不如中雨的贡献大。

地表水与地下水同处于自然界的水循环中，并且相互转化，两者有着密切的联系。在地表水补给地下水的地区，除了降水对地下水的补给外，地表水对地下水也能起到补给作用，但主要集中在地表水分布区，如河流沿岸、湖泊的周边。所以有地表水的地区，地下水既能得到降水补给，又可得到地表水补给，水量比较丰富，水质一般也较好。

在不同的地形地貌条件下，形成的地下水存在很大差异。

第一，在地形平坦的平原和盆地区，松散沉积物厚，地面坡度小，降水形成的地表径流流速慢，易于渗入地下补给地下水，特别是降水多的沿海地带和南方，平原和盆地中地下水分布广而且非常丰富。

第二，在沙漠地区，尽管地面物质粗糙，水分易于下渗，但因为气候干旱，降水少，地下水很难得到补给，同时蒸发又强烈，因此，许多岩层是能透水而不含水的干岩层。

第三，在黄土高原，由于组成物质较细，且地面切割剧烈，不利于地下水的形成，再加上位于干旱半干旱气候区，地下水贫乏，是中国有名的贫水区。

第四，山区地形陡峻，基岩出露，地下水主要存在于各种岩石的裂隙中，分布不均。由于降水受海拔高度的影响，具有垂直分布规律，在高大山脉分布地区，降水充足，地表水和地下水均很丰富，特别在干旱地区，这一现象表现得更为明显。位于中国干旱区腹部的祁连山、昆仑山、天山等，山体高大，拦截了大气中的大量水汽，并有山岳冰川分布，成为干旱区中的“湿岛”，也为周围地区提供大量的地表径流，使位于山前的部分平原具有充足的地表水和地下水资源。

另外，水的流动是从水位高的地方流向水位低的地方，因此地形的不同导致地下水的渗透路径也是不同的，见图 1-4。

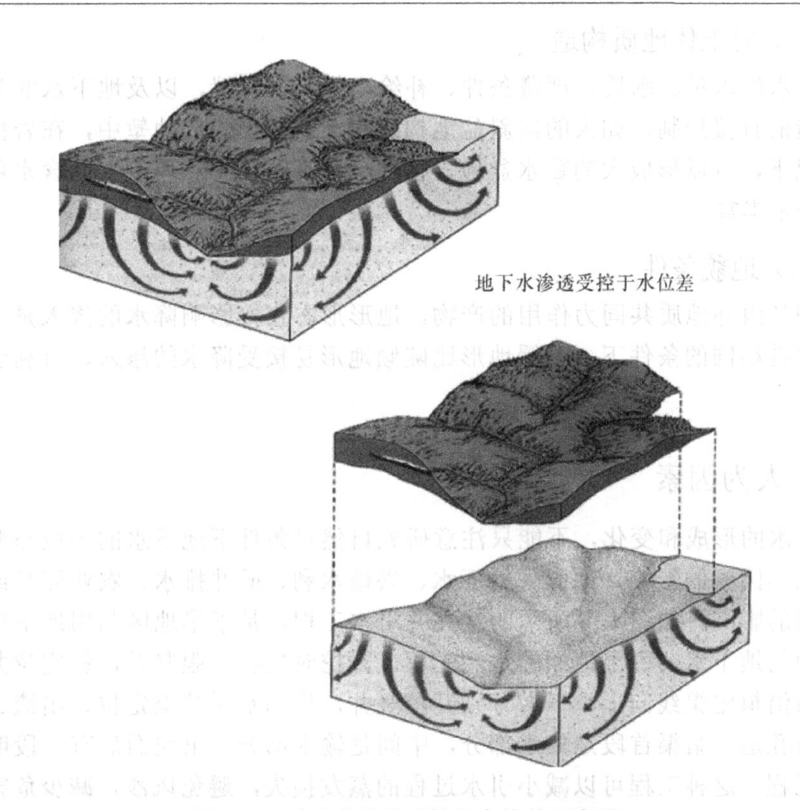

图 1-4　地下水渗透受控于水位差示意图

二、地质条件

影响地下水形成及循环的地质条件主要是岩石性质与地质构造。岩石性质决定了地下水的贮存空间，它是地下水形成的先决条件；地质构造则决定了具有贮水空间的岩石能否将水储存住以及储存水量的多少等特性。

除了一些结晶致密的岩石外，绝大部分岩石都具有一定的空隙。坚硬岩石中地下水存在于各种内、外动力地质作用形成的裂隙之中，分布极不均匀；松散岩层中，地下水存在于松散岩土颗粒形成的孔隙之中，分布相对较为均匀。在一些构造发育、断层分布集中的地区，岩层破碎，各种裂隙密布，地下水以脉状、带状集中分布在大断层及其附近。在构造盆地，由于基底是盆地式构造，其上往往沉积了巨厚的第四纪松散沉积物，再加上良好的汇水条件，多形成良好的承压含水层，蕴藏着丰富的自流水。地质条件的影响主要包括以下几方面：

（一）岩土体的空隙特性

通常把岩土空隙的大小、多少、形状、连通程度以及分布状况等性质，通称之为岩土体的空隙特性。岩土体空隙特性决定着地下水在其中存在的形式、分布规律和运动性质等。

（二）岩土体地质构造

地下水的水量、水质、埋藏条件、补给、径流与排泄，以及地下水的类型都受地质构造的直接控制。如大的向斜盆地构造和大断裂形成的地堑中，在岩性合理展布的情况下，可以形成大的贮水盆地，往往分布有范围广、厚度大的含水层，地下水资源非常丰富。

（二）地貌条件

地貌是内外地质共同力作用的产物。地形形态直接影响降水的渗入量，在补给面积和岩性相同的条件下，平缓地形比陡倾地形易接受降水的渗入，有利于地下水的形成。

三、人为因素

地下水的形成和变化，不能只注意研究自然界条件下地下水的形成与变化，还要研究人为因素的影响，如开采地下水、兴修水利、矿井排水、农业灌溉或人工回灌等造成的影响。如图 1-5 所示的坎儿井引水工程，是干旱地区利用地下渠道截引砾石层中的地下水，引至地面的水利工程。开挖时先打一眼竖井，称定位井。发现地下水后沿拟定渠线向上、下游分别开挖竖井，作为水平暗渠定位、出渣、通风和日后维修孔道。暗渠首段是集水部分，中间是输水部分，出地面后有一段明渠和一些附属工程。这种工程可以减小引水过程的蒸发损失，避免风沙，减少危害。但是从图中可以明显看出如果取水量过分增加，同时地下水的补给不充分的话，可能会减少含水层的含水量，长期如此可能造成含水层水质变差，进而造成不可逆转的后果。

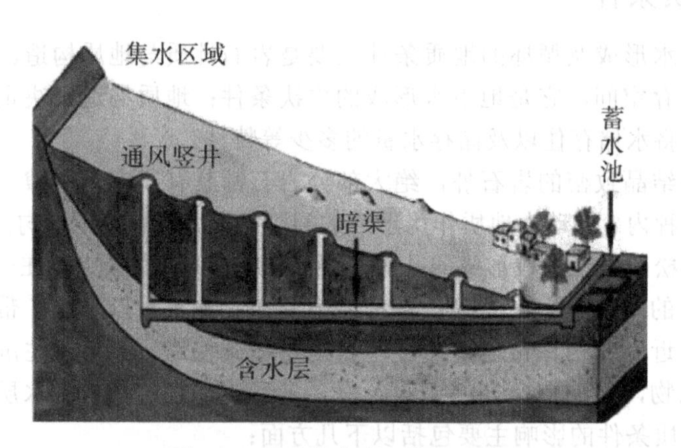

图 1-5　坎儿井水利工程示意图

上述这些与地下水形成有密切联系的各种自然因素和人为因素，称为地下水的形成条件或地下水循环影响因素。由地下水形成条件所决定的地下水的补给、径流、排泄、埋藏、分布、运动、水动力特性、物理性质、化学成分及动态变化等规律，总称为水文地质条件。

第四节　地下水的补给

地下水的补给会使含水层的水量、水化学特征与水温以及运动状态发生变化，补给获得水量后，含水层或含水系统运动可能发生的变化表现为地下水位上升，势能增加，使地下水保持不停的流动；而若地下水得不到补给，如由于构造封闭或气候干旱，地下水的流动将停滞。地下水补给研究的主要内容包括：补给来源、补给的影响因素与补给量。

地下水补给来源有：

天然补给：包括大气降水、地表水、凝结水及相邻含水层的补给等。

人为补给：包括灌溉水入渗、水库渗漏以及人工回灌。

地下水的补给途径如图 1-6 所示。

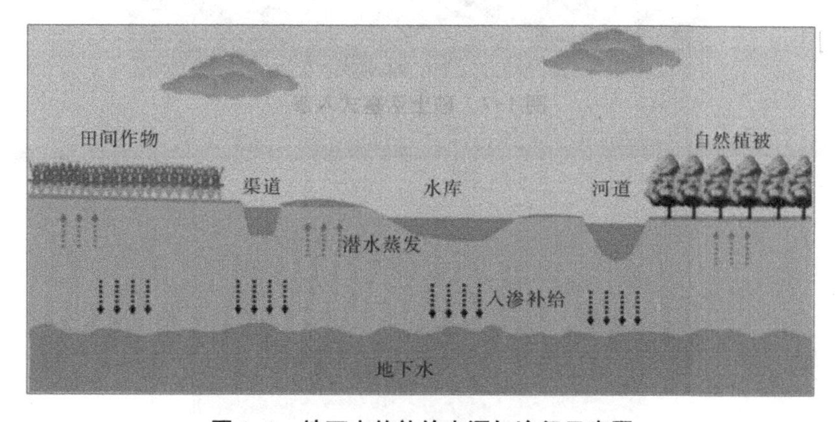

图 1-6　地下水的补给来源与途径示意图

一、大气降水补给

（一）大气降水入渗方式

包气带是降水对地下水补给的枢纽，包气带岩性结构和含水量状况对降水入渗补给起着决定性作用。

目前认为，松散沉积物的降水入渗有两种方式：

1. 均匀砂土层 —— 活塞式（如图 1-7 所示）。

2. 含裂隙的土层 —— 捷径式（如图 1-8 所示）。

活塞式入渗机制及过程如图 1-9 所示。

图 1-7　砂土活塞式入渗

图 1-8　黄土垂直裂隙及其捷径式下渗

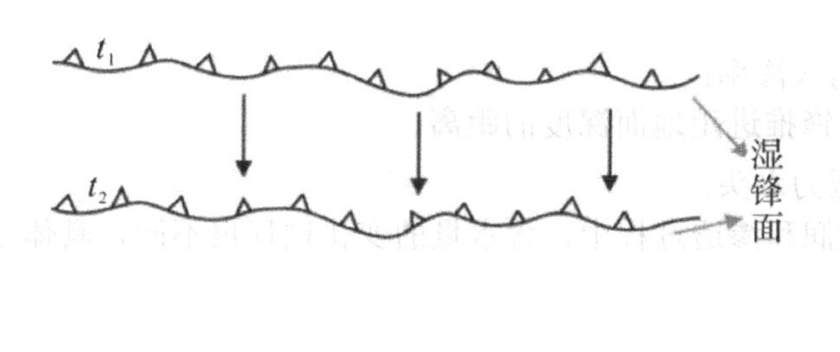

图 1-9 活塞式入渗机制与过程示意图

（二）大气降水入渗补给机制及过程

1. “活塞式”入渗 —— 主要存在于均匀的砂土层中

降水初期，土层干燥，吸水能力很强，雨水下渗很快；

降水延续一段时间，土层已经达到一定的含水量，毛细力与重力共同作用，到此时，下渗趋于稳定，即进入渗润阶段；

降水再持续一段时间，直到当土层湿锋面推进到支持毛细水带时，其含水量获得补给，潜水位上升，即进入渗漏与渗透阶段。

在降水入渗的整个过程中，入渗速率是随时间逐渐变化的，开始时大，后期迅速减小（见图 1-10）。入渗速率可以通过公式推算。

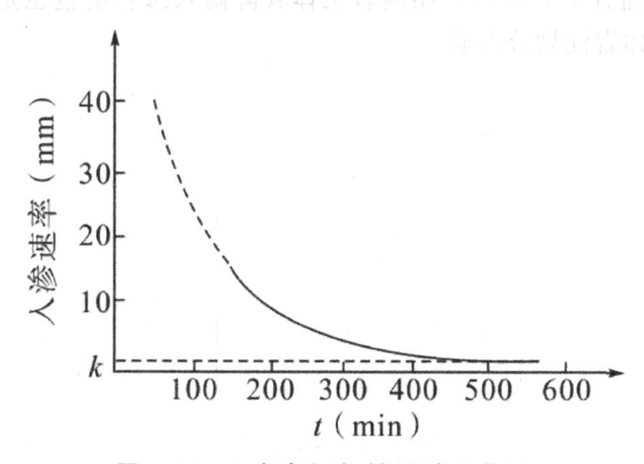

图 1-10 入渗速率随时间的变化曲线

$$V_t = k\left(\frac{Z+h_c}{Z}\right)$$

其中：V_t 为入渗率；

Z 为湿润前锋推进距地面深度的距离；

h_c 为毛细压力水头。

同时，在渗润和渗透过程中，含水量的变化过程也不同，具体见图 1-11。

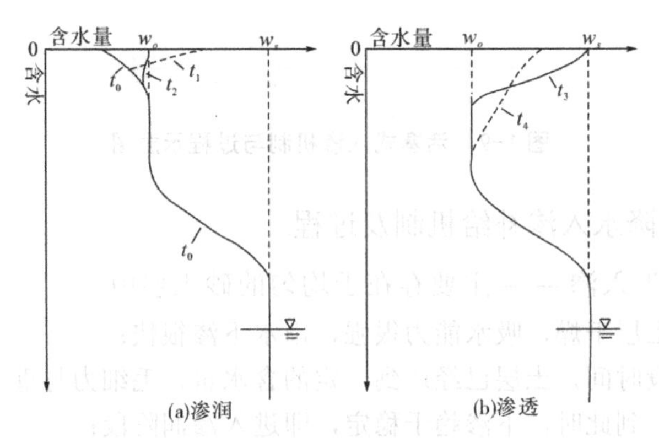

图 1-11　含水量随深度变化示意图

下渗过程中水分分布分带图见图 1-12。

不同岩土体接受地下水入渗补给量的大小是不同的，试验测试结果如图 1-13 所示。由图中可见，粉细砂与亚黏土在同样情况下降雨入渗补给量的差别在不同深度都是比较大的，而且不同埋深，相同岩土体其降雨入渗补给量也是不同的，因此在工作中要对岩土体岩性划分准确。

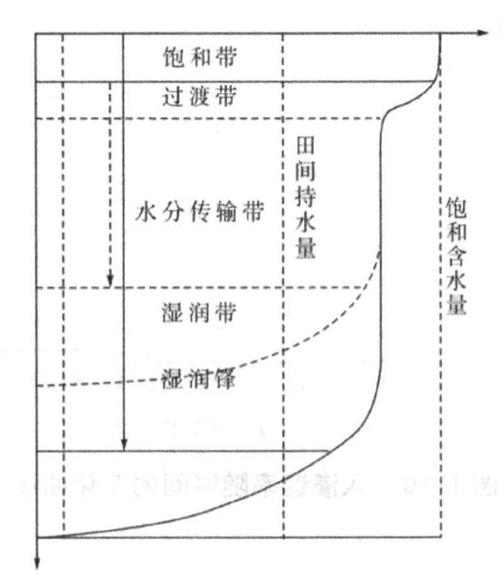

图 1-12　下渗过程中水分分布分带图

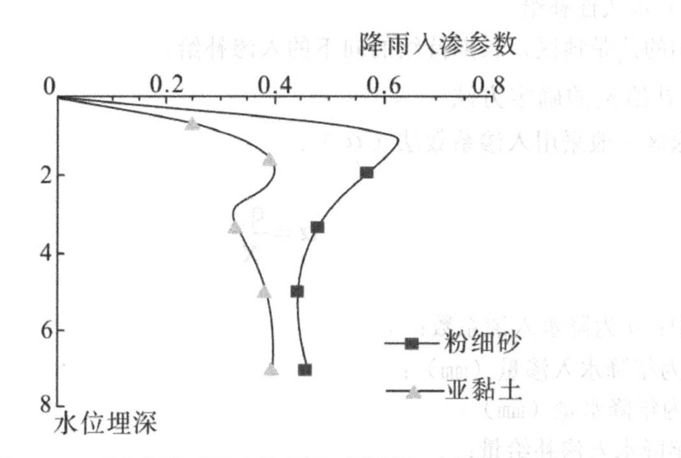

图 1-13　岩土体性质及水位埋深对降雨入渗补给的影响

2. “捷径式”下渗——这种下渗是在空隙大小悬殊的情况下产生过程比较简单，如图 1-14 所示。其中要注意两点：

第一，捷径式下渗，新水可超过老水，优先到达含水层。

第二，捷径式下渗，包气带不必达到饱和即可补给下方含水层。

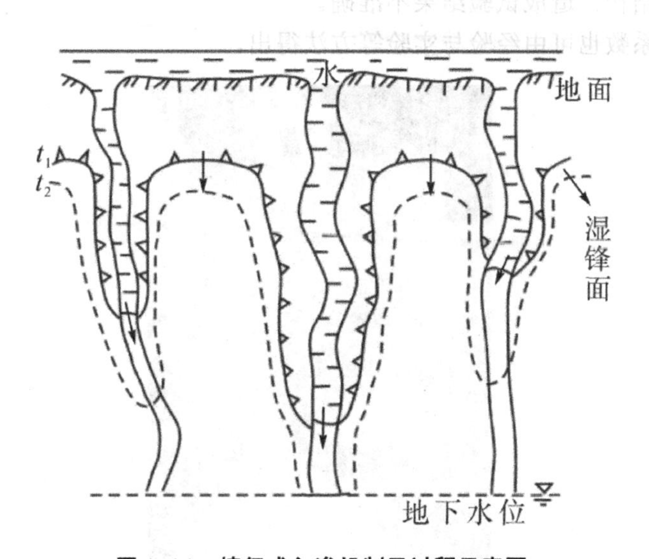

图 1-14　捷径式入渗机制及过程示意图

3. 三种不同时间尺度的补给

（1）短期补给

干、湿季节分明地区一次大雨后形成补给。

（2）季节性补给

有规律的季节性补给。

（3）永久性补给

湿润的热带地区，长期持续的向下的入渗补给。

4．补给量的确定方法

平原区一般采用入渗系数法（α）：

$$\alpha = \frac{q_x}{X}$$

其中：α 为降水入渗系数；

q_x 为年降水入渗量（mm）；

X 为年降水量（mm）。

全年降水入渗补给量：

$$Q = X \cdot \alpha \cdot F \cdot 1000$$

其中：Q、X、α 与 F 的单位分别是 m^3 / a、mm、无量纲、km^2。

降水入渗系数多用年平均值表示。具体可用地中渗透仪、入渗试验仪来测定（如图 1-15、1-18 所示），该试验适用于温带地区地下水埋深不大的情况，然这种试验容易扰动土壤结构，造成试验结果不准确。

降水入渗系数也可由经验与实验等方法得出。

图 1-15　河南郑州均衡试验场地试验地面装置

图 1-16 地下观测室

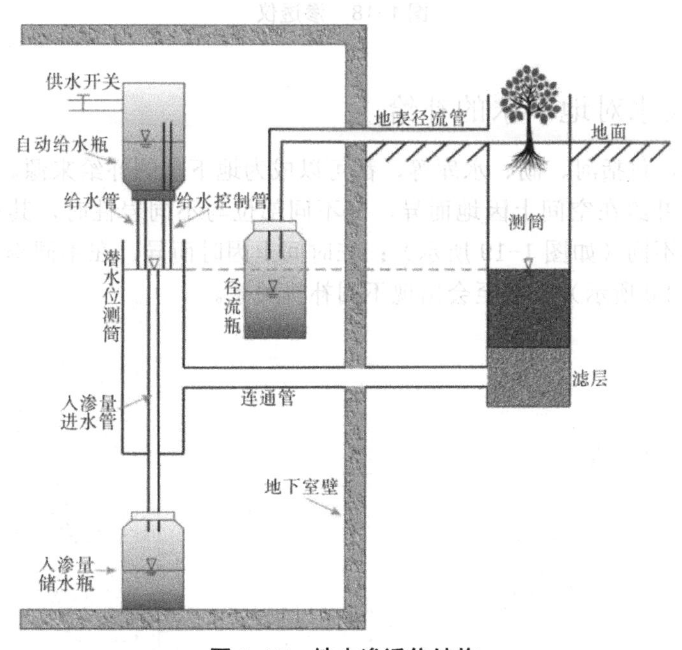

图 1-17 地中渗透仪结构

图 1-18　渗透仪

二、地表水对地下水的补给

地表水体，包括河、湖、水库等，都可以成为地下水的补给来源。

其中河流补给在空间上因地而异，即不同部位与不同岩性时，其补给量不同，甚至补排关系不同（如图 1-19 所示）；在时间上因时而异，在不同季节，其补给量不同（如图 1-20 所示），甚至会出现不同补排关系。

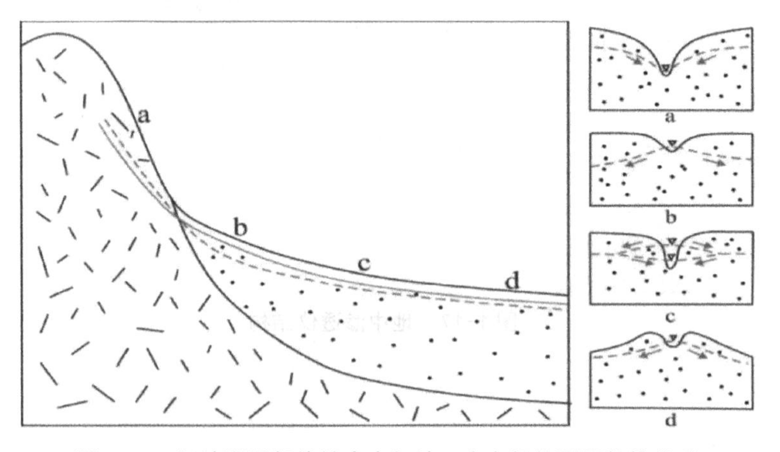

图 1-19　河流不同部位地表水与地下水之间的不同补排关系

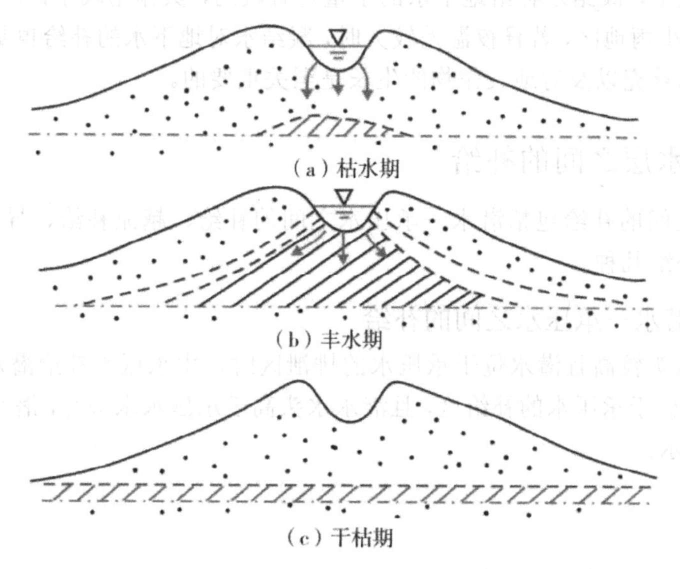

图 1-20　季节性河流补给地下水示意图

如图 1-19 所示，在河流从山区高差大的位置进入山前平原区时，因地形的变化会造成河流与地下水之间不同的补排关系。山区由于两岸地形较高，导致地下水位也高于河水位，因此是两岸的地下水补给河水。在刚进入平原区时，由于地形变缓，两岸地下水低于河水，因此是河水补给地下水。在进入平原区中段以后，降水较少，并且由于农田灌溉的需要，河水量减少，就进入了枯水 / 丰水模式，即丰水期河水水量大，能满足农田灌溉的需要，仍然是河水补给地下水，枯水期在经过农业灌溉分流后，河水水量大减，使得地下水水位高于河水，因此是地下水补给河水。而到再下游，由于降水充沛，通常河水位都高于地下水位，因此也是河水补给地下水。不过由于具体条件不同，不同河流、不同河段，不一定完全按照该幅图的转换模式进行补排关系的转换，需要具体情况具体分析。

如图 1-20 所示，在枯水期，河水水量小，补给来源少，地下水水位较低，水量较少，范围也较窄；而在丰水期，河水水量大，补给来源多，地下水水位就很高，基本到河底了，范围也比枯水期广很多；在干枯期，由于河流已经断流，在该处河段河水补给量为零，河底仅存留由于降雨等补给形成的少量地下水。

同时通过这两幅图的对比也可以了解常年性河流与季节性河流对地下水补给的异同点。

三、凝结水的补给

温度降低时，饱和湿度降低；温度降到一定程度，绝对湿度与饱和湿度相等；当温度继续下降，超过饱和湿度的那部分水汽凝结成水，由气态水转化成液态水的过程称为凝结作用。通过凝结作用对地下水进行的补给叫凝结水补给。

一般情况下，凝结水补给地下水的水量是有限的，其作用较小，但在特殊地区，如沙漠、缺水少雨地区，若昼夜温差较大时，凝结水对地下水的补给也是不可小视的，它对地下水的补充以及对地表作物的生长是至关重要的。

四、含水层之间的补给

含水层之间的补给包括潜水—承压水之间的补给、越流补给、导水断裂带补给及人工钻孔补给几种。

（一）潜水—承压水之间的补给

在承压水头较高且潜水位于承压水的排泄区时，由承压水补给潜水，如图 1-21 所示；在潜水位于承压水的补给区，且潜水水头高于承压水水头时，潜水补给承压水，如图 1-22 所示。

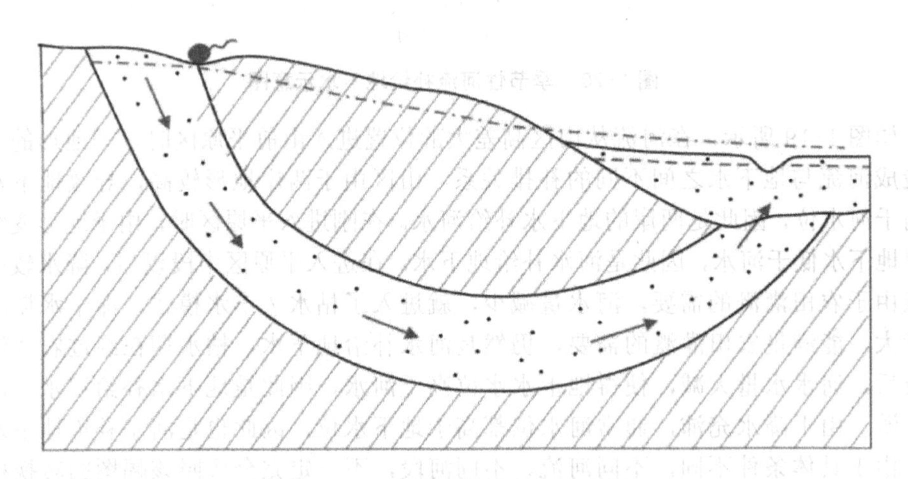

图 1-21　承压水补给潜水示意图

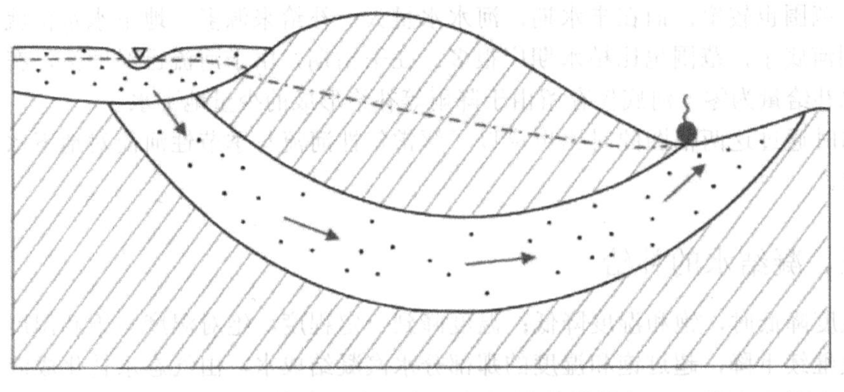

图 1-22　潜水补给承压水示意图

（二）越流补给

越流补给是指具有一定水头差的相邻含水层，通过其间的弱透水岩层发生水量交换的过程，如图1-23所示，越流经常发生于松散沉积物中，黏性土层构成弱透水层。

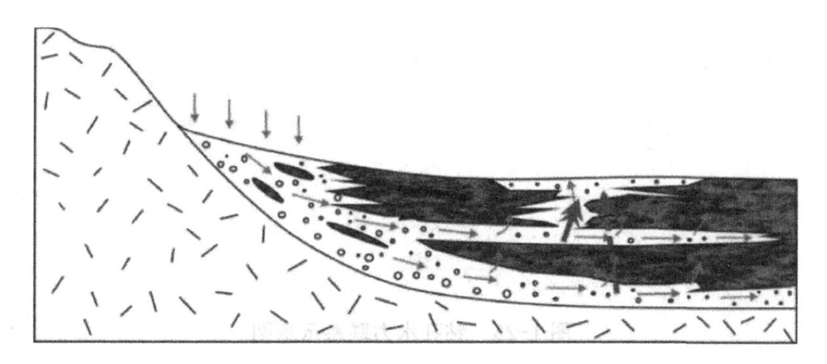

图1-23　越流补给示意图

（三）导水断裂带补给

导水断裂带补给是指地下含水层之间通过断裂带发生彼此地下水的交换过程，如图1-24所示。

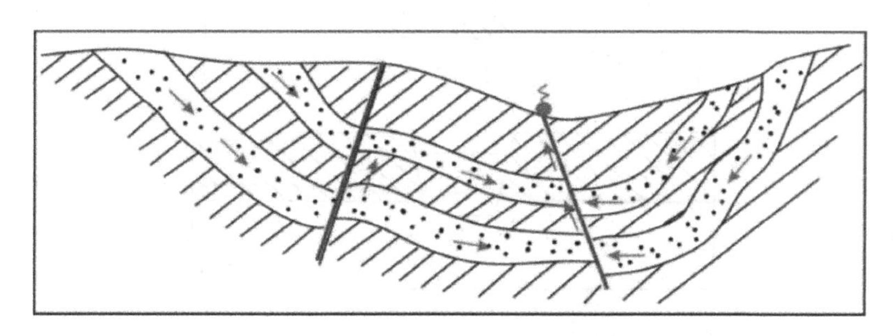

图1-24　导水断裂带补给示意图

（四）人工钻孔补给

地下含水层通过钻孔发生水力联系如图1-25所示，而造成这个情况如果不是设计需要引入下层含水层的水造成的话，那就是在钻孔过程中对孔壁的止水措施不严格造成的，可能会造成下层地下水污染上层地下水，带来不可避免的损失。另外，当下层为承压水且水头较高时，很有可能造成孔口作业人员的人身安全事故，因此要特别小心；

其他人工工程（如渠道、运河及井等）与地下含水层之间的水力联系如图1-26所示，其原理及后果也和钻孔造成的水力联系类似。

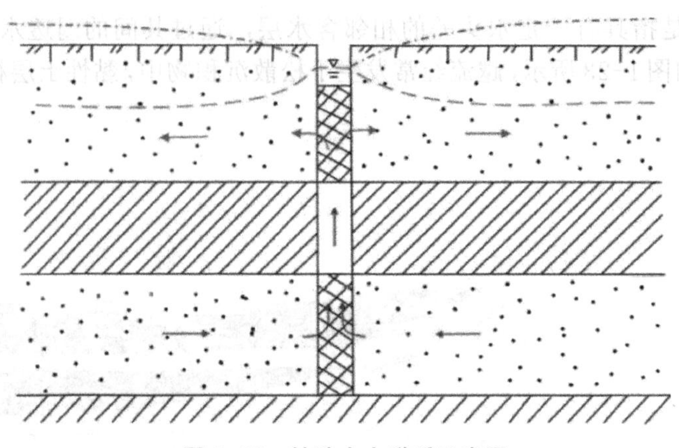

图 1-25　钻孔水力联系示意图

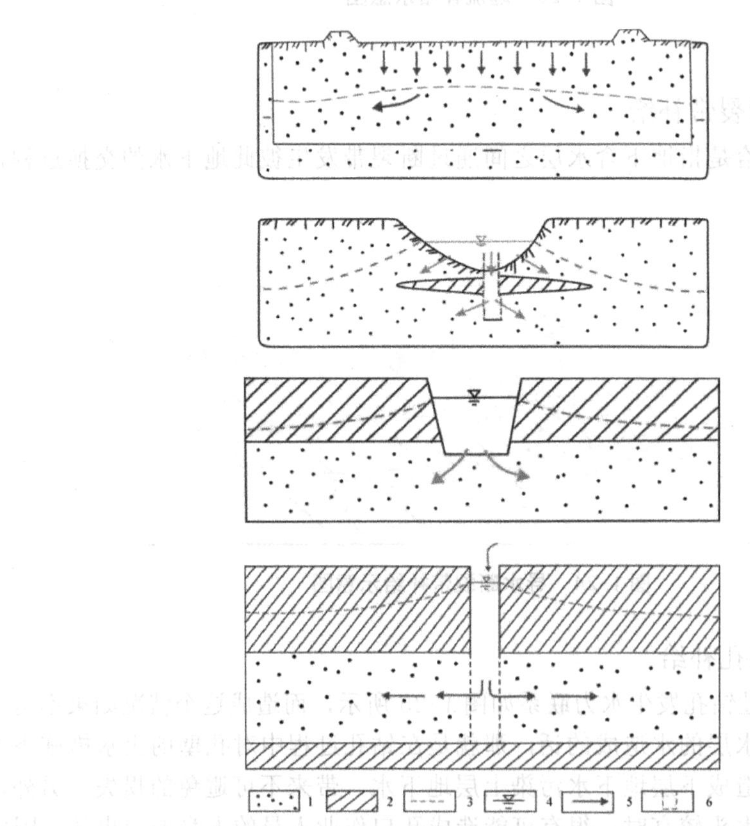

1—透水层；2—弱透水层；3—地下水位；4—地表水位及井中水位；5—水流方向；6—井

图 1-26　人工河、渠及井与地下含水层间水力联系示意图

第五节 地下水的排泄

含水层失去其含水量的作用和过程称为排泄。在排泄过程中，地下水的水量、水质、水位都随条件不同或多或少要发生一定的变化。研究地下水的排泄应包括排泄的排泄途径、排泄方式、排泄量、排泄区以及影响排泄的各项因素及其影响大小等内容。这些内容统称为排泄条件。

一、排泄方式

地下水的排泄方式有泉（点状排泄）、河流（线状排泄）、越流排泄（一个含水层中的水向另一个含水层排泄）、蒸发（面状排泄）以及人工排泄（井、钻孔、渠道等排出地下水）等。

（一）泉（点状排泄）

泉是地下水的天然露头，多为点状排泄。泉的出露是地形、地质与水文地质条件有机结合的结果，根据补给泉的含水层类型可将泉划分为下降泉与上升泉两类。其中：

下降泉——由上层滞水或潜水补给，通常流量和水质随季节性变化；

上升泉——由承压水补给，通常流量与水质均较稳定。

1. 下降泉

根据出露条件可将下降泉分为：

侵蚀泉：地形切割到潜水面，从而导致地下水出露地表形成的泉（图 1-27）。

接触泉：地形切割至隔水底板，从而导致地下水出露地表形成的泉（图 1-28）。

溢流泉：水流在前方受阻，水位抬升，从而溢流形成的泉（图 1-27）。

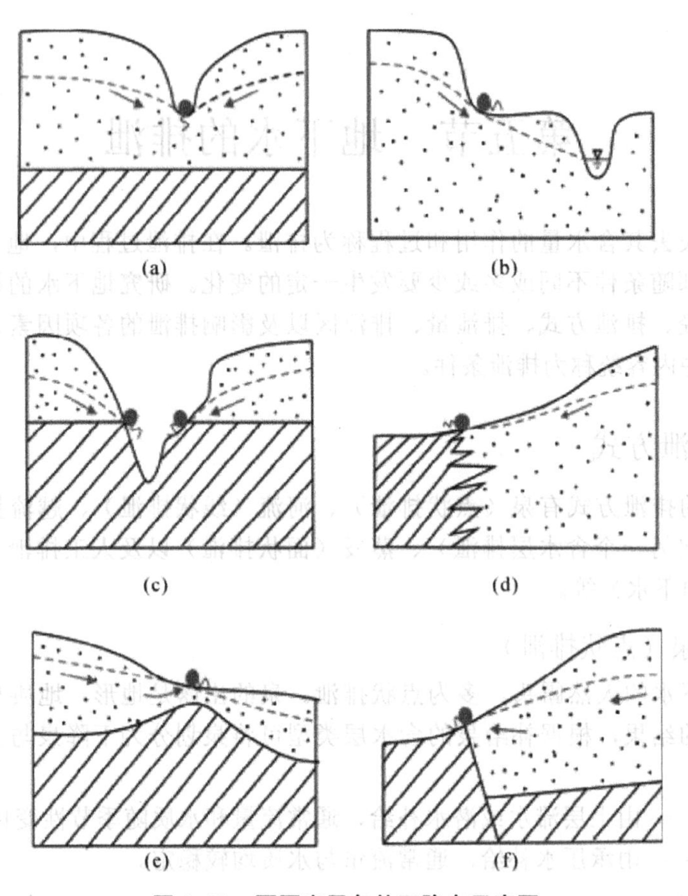

图 1-27　不同出露条件下降泉示意图

2. 上升泉

根据出露条件可将上升泉分为：

侵蚀泉：地形切割到潜水面，从而造成地下水出露的泉（图 1-28）。

接触带泉：因水流在前行接触位置受阻，从而将水导入地面的泉（图 1-28）。

断层泉：由于水流在断层处受阻，从而将水导入地面的泉（图 1-28）。

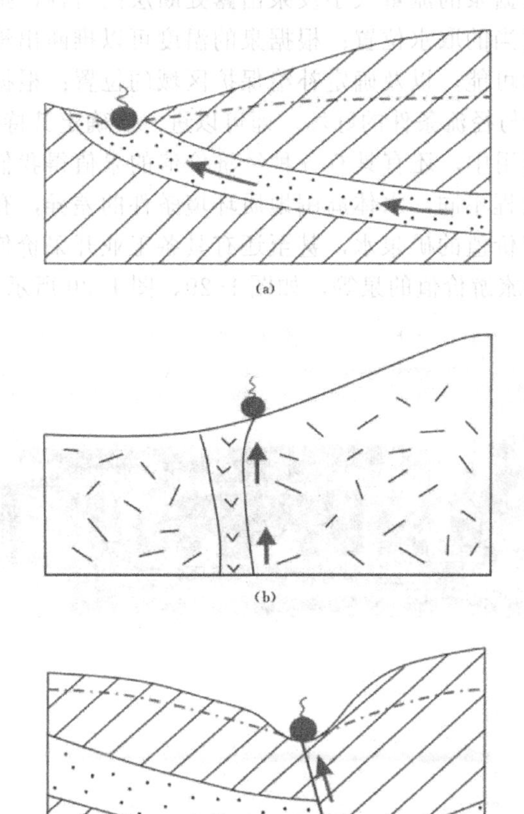

图 1-28　不同出露条件上升泉示意图

在实际工作中泉的成因与定名是比较难以准确界定的。

3. 研究泉的意义

通过对泉的研究观察及试验分析，可直接得到有关的水文地质资料，如泉的出露标高、流量、动态、温度、水化学条件等，并通过间接分析得出其他的水文地质信息，如通过泉的出露标高、流量、动态、温度、水化学，可以综合分析与泉水成因有关的地质、水文地质条件，包括：

第一，地下水位标高。

第二，岩层的含水性。

第三，含水岩层的补给、循环条件。

第四，是否存在地质构造、断层等。

第五，是否可以作为供水水源直接利用等。

其中，通过泉出露两侧岩层的岩性、含水性可确定相对含水层及隔水层，找到相邻的打井位置；根据泉的流量大小及泉出露处断层的岩性，推断出深部断层导水性的好坏，以确定适当的取水位置；根据泉的温度可以推断出地下水循环的深度，可以判定持续供水的可能，以及确定补给保护区域的位置；根据泉流量大小及水化学特征，推断出补给与径流条件的好坏，即可以进一步确定其持续供水能力。

另外，在泉的利用中，还有具有各种经济价值的泉值得我们研究及勘查。由于地下水出露地表的过程不同，水体周围地质环境条件的差异，有可能形成各具特色的温泉，如具有医疗价值的矿泉水，甚至还有具备工业开采价值的矿泉水等，有的可能形成具有独特的旅游价值的泉等，如图 1-29、图 1-30 所示。

图 1-29　山东济南百脉泉

图 1-30　长白山温泉

（二）河流（线状排泄）

河流(线状排泄),又名泄流。当地下水含水层或含水通道受到水文网的强烈切割,且地下水位高于河流水位时,地下水可直接排入河流中,河流于是就成了排泄的中心。即河流切割含水层时，地下水向河流的排泄，称为泄流。河流排泄地下水的方式有两种：一种是散流形式，这种散流不易察觉，但是由上、下游断面的河流流量测定可以计算出来，在枯水季节，降水量很小，某些河流基本上全由地下水以散流形式补给；另一种方式是以比较集中的形式排入河流中，这在岩溶地区最为常见，如在广西、云南、贵州等地区的某些河床中的暗河出口就反映了这一排泄形式。

地下水位与河流水位高差越大，含水层透水性越好，河床断面揭露的含水层的面积就越大，则河流排泄地下水的水量也越大。地下水与地表水互补情况如图 1-31 所示，其原因与规律详见上节分析。地下水获得补给的情况一般与季节性有关，如图 1-32 所示。

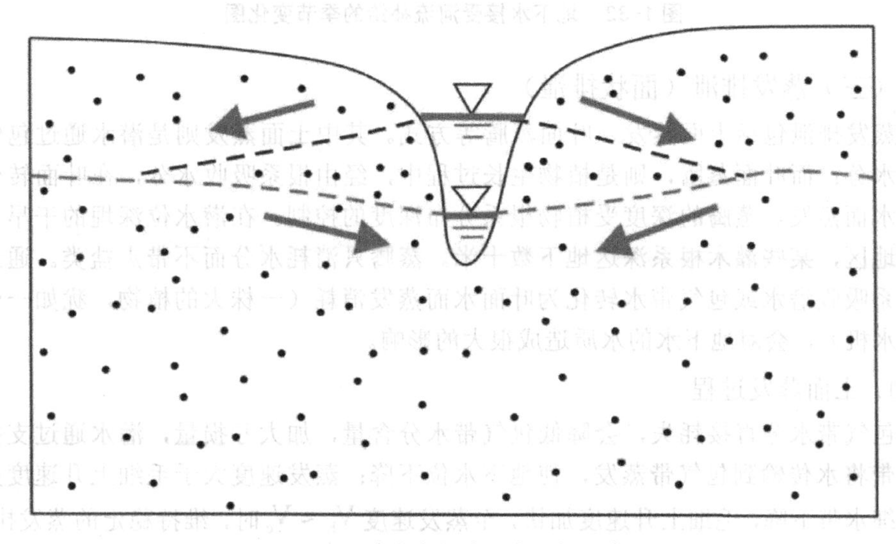

图 1-31　地表水与地下水互补示意图

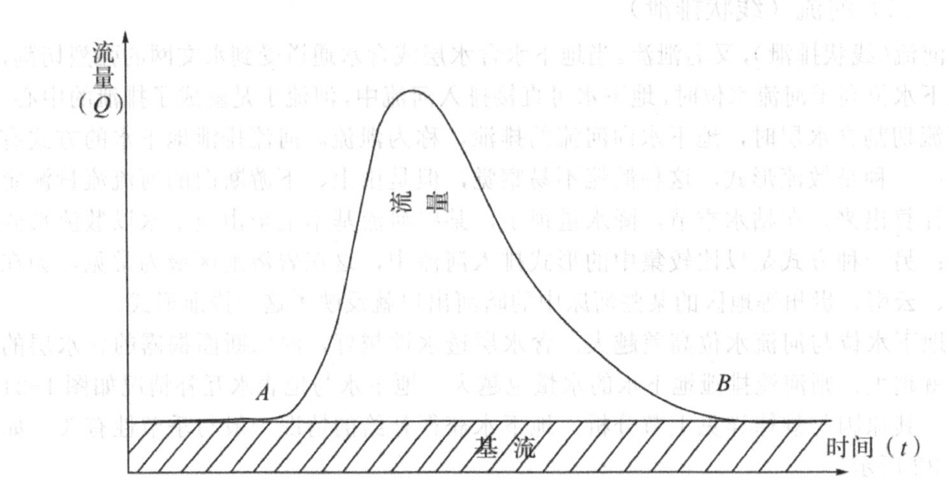

图 1-32　地下水接受河流补给的季节变化图

（三）蒸发排泄（面状排泄）

蒸发排泄包括土面蒸发、叶面蒸腾等方式。其中土面蒸发则是潜水通过包气带耗失水分；而叶面蒸腾，则是植物生长过程中，经由根系吸收水分，在叶面转化成气态水而蒸发。蒸腾的深度受植物根系分布深度的控制。在潜水位深埋的干旱、半干旱地区，某些灌木根系深达地下数十米。蒸腾只消耗水分而不带走盐类。通过植物根系吸收潜水或包气带水转化为叶面水而蒸发消耗（一株大的植物，犹如一台生物抽水机），会对地下水的水质造成很大的影响。

1. 土面蒸发过程

包气带水分直接耗失，会降低包气带水分含量，加大亏损量，潜水通过支持毛细水带将水传输到包气带蒸发，使地下水位下降；蒸发速度大于毛细上升速度则支持毛细水带下降，毛细上升速度加快，至蒸发速度 $V_E \approx V_c$ 时，维持稳定的蒸发排泄，土面直接蒸发排泄的结果是水分不断消耗，地下水位持续下降，盐分不断积累在土层上部。土面蒸发过程就是毛细水上升消耗的过程。毛细上升速度：

$$V_c = K\Delta H / L$$

式中：V_c —— 上升速度，m / S；

K —— 渗透系数，无量纲；

ΔH —— 地下水流动过程中水位变化值，m；

L —— 地下水流动过程中水平位移值，m。

2. 蒸发排泄的影响因素

蒸发排泄的影响因素包括气候因素、地下水位埋深、包气带岩性等。具体特征如下：

（1）气候因素

气候越干燥，气温越高，则蒸发量越大。

（2）地下水位埋深

当地下水位埋深超过蒸发极限深度时，则蒸发量趋近于零。根据长期观察资料显示，华北地区，水位埋深大于 5m 时，则不考虑蒸发。

在干旱地区，极限水位的埋深相对较大；而湿润地区的极限埋深相对较小。

（3）包气带岩性。

当潜水水位埋深相同，且气温、湿度不变时，若在包气带中有透水性很差的厚度较大的黏土层存在时，则会极大地削弱潜水的蒸发。

原因在于，蒸发与毛细上升的速度有关，而岩性不同的岩土体其毛细上升速度不同，会极大地影响蒸发排泄的强度。不同岩性与毛细上升速度的关系见表 1-2。

表 1-2　不同岩性与毛细上升速度的关系表

参数	岩性			
	砂砾石	粉砂	亚砂	黏土
K	大	中	小	极小
h c	小 / 极小	中	大	很大
V c	小	大	中	小

二、影响地下水排泄的主要因素

影响地下水排泄的因素有诸多方面，如地形切割程度、地下水的埋藏深度和径流速度等。一般当地面坡度越大，被切割越深，埋藏深度越大和径流速度越快时，越有利于径流排泄。而在地面坡度平缓，切割很弱，埋藏深度小和径流速度迟缓的平原和河流下游地区，则常以蒸发排泄为主，蒸发排泄往往会成为潜水的主要排泄方式。

第六节　地下水的径流

地下水在岩层空隙中的流动作用和过程称为地下水的径流。地下水在天然和人工开采及疏干过程中都是不断流动的。径流是连接补给与排泄的中间环节，通过径流，地下水的水量与所含矿物质由补给区传到排泄区。地下水径流的学习内容主要包括：径流方向、径流速度、径流量、径流途径与影响径流的因素等，即所谓径流条件。

一、径流方向

在最简单的情况下，含水层自一个集中补给区流向一个集中排泄区，具有单一径流方向。对于潜水来说，山区地下水的循环属于渗入－径流型，具体径流形式见图 1-34。由图可见，在该种情况下，地下水从地下水位最高处——基本与地形最高处位置一致处，向地势切割低处排泄。干旱半干旱地区，且地形低平的细土堆积平原，径流很弱，属于渗入－蒸发型，具体径流形式见图 4 － 35。由图可知，在这种情况下，地下水从河流处向两边径流很短路径即向地面上蒸发排泄了。

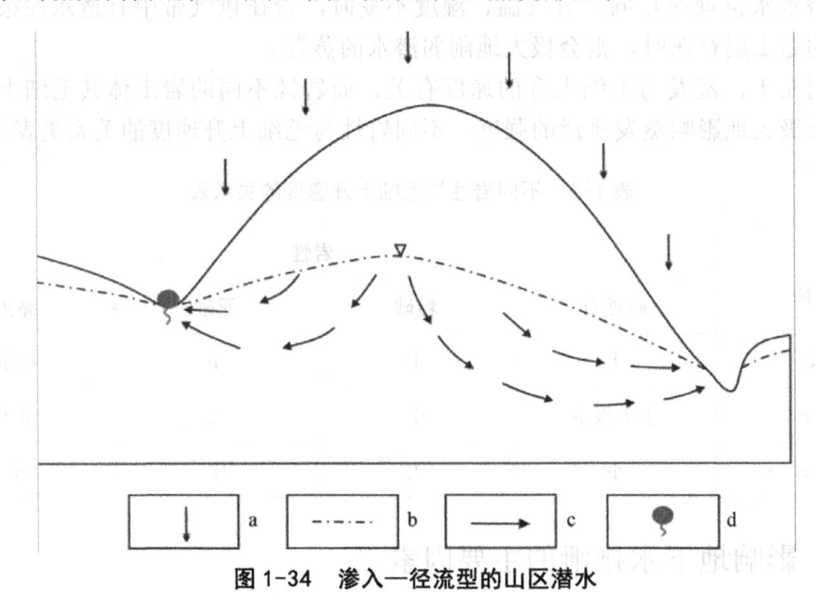

图 1-34　渗入—径流型的山区潜水

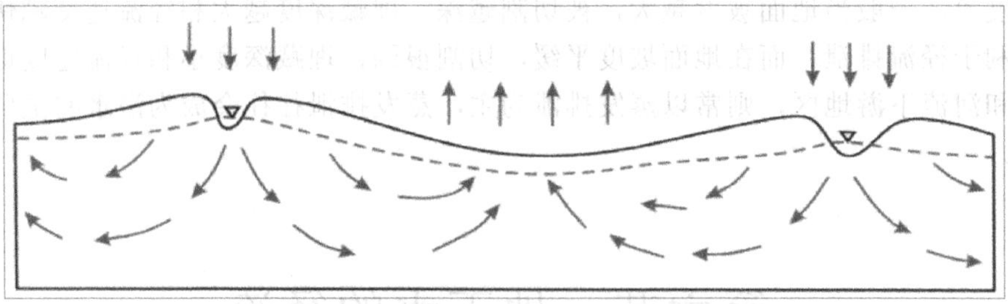

图 1-35　渗入—蒸发型的平原潜水

二、径流强度

径流强度可用单位时间内通过单位断面的流量表示，即以渗透流速衡量。根据达西定律 V＝KI，故径流强度与含水层的透水性、补给区及排泄区间的水位差、补给区到排泄区的距离等因素有关，具体关系如下：

第一，与含水层的透水性成正比。

第二，与补给区及排泄区之间的水位差成正比。

第三，与补给区到排泄区的距离成反比。

在向斜构造盆地中，构造开启程度与构造开度对径流强度的影响都很大。如图4－36所示，构造开度越大，则从补给区到排泄区的距离越大，径流强度越小。而裂隙构造横向开启程度越大，则表明构造中的胶结性能越差，其中可作为含水层运移的空间越大，透水性越好，则径流强度越大；但裂隙纵向开启程度越大则可造成不同含水层间的水力联系，导致含水层的水质被污染。

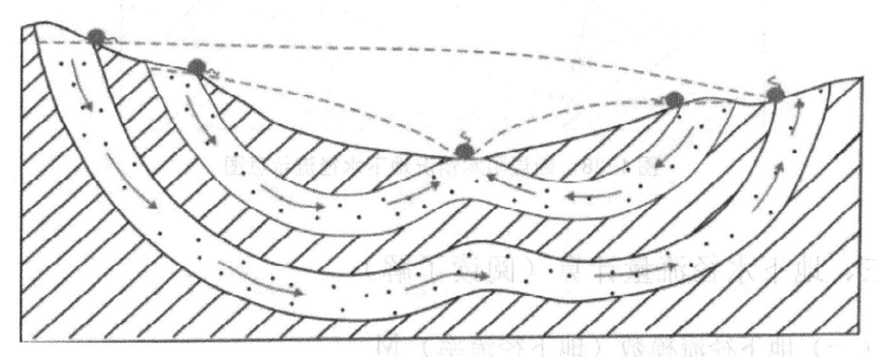

图4－36 承压水出露情况与构造延展度关系示意图

断层构造盆地的承压含水层径流条件取决于断层的导水性。当断层导水时，断层构成排泄通路，地下水由各含水层出露地表部分的补给区流向断层排泄区，其如图1-37所示。

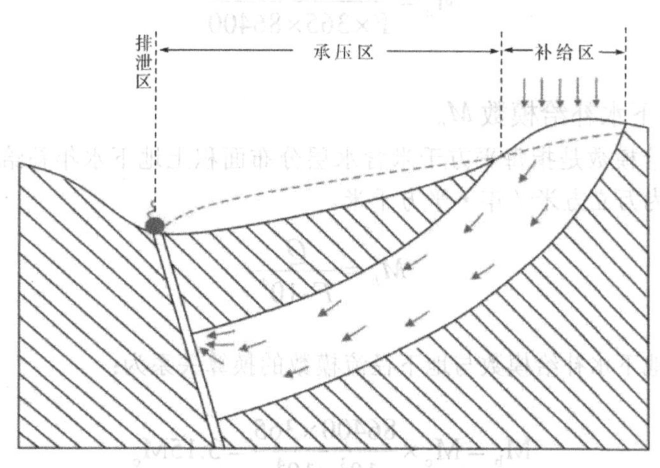

图1-37 断层导水情况地下水径流示意图

当断层阻水时，排泄区位于含水层出露的地形最低点，与补给区相邻，承压区则在另一侧，如下图1-38所示。

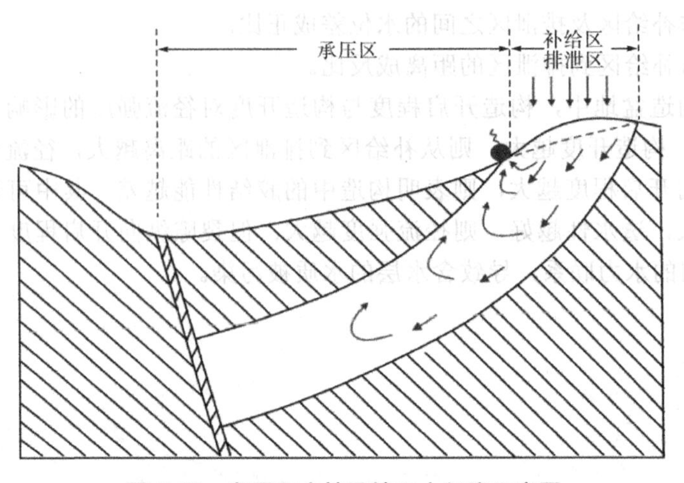

图 1-38 断层阻水情况地下水径流示意图

三、地下水径流量计算（阅读了解）

（一）地下径流模数（地下径流率）M_c

地下径流模数是指平方千米面积上的地下径流量为每秒若干升，即单位为升 / 秒·平方千米（$L/s \cdot km^2$）。这个系数可说明一个地区或一个含水层中以地下径流形式存在的地下水量的大小。

$$M_c = \frac{Q \times 10^3}{F \times 365 \times 86400}$$

（二）地下水补给模数 M_b

地下水补给模数是指每平方千米含水层分布面积上地下水年补给量为若干万立方米，即单位为万立方米 / 年·平方千米。

$$M_b = \frac{Q}{F \cdot 10^4}$$

在山区，地下水补给模数与地下径流模数的换算关系为：

$$M_b = M_c \times \frac{86400 \times 365}{10^3 \times 10^4} = 3.15 M_c$$

（三）地下径流系数 η

地下径流系数是地下径流量与同一时间内降落在含水层补给面积上的降水量之比，用百分数或小数表示。该系数可以说明在每年降雨入渗后地下水参与径流多少。

$$\eta = 0.001\frac{Q}{XF}$$

地下径流系数与地下径流模数 M_c 的关系为：

$$\eta = \frac{M_c \times 86400 \times 365}{X \times 10^6}$$

四、地下水天然补给量、排泄量与径流量的估算

（一）山区地下水天然补给量、排泄量与径流量的估算

以渗入－径流型循环为例，其所用公式为：

补给量－径流量＝排泄量

其计算步骤为：

第一，如排泄以集中的泉或泉群形式出现，则测定泉的总流量，乘以相应时间，可得全年排泄量。

第二，如排泄以向河流泄流形式出现，则通过分割河流流量过程线求得全年排泄量。

第三，查得含水层分布面积，计算地下径流模数或地下水补给模数。

第四，如有必要且资料允许时，可对各个含水层分别计算排泄量，求分层的地下径流模数或地下水补给模数。

（二）平原及山间盆地地下水天然补给量、排泄量及径流量的估算

1. 浅层水

渗入－径流型与渗入－蒸发型循环，其所用公式为：

补给量＝排泄量

径流量＜补给量（排泄量）

2. 深层承压水

其补给来源包括：

第一，山前冲洪积平原砾石带潜水的下渗。

第二，毗邻山区的侧向补给。

第三，来自深部基岩含水层的补给。

其所用公式为：

排泄量＝补给量

利用达西定律可以求算某一断面承压含水层的径流量。

第二章　水文测验与水文调查

第一节　水文测站

进行水文分析计算时，需要收集水文资料，为了能正确地使用这些资料，有必要了解它们的来源。水文资料一般是通过设立水文测站进行长期定位观测而获得。水文测站数目有限，设站时间一般还不很长，为弥补其不足，应进行水文调出。

一、水文测站的任务及分类

水文测站是组织进行水文观测的基层单位，其也是收集水文资料的基本场所。其主要任务，就是按照统一标准对指定地点（或断面）的水文要素做系统观测与资料整理。河流水文测站负责对河流指定地点的水位、流量、泥沙、蒸发、水温、冰凌、水化学、地下水位等项目的观测及有关资料的分析工作。若负责观测的项目较少，一般按其主要观测项目称为水位站、雨量站等。

根据测站的性质，水文测站可分为3类，即基本站、专用站和实验站。基本站是水文主管部门为掌握全国各地的水文情况而设立的，是为国民经济各方面的需要服务的。专用站是为某种专门目的或某项特定工程的需要由各部门自行设立的。实验站是对某种水文现象的变化规律或对某些水体作深入研究，由有关科研单位设立的。

二、水文测站的设立

水文站上要布设必要的断面，并设置水准点与基线。布设的断面一般有：基本水尺断面、流速仪测流断面、浮标测流断面以及比降断面。水准点分为基本水准点与校核水准点。它们均应设在基岩上或稳定的永久性建筑物上，也可埋设于土中的石柱或混凝土桩上。前者是测定测站各种高程的基本依据，后者是用来校核断面、水尺等高程用的。基线通常应垂直于测流断面，其起点设在测流断面上，其长度视河宽而定，一般应满足测流时最小的交绘角不小于30°的要求。

第二节　降水、蒸发及入渗观测

一、降水观测

观测降雨量的仪器有雨量器和自记雨量计。雨量器上部漏斗口呈圆形，口径为20cm。设置时，其上口距地面70cm，器口保持水平。漏斗下面放储水瓶，用以收集雨水。观测时，用空的储水瓶将雨量器内的储水瓶换出，在室内用特制的雨量杯量出降雨量。

当为固态降水时，将雨量器的漏斗和储水瓶取出，仅留外筒，作为承接固态降水的器具。观测时，将带盖的外筒带到观测场内，换取外筒，并将筒盖盖在已用过的外筒上，取回室内，用台称称量。若无台称，可加入定量温水，使固态降水完全融化，用雨量杯量测，量得的数值须扣除加入的温水量。禁止用火烤的方法融化固雨量杯测量。

自记雨量计记录纸上的雨量曲线，是累积曲线，纵坐标表示雨量，横坐标表示时间。它既表示了雨量的大小，又表示了雨量过程的强度变化。曲线坡度最陡处即降雨强度最大之时。

自记雨量计常和雨量器同时进行观测，以便相互核对。这是因为自记雨量计有时会出现较大的误差。当暴雨强度较大时，虹吸作用至少需几秒钟完成，而在虹吸时间落入的雨量未被记录，且所有经虹吸排去的雨量并不总是一致。但这些水完全存在储水瓶内，其储量的测定与自记纸计数无关，二者之差可按比例分配于强度较大的雨量期间。

倾斗式自记雨量计测雨时，雨水经漏斗进入一个双隔间的小水斗，0.1mm的降雨量将盛满一个隔间，且使小水斗处于不平衡状态而向一侧倾倒，水即注入储水箱内。同时，另一隔间进入漏斗下先前隔间的位置继续承雨。当小水斗倾倒一次，即启动一次电路，使自记笔尖在旋转鼓上作出记录。

虹吸式与倾斗式自记雨量计，都不能用来测雪，因此在降雪、结冰的冬季停止使用。

称重式自记雨量计，能称得安放于弹簧平台或杠杆天平上的水桶内的雨雪重量，带动自记笔在旋转鼓的记录纸上予以记录。它指明累积雨量和雪量，既可测雨，又可测雪，而且可用于难以检视的边远地区，称重式累积雨量计能运行1～2个月甚至一整季而不需检修。位于多雪地区的累积雨量计，具有倾倒式的承雪器，以防湿雪粘着内壁及阻塞漏斗孔口。器内常充有氯化钙或其他防冻剂，使雪液化而防止其毁坏量具。量雨器内用一薄层油膜防止蒸发损失。

二、蒸发观测

（一）水面蒸发的观测

目前广泛使用的水面蒸发仪器是蒸发器。在蒸发器的安装上有3种方式，即地面式、埋入式和浮标式。

地面式蒸发器的优点在于经济、易于安装和便于观测与修理，但其缺点是边界影响较大，诸如侧壁所接受的太阳辐射和大气与蒸发器之间的热量交换等。埋入式蒸发器会消除有欠缺的边界影响，但也产生了新的问题。它会集聚较多的废物，不易安装、清洗和修理，难以发现漏水，附近植被高度的影响也很重要，而且蒸发器与土壤之间确实存在着可观的热量交换。它随土壤种类、含水量和植被等因素而定。与土壤之间的热量交换能改变年蒸发量达10%（对于2m直径的蒸发器）和7%（对于5m直径的蒸发器）。水上漂浮式蒸发器的蒸发读数比岸上装置的读数更接近于自然水体的水面蒸发量。即便如此，边界影响仍然是可观的，观测上的困难，溅水常使读数不可靠，而且设备费和管理费很高。我国除少数水库外，一般很少有这种装置。

我国目前使用的蒸发器，主要有E-601型蒸发器，口径80cm带套盆的蒸发器和口径为20cm的蒸发皿3种。

口径为20cm的蒸发皿，虽有易于安装、观测方便的优点，但因暴露在空间，且体积小，其代表性和稳定性最差。

根据国内观测资料的分析，当蒸发器的直径超过3.5m时，蒸发器观测的蒸发量与天然水体的蒸发量才基本相同。因此，用小于3.5m直径的蒸发器观测的蒸发量数据，都应乘一个折算系数（蒸发器系数），才能作为天然水体蒸发量的估计值。折算系数一般通过与大型蒸发池（如面积为100m2）的对比观测资料确定。折算系数随蒸发器的类型、直径而异，且与月份及所在地区有关。而在水库蒸发损失计算中，应采用当地资料的分析成果，选用合适的折算系数。

（二）土壤蒸发的测定

测定土壤蒸发，常用称重式土壤蒸发器。它是通过测量一时段（一般为1d）内蒸发器中土块重量变化，并考虑到观测期内的降水及土壤渗漏的水量，用水量平衡原理求得土壤蒸发量。

一定时段内的土壤蒸发量，可由下式计算：

$$E = 0.02\left(G_1 - G_2\right) - (R + F) + P \tag{2-1}$$

式中：

E —— 土壤蒸发量，mm。

R —— 径流量，mm。

F —— 渗漏量，mm。

P —— 降水量，mm。

G_1、G_2 —— 前后两次筒内土样重量，g。

$0.02-500cm^2$ —— 面积蒸发量的换算系数。

由于器壁的存在，蒸发器妨碍了土样和周围土壤正常的水、热交换，因而测得的土壤蒸发量有一定误差。

三、入渗量观测

测定土壤入渗的方法有同心环法、人工降雨法及径流场法，简便而常用的为同心环法。

在流域内根据土壤、地形、植被及农作物等不同情况，分别选择有代表性的地点进行实验。观测点附近的地面应平整，要避开村庄、道路、跌坎、积水和其他不良自然情况的各种地物的影响。下面介绍同心环实验土壤入渗的方法。

在无雨时，将内外环用木槌打入土中约10cm，外环与内环距离应尽可能保持四周相等，严格注意环口水平。实验开始时，土壤较干，其入渗强度变化较大，可先采用“定量加水法然后用”定面加水法内环定量加水，外环不定量，但要同时加水，注意保持内外环水面大致相等。

定量加水时，可参考如下数据：

粘土：第一次加水1000cm3；第二次加水300～500cm^3。

沙土：第一次加水1500～2000cm3；第二次加水500～1 000cm^3。

定面加水法，可根据内环中所设置的测针，作为固定标志，每次加水至针尖，用秒表测定入渗时间，即可测得入渗量。

观测时距视土壤入渗强度变化而定。入渗初期，土壤入渗强度大，每3～5min测记1次，以后根据内环水位变化，时距可以长些。当土壤含水量增大，内外环水头变化较小时，每10～20min测记1次，水头趋于平稳时，每0.5h或1h测记1次，直至最后2～3次入渗强度基本为常数为止。根据入渗量和时间，便可绘制出入渗曲线。把流域上若干实验点测得的入渗曲线进行综合，便可得出流域平均入渗曲线。

第三节　流量测验及流量资料整编

一、水位观测

对某一基面而言，用高程表示江、河、湖、海、水库自由水面位置的高低称为水位。水位都要指明所用基面才有意义。目前全国统一采用青岛海平面为基面，但各流域由于历史的原因，仍有沿用过去使用的基面如大沽基面、吴淞基面等，也有采用假定基面的。因此，使用时应注意出明。

观测水位常用的设备有水尺和自记水位计两大类。

按水尺的构造形式不同，可分为直立式、倾斜式、矮桩式与悬锤式等数种。测流时，水面在水尺上的读数加上水尺零点处的高程即为当时水面的水位值，可见水尺零点是一个很重要的基本数据，要定期根据测站的校核水准点对各个水尺的零点高程进行校核。我国已研制成功多种自动记录水位的仪器，通称为自记水位计。自记水位计能将水位变化的连续过程自动记录下来，有的并能将记录的水位以数字或图像的形式远传至室内，使水位观测趋于自动化和远传化。

基本水位的观测，当水位变化缓慢时，每日 8：00 时与 20：00 时各观测 1 次。洪水过程中要加测，使能得出洪水过程和最高水位。

日平均水位是计算月、年平均水位的基础，是年径流量计算的依据。当 1d 内水位变化缓慢时，或水位变化较大但各次观测的时距相等，即可用算术平均法计算日平均水位。当 1d 内水位变化较大，观测时距又不相等，要用面积包围法计算日平均水位。即将 1d 水位过程线所包围的面积除以 24 而得，即：

$$\begin{aligned}\overline{z} &= \frac{1}{24}\left(z_0\frac{a}{2}+z_1\frac{a+b}{2}+z_2\frac{b+c}{2}+\cdots+z_{n-1}\frac{m+n}{2}+z_n\frac{n}{2}\right)\\ &=\frac{1}{48}\left[z_0a+z_1(a+b)+z_2(b+c)+\cdots+z_{n-1}(m+n)+z_nn\right]\end{aligned} \tag{2-2}$$

二、流量测验

（一）流速仪测流及流量计算

流速仪测流是用普通测量方法测定过水断面。用流速仪测定流速，通过计算部分流量求得全断面流量，其分述如下：

1. 断面测量

测流断面的测量，也是在断面上布设一定数量的测深垂线，测得每条测深垂线起点距和水深，将施测时的水位减去水深，即得河底高程。起点距是指某测深垂线到断面起点桩的距离。测定起点距的方法有多种，在中小河流上以断面索法最简便，即架设一条过河的断面索，在断面索上读出起点距。在大河上常用经纬仪前方交会法，将经纬仪安置在基线一端的观测点上，望远镜瞄准测深位置时，即可测出基线与视线间的夹角。因基线长已知，即可算出起点距。测水深的方法，一般用测深杆、测深锤等直接量出水深。对于水深较大的河流，有条件时还可使用回声测深仪。

2. 流速测量

流速仪是测定水流中任意点的流速仪器。我国所采用的主要是旋杯式和旋桨式两类流速仪，它们主要由感应水流的旋转器（旋杯或旋桨）、记录信号的记录器和保持仪器正对水流的尾翼等3部分组成。旋杯或旋桨受水流冲动发生旋转，流速愈大，旋转愈快。根据每秒转数与流速的关系，便可推算出测点的流速。每秒转数如与流速V的关系，在流速仪检定槽中通过实验确定。每部流速仪出厂时都附有经检定的流速公式：

$$V=Kn+C \quad (2\text{-}3)$$

式中：

K ——为仪器的检定常数。

n —— 每秒钟转数。

C —— 仪器的摩阻系数。

测流时，只需记录仪器旋转的总转数N和总历时T，即可求出平均每秒转数儿，利用上式即可求出测点流速V。为了消除流速脉动的影响，规范要求$T..100s$。

为了正确地反映断面流速，必须根据流速在断面上分布的特点，选择数条有代表性的测深垂线作为测速垂线，并在每条测速垂线上选定若干测点，进行测速。

3. 流量计算

水文站流速仪测流有专门的计算表格，计算步骤是由测点流速推求垂线平均流速，再推求部分面积平均流速。把部分平均流速与相应部分面积相乘即得部分流量，部分流量相加便得断面流量。

部分流量等于部分面积与部分平均流速的乘积。全部部分流量之和则为断面流量，断面流量被过水面积除即为断面平均流速。

（二）浮标法测流

当使用流速仪测流有困难时，使用浮标法测流是切实可行的方法，其原理是通过观测水流推动浮标的移动速度求得水面流速，利用水面流速推求断面虚流量，再乘以经验性的浮标系数K，换算为断面实际流量。

水面浮标通常用木板、稻草等材料作成十字形、井字形，下坠石块，上插小旗以便观测。在夜间或雾天测流时，可用油浸棉花团点火代替小旗以便识别。浮标尺寸在不难观测的条件下，尽可能小些，以减小受风面积，保证精度。在测流河段上，设立上中下三断面及浮标投放断面。中断面一般即为测流断面，上下断面间距应为该河段最大流速的 50 ～ 80 倍。用秒表观测浮标由上断面流到下断面的历时从而得出浮标的平均流速。用安置于基线一端测角点上的经纬仪便可观测浮标通过测流断面的起点距。

三、流量资料整编

各种水文测站测得的原始资料，都要经过资料整编，按科学的方法和统一的格式整理、分析、统计，提炼成为系统的整编成果，供水文预报、水文水利计算、科学研究和有关国民经济部门使用。因此，所有的水文观测项目的观测资料要经过整编，然后才便于使用。有关流量资料的整理、分析、统计工作，称为流量资料整编。另外，由于流量观测比较费事，难于直接由测流资料得出流量变化过程，而水位变化过程较易得到。如能根据实测水位、流量资料建立水位流量关系曲线，则可通过它把水位变化过程转换成流量变化过程，并进一步作出各种统计分析。因此水位流量关系的分析就成为流量资料整编工作的主要内容。

（一）水位流关系曲线的绘制

江河中的水位流量关系，有稳定和不稳定两种类型。对于某些测站而言，是稳定的单一曲线。当河床稳定，测站控制良好时，同一水位下各水力因素可维持不变。或虽有变化，但对流量的影响可相互补偿，则其水位流量关系是稳定的。在这种情况下，绘制水位流量关系曲线较容易。在普通方格纸上，以水位为纵坐标，以流量为横坐标，将实测的彼此对应的水位和流量一一点绘上去，若点子密集，分布成一带状，可通过点群平均位置，目估定出平滑曲线。在绘制水位流量关系曲线的同时，还要在同一张图上绘出水位面积与水位流速关系曲线，方便对照。

天然河道的流量可以用曼宁公式表示：

$$Q=\frac{1}{n}FR^{2/3}I^{1/2} \tag{2-4}$$

式中：

Q ——流量，m^3/s。

F ——过水断面面积，m%

R ——水力半径，m。

n ——糙率。

I ——水面比降。

上式表明，即使水位不变，如 F 、R 、n 、I 任何一项发生变动，Q 都不是定值。天然河道中，河床冲淤，洪水涨落，变动回水及水草生长和结冰等，都会对 F

、R、n、I 产生影响而使水位流量关系不稳定，其出现非单一线的不稳定水位流量关系。

水位流量关系当仅受到单一因素影响时，处理比较简单。当同时受到多种因素影响时，水位流量关系常用连时序法进行处理。连时序法就是按实测流量的时间顺序来连接水位流量关系曲线。显然，这种方法只能在实测流量次数较多，实测成果的质量较好时，才能采用。在按时序连线时，应参照水位面积关系的变动情况以及水位过程线的起伏变动情况。连时序的水位流量关系曲线往往成绳套形。绳套的顶部必须与洪峰水位相切。绳套的底部亦应与低水位线相切。连时序时可以从相邻几个测点的中间通过，而不必勉强通过每一实测点。不仅洪水涨落对水位流量关系有影响，而且断面发生了明显的冲刷。因此，第二次洪峰的水位虽然比较低，但其洪峰流量并不比第一次洪峰小。

（二）水位流量关系曲线的延长

河流的中、低水位持续时间长，施测流量也较容易，在水位流量关系曲线上，这部分点据较多。高水位时，由于历时短，施测困难，这部分点据少甚至缺测；最枯水位也可能缺测。然而在水文资料整编及工程设计时，往往需要高水与低水流量，因而要对水位流量关系曲线作高水延长或低水延长。一般情况下，高水延长幅度不应超过当年实测流量所占水位变幅的 30%，低水延长不应超过 10%。而延长方法一般有下列几种。

1. 根据水位面积、水位流速关系线延长

对于河床比较稳定、河槽断面没有特殊变化的测站，当水位流速关系曲线的趋势明显时，因水位流速关系曲线上端近于直线变化，故可按趋势延长，而水位面积关系可以通过实测资料得到，有了高水位的水位流速与水位面积关系以后，同一水位的面积与流速相乘，即可得出该水位的流量。用这种方法就可将实测的水位流量关系向高水位部分延长。

2. 用曼宁公式延长

在有比降观测资料的测站，可分析各次测流时的糙率 n 值，点绘水位糙率关系曲线，并顺趋势延长，以确定高水位时的河床糙率。比降可选用高水实测值。再根据大断面图，就可用曼宁公式求得断面平均流速，从而延长水位流量关系曲线。

在没有比降和糙率资料的测站，对于宽浅河道，将式上中平均流速公式改写为：

$$\frac{1}{n}I^{1/2}=\frac{V}{R^{2/3}}\approx\frac{V}{\overline{H}^{2/3}} \tag{2-4}$$

式中：

H —— 断面平均水深，m。

V —— 断面平均流速，m/s。

根据实测流量资料，可计算出每次测流时的$\frac{V}{\bar{H}^{2/3}}$值，也就是各次测流时的$\frac{1}{n}I^{1/2}$值，点绘水位$Z\sim\frac{1}{n}I^{1/2}$关系曲线。当测站河段顺直、断面均匀、坡度平缓时，高水部分糙率增大，则比降亦应作相应的增加，故$\frac{1}{n}I^{1/2}$近似于常数。此时，$Z\sim\frac{1}{n}I^{1/2}$关系曲线可沿平行于纵轴的趋势外延。根据大断面资料，可绘出$Z\sim F\bar{H}^{2/3}$关系曲线。在高水部分，不同水位相应的$F\bar{H}^{2/3}$与$\frac{1}{n}I^{1/2}$相乘，即为流量，以此延长水位流量关系曲线。

3. 水位流量关系曲线的低水延长

低水延长比高水延长更不易准确，要谨慎从事，延长幅度的规定比高水严格。对于给水工程设计，低水流量甚为重要。

低水延长一般可用水位面积、水位流速关系曲线法，可用断流水位为控制向下延长。断流水位即流量等于0的水位。确定断流水位的方法，可根据测站纵横断面资料作出判断。如测站下游有浅滩或石梁，则以其顶部高程作为断流水位；如测站下游长距离内河底平坦，则取基本水尺断面河底最低点高程作为断流水位。这样求得的断流水位是比较可靠的。

在没条件采用前法确定断流水位时，可采用分析法确定断流水位时，可采用分析法确定断流水位。此时假定水位流量关系曲线的低水部分的方程式为：

$$Q=K\left(Z-Z_0\right)^n \tag{2-6}$$

式中：

Z —— 水位，m。

Z_0 —— 断流水位，m。

n,K —— 分别为固定的指数与系数。

在水位流量关系曲线的低水弯曲部分，顺序取a、b、c三点，其流量关系满足$Q_b^2=Q_aQ_c$，则

$$K^2\left(Z_b-Z_0\right)^{2n}=K^2\left(Z_b-Z_0\right)^n\left(Z_c-Z_0\right)^n \tag{2-7}$$

可解得断流水位为：

$$Z_0=\frac{Z_aZ_c-Z_b{}^2}{Z_a+Z_c-2Z_b} \tag{2-8}$$

求得断流水位后，以坐标（Z_0,0）为控制点，将水位流量关系曲线向下延长至当年最低水位。

（三）流量资料整编

定出水位流量关系以后，就可把连续观测的水位资料转换为连续的流量资料。在此基础上，可进行各种统计整理工作。首先应推求逐日的平均流量。当流量变化平稳时，可用日平均水位从水位流量关系上出得日平均流量。在1d内流量变化较大时，可用逐时水位从水位流量关系线上查得逐时的流量，再用逐时流量按算术平均法求得日平均流量。水文年鉴中刊布的日平均流量表中，还列出各月的平均流量及最大、最小流量，还有全年的平均流量及年内最大、最小流量。为了分析汛期洪水特性，在汛期水文要素摘录表中列有较详细的洪水流量过程，可供洪水分析时使用。为了便于了解水文测验情况，还列有流量实测成果表，对各测次的基本情况均有记载。

第四节 坡面流测验

坡面流在小流域地表径流中占很重要的地位，而从坡面流失的泥沙则是河流泥沙的主要源地。同时，人类活动很大部分是在坡地上进行的，特别是山丘区。因此，了解和掌握人类活动对坡面流和坡面泥沙的影响程度是必要的。当前，测定坡面流的方法主要采用实验沟和径流小区。

一、实验沟和径流小区的选定

选择实验沟和径流小区时，应考虑如下几个方面。

①实验区的植被、土壤、坡度及水土流失等应有代表性，即对实验所取得的经验数据应具有推广意义。严禁在有破碎断裂带构造和溶洞的地方选点。②选择的实验沟，其分水线应清楚，应能汇集全部坡面上的来水，并在天然条件下，便于布置各种观测设备。③选定的实验沟、径流小区的面积一般应满足研究单项水文因素和对比的需要。实验沟的面积不宜过大，径流小区的面积可从几十平方米至几千平方米，根据具体的地形和要求确定。

二、实验沟的测流设施

为了测得实验沟的坡面流量及泥沙流失量，其测验设施由坡面集流槽、出口断面的量水建筑物及沉沙池组成。

地面集流槽沿天然集水沟四周修建，其内口（迎水面）与地面齐平，外口略高于内口，断面呈梯形或矩形的环形槽。修建时，应尽量使天然集水沟的集水面积缩小到最低程度，而集水沟只起汇集拦截坡面流和坡面泥沙的作用。为使壤中流能自由通过集流槽，修建时，槽底应设置较薄的过滤层。为了防止集流槽开裂漏水，槽的内壁可用高标号水泥浆抹面或其他保护措施。为了使集流槽内的水流畅通无阻，在内口边缘应设置一道防护栅栏，防止坡面上枝叶杂草淌到槽内。在集流槽两侧端点出口处，设立量水堰和沉沙池。并在天然集水沟出口处，再设立测流槽等量水建筑物测定总流量和泥沙。

三、径流小区的测流设施

为了研究坡地汇流规律，可在实验区的不同坡地上修建不同类型的径流小区，观测降雨、径流和泥沙，即可分析出各自然因素和人类因素与汇流的关系。

径流小区适用于地面坡度适中、土壤透水性差、湿度大的地区。在平整的地面上，一般为宽 5m（与等高线平行）、长 20m、水平投影面积为 $100m^2$ 的区域。

径流小区，可以两个或更多个排列在同一坡面上，两两之间合用护墙。如受地形限制，也可单独布置。小区的下端设承水槽，其他三面设截水墙。截水墙可用混凝土、木板、粘土等材料修筑，墙应高出地，保径保面 15 ～ 30cm，上缘呈里直外斜的刀刃形，入土深 50cm，截水墙外设有截水沟、以防外来径流窜入小区。截水沟区距截水墙边坡应不小于 2m，沟的断面尺寸视坡地大小而定，以能排泄最大流量为宜。

径流小区下部承水槽的断面呈矩形或梯形，即可用混凝土、砖砌水泥抹面。水槽需加盖，防止雨水直接入槽，盖板坡面应向场外。槽与小区土块连接处，可用少量粘土夯实，防止水流沿壁流走。槽的横断面不宜过大，以能排泄小区内最大流量为准。

承水槽有引水管与积水池连通，引水管的输水能力按水力学公式计算。积水池的量水设备有径流池、分水箱、量水堰、翻水斗等多种，可根据要求选用。如选用径流池作为量水设备，池的大小应以能汇集小区某频率洪水流量设计。池壁要设水尺和自记水位计，测量积水量。池底要设排水孔。池应有防雨盖和防渗设施，以保证精度。

一般采用体积法观测径流，即根据径流池水位上升情况计算某时段的水量。测定泥沙也是采用取水样称重法，即在雨后从径流池内采集单位水样，通过量体积、沉淀、过滤、烘干和称重等步骤，即求得含沙量。取样时，先测定径流池内泥水总量，然后，搅拌泥水，再分层取样 2 ～ 6 次，每次取水样 0.1 ～ 0.5L，把所取水样混合起来，再取 0.1 ～ 1L 水样，即可分析含沙量。如池内泥水较多或池底沉泥较厚，搅拌有困难时，可先用明矾沉淀，汲出上部清水，并记录清水量，再算出泥浆体积，取泥浆 4 ～ 8 次混合起来，取 0.1L 的泥浆样进行分析。

径流小区的径流量和泥沙冲刷量的计算方法：

径流：由总径流量L除以1 000，得总水量（m^3）。

冲刷：由总泥水量(m^3)乘单位含沙量(g/m^3)，在除以1000，以便得总输沙量(kg)。

$$径流深=\frac{总水量（m^3）}{1000?径流小区面积（km^2）}(mm) \tag{2-9}$$

$$侵蚀模数=\frac{总输沙量（kg）}{1000\times径流小区面积（km^2）}(t/km^2) \tag{2-10}$$

四、插签法

在精度要求较低时，可用插签法估算土壤的流失，即在土壤流失区内，根据各种土壤类型及其地表特征，布设若干与地面齐平的铁签或竹签，并测出铁、竹签的高程，经过若干时间后，再测定铁、竹签裸露出地面的高程，则这两高程之差即为冲刷深（mm），再乘以实测区内的面积即为冲刷量。

第五节　泥沙流量测验

河流泥沙径流，或称固体径流，是指河流挟带水中的悬移质泥沙与推移泥沙而言。所谓悬移质泥沙，是指颗粒较小，悬浮于水中并随之流动，也称悬沙。所谓推移质泥沙，是指颗粒较大，受水流冲击沿河底移动或滚动，也称底沙。两者之间并无明确的颗粒分界，随水流条件的改变而相互转化。它们特性不同，测验及计算方法也各异。

一、悬移质泥沙的测验与计算

悬移质泥沙的两个定量指标，是含沙量和输沙率。单位体积浑水中所含干沙的重量，称为含沙量，通常用ρ表示，单位为kg/m^3。单位时间内流过某断面的干沙重量，称为输沙率，以Q_s表示，单位为kg/s。

如果知道了断面输沙率随时间的变化过程，就可算出任何时段内通过该断面的泥沙重量（t）。

输沙率与含沙量之间的关系，用下式表示：

$$Q_s = Q\rho \tag{2-11}$$

式中：

Q_t —— 断面输沙率，kg/s。

Q —— 断面流量，m^3/s。

P —— 断面平均含沙量，kg/m^3。

由此可知，要求得 Q_s，就要先求 Q 及 ρ 流量的测验已见前述，而断面平均含沙量的推求，则是悬移质泥沙测验的主要工作。由于天然河流过水断面上各点的含沙量并不一致，必须由测点含沙量推求垂线平均含沙量，由垂线平均含沙量推求部分面积的平均含沙量。部分平均含沙量与同时测流的同一部分面积上的部分流量相乘，即得部分输沙率。全断面的部分输沙率之和，即为断面输沙率。断面输沙率被断面流量除，即得断面平均含沙量。因此，断面输沙率和流量测验同时进行。

（一）含沙量测验

为求得测点含沙量，必须用采样器从河流中采取含有泥沙的水样。悬移质采样器目前以横式、瓶式采样器为主。横式采样器可装在悬杆上或有铅鱼的悬索上。取样时，把采样器放到测点位置上，待水流平稳后，可以在水上通过开关索拉动挂钩，使筒盖关闭取得水样。也有用电磁开关使筒盖关闭。横式采样器取得的水样，是该测点的瞬时水样，其结果受泥沙脉动影响较大。瓶式采样器的瓶口上安装有进水管与排气管，两管出口的高差为静水头用不同管径的管嘴与值，可调节进口流速。为了能在预定的测点取样，一般将平均情况。

采样器取得的水样，倒入水样瓶中，贴上标签，注明测点位置，送交泥沙分析室进行水样处理。

水样处理的目的，是把从河流中取得的水样，经过量积、沉淀、烘干、称重等程序，才能得出一定体积浑水中的干沙重量。测点含沙量的计算公式为：

$$\rho=\frac{W_s}{V} \tag{2-12}$$

式中：

ρ —— 测点含沙量，g/L 或 kg/m^3。

W_s —— 水样中的干沙重，g 或 kg。

V —— 水样的体积，L 或 m^3。

当含沙量较大时，也可使用同位素含沙量计来测验含沙量。该仪器主要由铅鱼、探头和晶体管计数器等部分组成。使用时，只要把仪器的探头放至测点，即可由计数器显示的数字在工作曲线上出出含沙量。它具有准确、迅速、不取水样等优点，但应经常校正工作曲线。

（二）输沙率计算

在得出各测点含沙量后，可用流速加权计算垂线平均含沙量。如畅流期五点法、三点法的垂线平均含沙量的计算式为：

1. 五点法

$$\rho_m = \frac{1}{10V_m}\left(\rho_{0.0}V_{0.0} + 3\rho_{0.2}V_{0.2} + 3\rho_{0.6}V_{0.6} + 2\rho_{0.8}V_{0.8} + \rho_{1.0}V_{1.0}\right) \tag{2-13}$$

2. 三点法

$$\rho_m = \frac{1}{3\overline{V}_m}\left(\rho_{0.2}V_{0.2} + \rho_{0.6}V_{0.6} + \rho_{0.8}V_{0.8}\right) \tag{2-14}$$

式中：

ρ_m ——垂线平均含沙量，kg/m³。

ρ_i ——测点含沙量（i为该点的相对水深），kg/m³。

V_i ——测点流速（i为该点的相对水深），m³/s。

V_m ——垂线平均流速，m/s。

当为积深法取得的水样时，其含沙量是按流速加权的垂线平均含沙量。根据各条垂线的平均含沙量和取样垂线间的部分流量，可按下式计算断面输沙率：

$$Q_s = \frac{1}{1000}\left(\rho_{m1}q_1 + \frac{\rho_{m1}+\rho_{m2}}{2}q_2 + \cdots + \frac{\rho_{mn-1}+\rho_{mn}}{2}q_{n-1} + \rho_{mn}q_n\right) \tag{2-15}$$

式中：

Q_s ——断面输沙率，t/s。

ρ_{mi} ——垂线平均含沙量（i为取样垂线序号），kg/m³。

q_i ——各取样垂线间的部分流量，m³/s。

断面平均含沙量用下式计算：

$$\overline{\rho} = \frac{Q_s}{Q}\times 1000 \tag{2-16}$$

式中：

$\overline{\rho}$ ——断面平均含沙量，kg/m³。

Q ——断面流量，m³/s。

（三）单位水样含沙量

悬移质输沙率测验工作繁重，不便于每日每时施测。为求得输沙率的变化过程，有一种简便方法，即单取某一位置的水样，求出含沙量。用这种方法取得的水样，叫作单位水样含沙量，或称单位含沙量，亦简称为单沙。相应地把断面平均含沙量简称为断沙。

采取单位水样的位置，应选在其单沙与断沙的关系比较稳定的垂线或测点上，这种位置可通过多次输沙率测验资料分析得出。有了这种关系之后，经常性的泥沙取样工作，便可只在此选定的垂线或其上的一个测点上进行，这样便大大简化了泥沙测验工作。

单沙的测次，平水期一般每日定时取样 1 次；含沙量变化很小时，可 5 ～ 10d 取样 1 次；含沙量有明显变化时，每天应取样 2 次以上；洪水期每次较大洪峰过程，取样次数应不少于 7 ～ 10 次。

有了单沙断沙关系，便可由经常观测得到的单沙，从相关图上出得断沙。再由各测次的断沙计算日平均断沙，以之与相应的日平均流量相乘，即得逐日平均输沙率。将全年逐日平均输沙率之和除以全年的天数，即得年平均输沙率。年平均输沙率乘以全年的秒数，即得年输沙量。

二、推移质的测验和计算

河中推移质的数量，一般远较悬移质为少，但其是参与河道冲淤变化的泥沙的重要组成部分。对水库淤积、水工建筑物及有关设备的磨损、河道整治等方面，推移质的资料是很重要的。

推移质输沙率 Q_b 是单位时间通过断面的推移质的数量，单位为 kg/s。推移质输沙率的测验工序是，先在断面上布置若干测线，这些测线尽可能与悬移质含沙量的测线重合，但数量可稍少一些。在每条测线上用采样器在河底的一定宽度内，截取一定时期内流过的推移质，从而计算出断面推移质输沙率。计算的方法有分析法和图解法，但无论哪种方法都要先计算垂线的基本输沙率，即单位宽度内的输沙率，它是推移质运动强度的一个指标。而基本输沙率按下式计算：

$$q_b = \frac{100W_b}{tb_k} \qquad (2-17)$$

式中：

q_b —— 基本输沙率，g（/s•m）。

W_b —— 沙样重，g。

t —— 取样历时，s。

b_K —— 取样器的进口宽，cm。

用图解法计算推移质输沙率时，在断面图上以各垂线的基本输沙率 0 为纵坐标，以起点距为横坐标，绘制基本输沙率沿断面的分布曲线。绘图时，应注意分布曲线两端应是基本输沙率为 0 处。如未测到 0 点，可根据靠边测线的经点按趋势估计绘出。然后，用求积仪或数方格的方法，求出基本输沙率分布曲线所包围的面积，按比例尺换算，即得修正前的断面推移质输沙率（g/s）。在这里提到修正的原因是由于前面计算基本输沙率时，是根据采样器中的沙样重量计算的，实际上，采样器中观测到的沙重并不等于原河道上在测线附近宽度为b_k的范围内在取样历时£通过的推移质重量。前者与后者之间的比值通常称为采样器的效率系数，随采样器的型式而定。显然，修正系数应为效率系数K_B的倒数，即断面推移质输沙率的计算式为：

$$Q_b = kQ'b \tag{2-18}$$

式中：

Q_b —— 推移质输沙率，kg/s 或 t/s。

Q_b' —— 修正前推移质输沙率，kg/s 或 t/s

K —— 修正系数。

为了掌握推移质输沙率的变化过程，完全依靠上述测验断面推移质输沙率的办法有困难。为了计算月、年输沙量，通常有两类办法，其一，利用单位推移质基本输沙率（简称单推）与推移质断面输沙率（简称断推）的关系，根据单推的过程推求断推过程，从而得出月、年输沙量。所谓单推是指在断面某一测线上测得的基本输沙率，它与断推之间具有良好关系。单推取样的垂线位置应尽可能靠近中泓，因为中泓处推移质数量较大，且一般与断推的关系较稳定。其二，利用推移质输沙率和断面平均流速、流量、水位等水力因素的关系，通过这些水力因素的较详细的观测资料，推求推移质输沙率的变化过程，从而求得月、年推移质输沙量。

推移质取样的方法，是将采样器放到河底直接采集推移质的沙样。由于采样器的阻水作用，使床面上正在运行的推移质泥沙的水力条件发生变化，进入器内的水流发生收缩，流速也发生变化，致使器测推移质输沙量常小于天然情况下的输沙量。常用流速系数K_v与效率系数K_E来说明采样器的水力特性与工作特性。流速系数K_v，是指采样器器口平均流速与原天然状态下器口位置处平均流速的比值。效率系数的意义前面已经提到。因推移质泥沙，在山区河流上主要为卵石，而在下游平原河流上则主要为细沙，因而对采样器的要求也是不同的。所以，推移质采样器主要分为网式采样器与压差式采样器两类，前者适用采集卵石，后者适宜于采集细沙。

以上所述各类采样器的采样效率K_E，都是采样器模型的水槽试验的结果。由于模型试验不能完全模拟天然河道的情况，因而对实际工作中采用的K_E值的可靠性有相当大的影响。如何使采样器的值比较稳定，并在野外确定其数值，是推移质泥沙测验中的重要问题。

三、河床质测验

采取河床质的目的，是为了进行河床泥沙的颗粒分析，取得泥沙颗粒级配资料，供分析研究悬移质含沙量和推移质基本输沙率的断面横向分布时使用。另外，河床质的颗粒级配状况，也是研究河床冲淤变化，利用理论公式估算推移质输沙率，研究河床糙率等的基本资料。

河床质的测验，一般只在悬移质和推移质测验作颗粒分析的各测次进行，在施测悬移质、推移质的各测线上取样。采样器应能取得河床表层 0.1 ～ 0.2m 以内的沙样，在仪器上提时，器内沙样应不致被水冲走。沙质河床质采样器有圆锥式、钻头式、悬锤式等类型。取样时，都是将器头插入河床，切取沙样。卵石河床质采样器有锹式与蚌式，取样时，将采样器放至河床上掘取或抓取河床质样品，可供颗粒分析使用。

第六节　水文调出与水文资料的收集

一、洪水调查

进行洪水调查前，首先要明确洪水调出的任务，收集有关该流域的水文、气象等资料，了解有关的历史文献。这样可以了解历年洪水大小的概况。但定量的任务仍要通过实地调查和分析计算来完成。

在调查工作中，应注意调查洪痕高程，即洪水位。尽可能找到有固定标志的洪痕，否则要多方出证其可靠性，并估计其可能的误差。洪痕调出应在一个相当长的河段上进行，这样得出的洪痕较多，便于分析判断洪痕的可靠性，并可以提高确定水面比降的精度。当然，在一个调出河段上，不应有较大支流汇入。还应注意调查洪水发生时间，包括洪水发生的年、月、日、时及洪水涨落过程。这可为估算洪水过程、总水量提供依据。对洪水过程中的断面情况与调查时河床情况的差异，亦应尽可能调查了解。

计算洪峰流量时，若调出所得的洪水痕迹靠近某一水文站，可先求水文站基本水尺断面处的历史洪水位高程，然后延长该水文站实测的水位流量关系曲线，以求得历史洪峰流量。若调出洪水的河段比较顺直，断面变化不大，水流条件近于明渠均匀流，可利用曼宁公式计算洪峰流量。

按明渠均匀流计算所要求的条件，在天然河道的洪水期中很难满足。因为一般调出出来的历史洪水位，除有明确的标志者外，一般都有较大的误差。如果要减小水位误差对比降的影响，只有把调出河段加长。在一个较长的河段上，要保持河道断面一致的条件就很困难了，此时就要采用明渠非均匀流的计算办法。下面介绍一个近似的或逐步渐近的计算方法。

在调出的河段上，根据河道纵横断面的变化情况，假定共测得 $m+1$ 个断面，将全河段分为成 m 段，根据洪痕位置，结合河道断面及纵坡变化情况，估绘出一条水面线。此水面线不一定通过全部洪痕，应根据各洪痕不同的准确度及总体情况决定。根据此水面线就可定出各个计算断面处的水位，从而得出各断面的过水面积 F_i 及水力半径 R_i，又设第 i 断面与第 $i+1$ 断面间的河长为 L_i。河段起始断面与终了断面的水位差为 ΔH，根据各断面所代表的河段情况，估定出糙率 n_i，则由下式给出洪峰流量的近似值：

$$Q=\sqrt{\frac{\Delta H}{G}} \tag{2-19}$$

式中：

$$G=\frac{n_1^2}{F_1^2R_1^{4/3}}\frac{L_1}{2}+\sum_{i=2}^{m}\frac{n_i^2}{F_i^2R_i^{4/3}}\left(\frac{L_{i-1}+L_i}{2}\right)+\frac{n_{m+1}^2}{F_{m+1}^2R_{m+1}^{4/3}}\frac{L_m}{2}$$

按此式算得的流量，一般即可采用。为了校核也可用此流量值，从一个可靠性最好的洪痕断面开始，按非均匀流计算水面曲线。可以检查计算得的水面曲线是否与其他洪痕接近。如果基本满意则认为原来算得的流量基本正确。如相差较大，应分析原因，如糙率选用是否得当等，重新假设流量改算，显然此法要求外业调查测量工作以及室内计算工作量都较大，其成果可能较为合理。

二、暴雨调查

历史暴雨时隔已久，难以调出到确切的数量。一般是通过群众对当时雨势的回忆，或与近期发生的某次大暴雨相对比，得出定性的概念；也可通过群众对当时地面坑塘积水，露天水缸或其他器皿承接雨水的程度，分析估算降水量。

对于近期发生的特大暴雨，只有当暴雨地区观测资料不足时，才需要事后进行调查。调查的条件较历史暴雨调查有利，对雨量及过程可以了解得更具体确切。除可据群众观测成果以及盛水器皿承接雨量情况作定量估计之外，还可对一些雨量记录进行复核，并对降雨的时、空分布作出估计。

三、枯水调查

历史枯水调查，一般比历史洪水调出更困难。不过有时也能找到历史上有关枯水的记载，但此种情况甚少。一般只能根据当地较大旱灾的旱情，无雨天数，河水是否干涸断流，水深情况等来分析估算当时的最小流量、最低水位及发生时间。

当年枯水调查，可结合抗旱灌溉用水调出进行。当河道断流时，应调出开始时间和延续天数。有水流时，可用简易方法，估测最小流量。

四、水文资料的收集

水文资料是水文分析的基础，收集水文资料是水文计算的基本工作之一。水文资料的来源，主要为国家水文站网观测整编的资料。这就是由主管单位逐年刊布的水文年鉴。水文年鉴按全国统一规定，分流域、干支流及上下游，每年刊布 1 次。

年鉴中载有：测站分布图，水文站说明表及位置图，各站的水位、流量、泥沙、水温、冰凌、水化学、地下水、降水量、蒸发量等资料。

当需要使用近期尚未刊布的资料，或需查阅更详细的原始记录时，可向各有关机构收集。水文年鉴中不刊布专用站和实验站的观测资料及整编、分析成果，需要时可向有关部门收集。

水文年鉴仅刊布各水文测站的资料。各地区水文部门编制的水文手册和水文图集，是在分析研究该地区所有水文站的资料的基础上编制出来的。它载有该地区的各种水文特征值等值线图及计算各种径流特征值的经验公式。利用水文手册和水文图集便可以估算无水文观测资料地区的水文特征值。由于编制各种水文特征的等值线图及各径流特征的经验公式时，依据的小河资料较少，当利用手册及图集估算小流域的径流特征值时，应根据实际情况做必要修正。

第三章　水文地质勘探技术

第一节　水文地质测绘

一、水文地质勘查的目的、任务、重要性及类型

水文地质勘查工作的目的是运用各种技术方法和手段揭示一个地区的水文地质条件，掌握地下水的形成、赋存、运动特征和水质、水量变化规律。水文地质勘查的任务是为国民经济建设、发展规划或工程项目设计提供水文地质资料。

水文地质勘查是一项复杂而重要的工作。复杂性是因为地下水具有流动性，水质、水量随时空变化，而且所使用的勘查方法种类较多。其重要性包括：①认识来源于实践。人们对一个地区水文地质条件的认识，对各项生产建设中所提出的水文地质问题的解答，都要通过各种水文地质勘查来完成，即水文地质资料来源于勘查。一切水文地质生产和科学研究成果质量的高低和结论的正确与否，主要决定于占有资料的多少及其是否正确可靠。②水文地质勘查与勘探是一项费用高、工期长的工作，如果勘探工程布置不当，或不按规范（程）的技术要求进行，其后果将是既浪费勘查费用，又不能提供工程设计所需要的水文地质资料；如果据其得出错误的结论，将会给工程建设、国家财产、生产环境等诸多方面造成巨大的损失。

水文地质勘查工作，按其目的、任务和勘查方法的特点，则可分为三类：

（一）区域性水文地质勘查

是指中小比例尺的综合性水文地质勘查，亦称综合水文地质勘查。勘查目的主要是为国民经济建设和某项国民经济的远景规划提供水文地质依据。有时，这种勘查也可能是为某项专门性的水文地质勘查任务（如城市供水、矿山排水、环境水文地质勘查等）提供区域性的水文地质背景资料。如一些大型供水项目，为提出几个可能的水源地比较方案，或为查明水源地的补给范围、补给来源、补给边界位置和性质，均需进行区域性的水文地质勘查工作。区域性水文地质勘查的主要任务是，概略查明区域性宏观的水文地质条件，特别是区域内地下水的基本类型及各类地下水的埋藏分布条件，地下水的水量及水质的形成条件，以及地下水资源的概略数量。区域性水文地质勘查的范围一般较大，可以是数百、数千平方千米。具体范围视任务需要而定，可以是某个自然单元，一个或数个较大的水文地质单元，也可以是某个行政区域，多是按国际地形图幅进行勘查，勘查图件比例尺一般小于 1：10 万。

（二）专门性水文地质勘查

专门性水文地质勘查是为专门目的或某项生产建设而进行的勘查工作。其勘查的目的是为其提供所需的资料，有时，为了进行地下水某方面的科学研究（如城市供水、矿山排水、环境水文地质等），也要开展专门性水文地质勘查。专门性水文地质勘查的任务是：较详细地查明勘查区的水文地质条件，解决所提出的生产问题，为工程建设项目或其他专门目的提供水文地质资料和依据。专门性水文地质勘查的范围，视工程项目的规模或科研的需要而定。例如，供水水文地质勘查的范围，要根据需水量的大小来确定，一般应包括水源地在开采条件下可能的补给范围；矿床水文地质勘查的范围，应根据矿井在最大疏干深度条件下可能补给矿坑（井）的补给范围来确定；环境水文地质勘查的范围，至少应把地下水污染区和污染源包括在内。专门性水文地质勘查的比例尺，一般则要求大于 1：5 万。

（三）地下水动态和均衡监测

任何类型的水文地质勘查和研究工作，在定性或定量评价水文地质条件时．都需要地下水动态和均衡方面的资料，因此，都应进行地下水动态和均衡的监测。地下水动态和均衡要素监测工作的持续时间有长有短。如为区域或专门性水文地质勘查提供地下水动态、均衡资料的监测工作，则可仅在某一段时间内进行，一般只要求 1～2 年；如果为国民经济建设长远规划和综合目的（包括地下水资源管理及保护）而进行的监测工作，则是长期性的。

随着地下水资源的大规模开发利用，与地下水有关的环境地质问题越来越多。因此，地下水动态与均衡的监测的意义日显重要。监测项目主要包括：地下水位、水量、水质、水温，及环境地质项目等。

二、水文地质勘查所使用的主要方法手段

进行水文地质勘查所使用的基本方法手段或工种主要有 10 种：即水文地质测绘、

水文地质钻探、水文地质物探、水文地质野外试验、地下水动态长期观测、室内分析测定与实验、同位素技术在水文地质勘查中的应用、全球定位系统（GPS）的应用、遥感（RS）技术的应用、地理信息系统（GIS）的应用等。任何一项水文地质勘查工作，基本上都是采用这些方法手段，这些方法手段（或工种）的精度直接决定了勘查成果的质量。近年来，航卫片地质水文地质解译、GPS技术、地理信息系统（GIS）、地下水同位素测试技术、核磁共振技术、水文地质参数的直接测定方法等新的技术方法已用于水文地质勘查中，大大提高了水文地质勘查的精度与工作效率。

（一）水文地质测绘

水文地质测绘就是按一定的精度要求，对区内地质、水文地质界线和现象进行实地观察、测量、描述、勘查，并将它们绘制成图件，总结出一个地区的水文地质规律。水文地质测绘是认识一个地区水文地质条件的第一步，也是全部水文地质工作的基础。目前，航卫片解译等遥感技术，正广泛地成为水文地质测绘中的现代化有效手段。

（二）水文地质钻探

水文地质钻探是勘探地下水的直接手段，同时，这也是开采地下水的主要方法。由于它具有效率高、勘探深度大等特点，因而是一项主要的勘探工作。为了得到较好的效果，水文地质钻探必须建立在水文地质测绘等工作的基础上。另外，在只需揭露近地表的地下水露头或与地下水有关联的一些地层、构造现象时，可直接使用坑探或槽探。

（三）水文地质物探

物探是水文地质勘探的重要手段之一，它与水文地质测绘和钻探相结合，可以有效地查明许多地质和水文地质问题，从而节省其他工种的工作量。需要着重说明，各种物探方法都有局限性，其结果具有多解性，使用中，应根据具体地质条件，进行分析、对比、综合研究，使解译结果真实地反映客观情况。水文地质工作中所应用的主要物探方法有：电法、磁法、地震方法、放射性方法等。近年来，地质雷达、地球物理层析成像技术（CT）、核磁共振（NMR）等新技术、新方法也得到了广泛应用。

（四）水文地质野外试验

在野外勘查工作中，为取得各种水文地质参数或解决某些水文地质问题需进行相关的水文地质试验工作。水文地质野外试验主要包括：抽水试验、注水试验、渗水试验、地下水流速流向测定试验、连通试验、弥散试验等。根据勘查工作需要，应合理布置这些试验。

（五）地下水动态长期观测

由于地下水是变化的，为寻找其变化规律，就需要对区内主要含水层中地下水的动态（包括水位、水量、水质、水温）进行长期的观测工作。依据观测结果，对区内地下水的形成和变化规律，水质、水量和水位进行正确地评价与预测。

（六）室内分析测定与实验

实验室内分析、测定等工作，主要是获得地下水质、岩石的水理性质、岩石破坏及溶蚀机理、含水层的颗粒成分、地下水运动情况以及地下水年龄资料。

（七）同位素技术在水文地质勘查中的应用

地下水在形成和运移过程中，各种化学组分的同位素成分都会进入水中，这些同位素踪迹便可为研究地下水及其与环境介质之间的关系提供重要信息。环境同位素能对地下水起着标记和计时作用。因此被广泛应用于水文地质勘查工作中。目前在水文地质勘查中应用同位素技术主要解决下列问题：①利用放射性环境同位素测定地下水的年龄；②利用稳定环境同位素研究地下水的起源与形成过程；③利用放射性环境同位素研究包气带水的运动；④利用环境稳定同位素研究水中化学组分的来源；⑤利用放射性同位素示踪研究地下水运动及水文地质过程。

（八）全球定位系统（GPS）的应用

全球定位系统（gl0bal positioning system，简写为GPS），也称全球卫星定位系统。GPS具有全球性、全天候、连续的三维测速、导航、定位与授时能力，而且具有良好的抗干扰性和保密性。目前，GPS已成为一种全天候、高精度的连续定位系统，且具有定位精度高、自动化、速度快、仪器操作简便、高效实用、方法灵活多样等特点。近十几年来，GPS在水文地质工程地质领域也得到了广泛应用。GPS在水文地质工作中主要用于以下几个方面：①确定各种地质点（地质构造、地貌、第四纪地质、岩性点、采样点等）的位置及坐标（或经度、纬度），并可确定其走向或倾向；②确定井孔、泉、地下暗河等各种水文地质点的位置及坐标；③确定各类地质点及井、孔、泉水等水文地质点的高程；④确定各类地质点、水文地质点之间的距离；⑤地图功能、导航功能等；⑥确定勘探线方向或水文地质剖面线的方位；⑦查找地图上有关信息点、兴趣点；⑧数据存储、记忆功能，可建立数据库，并对数据进行下载和转换等。

（九）遥感（RS）技术的应用

遥感（remote sensing，简称RS）就是“遥远的感知”，其是应用探测仪器，不与探测目标直接接触，从远处把目标的电磁波特征记录下来，通过分析，揭示出物体的特征性质及其变化的综合性探测技术。换言之，遥感技术是根据电磁波理论，用装置在飞机或人造卫星等各种飞行器上的专门仪器，接收地面上各种地质体发射或反射的各种波谱信息，由于不同的地质 - 水文地质体发射、吸收、反射、散射和透射的电磁波波长和频率不同，从而解译判定出被测地区的地貌、地质、水文地质条件，并可绘制成各种图件。其特点是勘查面积大、周期快、应用面广，在提高勘查质量、加快勘查进度、减少测绘和勘探工作量、减轻体力劳动等方面独具优越性。遥感技术（RS）有许多种类，目前在水文地质勘查中常用的是航空摄影、红外探测和多波段测量。利用航空照片可以解译含水层和含水构造，查明区域水文地质条件，圈定富水地段，划分汇水面积等。红外遥感技术在寻找浅层地下水方面（如寻找古

河道，找出地下水露头的位置、大小、数量，探测地下热水，研究岩溶区的水文地质条件等）具有良好效果。利用地球卫星图像可对地球资源进行勘查和环境监测，可解译出区域的地貌形态、地层岩性及地质构造，同时还可圈定冲积含水层，寻找泉及地下水溢出带、浅层地下水分布区，以及用于勘查地表水资源与监测环境污染等。

（十）地理信息系统（GIS）的应用

地理信息系统（geographIcal Information system，简写为GIS），是对各种地理信息或空间信息进行获取、处理、分析和应用的计算机技术系统。地理信息系统（GIS）已开始用于地下水研究中。地理信息系统（GIS）在水文地质勘查中的应用主要有以下几个方面：①建立地下水数据库及模拟系统；②识别含水层，合理开发利用地下水资源；③进行地下水水质研究；④进行地下水资源管理；⑤编制水文地质图；⑥地下水模拟及可视化。

全球定位系统（GPS）、遥感技术（RS）、地理信息系统（GIS），简称“3S”技术。“3S”技术是从20世纪60年代逐渐发展起来的、现已日渐成熟的空间信息处理技术。由于“3S”技术的日渐成熟，西方一些国家20世纪80年代就已开始运用“3S”技术进行数字化地质填图，从而实现了地质填图的计算机化和信息化，极大地提高了工作效率。我国数字化地质填图工作起步于20世纪90年代。目前，以“3S”技术为基础的数字化地质填图，正在地质、水文地质勘查工作中会逐步推广应用。

三、水文地质勘查工作阶段的划分

专门性的水文地质勘查工作，一般都是分阶段进行的，其原因主要在于：①专门性水文地质勘查是为专门目的或工程建设项目服务的，而项目的设计工作一般都是分阶段进行的，不同设计阶段所需水文地质资料的内容和精度也有不同的要求，为满足设计的需要，水文地质勘查工作亦应划分为相应的阶段进行；②把勘查工作分为不同的阶段，可以使整个勘查工作有次序、有侧重，逐渐深入进行，可使我们对勘查区水文地质条件的认识由浅入深，防止某些疏忽、遗漏或片面性，避免在勘查工作中犯重大的、全面性的错误。不同任务的专门性水文地质勘查工作，其勘查阶段的划分一般是各不相同的。

通常，水文地质勘查原则上可分为水文地质普查、水文地质初步勘探（简称初勘）、详细勘探（简称详勘）和开采四个阶段。其中初步勘探和详细勘探统称为水文地质勘探阶段。一般水文地质普查属于综合性水文地质勘查，水文地质勘探属于专门性水文地质勘查。

（一）水文地质普查阶段

它是为经济建设规划提供水文地质资料而进行的区域性综合水文地质勘查工作，采用的比例尺一般为1：20万或1：10万。勘查工种以水文地质测绘为主，配合少量的勘探和试验工作，其主要任务是查明区域地下水形成的初步规律，提供区域水文地质条件资料，并概括地对区域地下水量与开发远景做出评价，为国民经济远景规划和为水文地质勘探设计提供依据。具体要求是初步查明主要含水层的埋藏和分布特征、地下水形成条件、地下水类型、地下水的水质、地下水补给与排泄条件、地下水运动规律等。

（二）水文地质初勘阶段

它是在水文地质普查的基础上，为某项生产任务而进行的专门性水文地质勘查工作。主要工作是进行大中比例尺（1：10万或1：5万）的水文地质测绘、少量的水文地质勘探、试验和一定时期的地下水长期观测工作。本阶段任务是较确切地查明地质条件和地下水形成条件、赋存特征，初步评价地下水资源，进行水源地方案比较，初步圈定供水开采地段（或重点排水地段），预测水量、水质和水位变化，提出合理开发（或疏干）措施，为供（排）水初步设计或布置详细勘探工作提供依据。

（三）水文地质详勘阶段

通常是在初勘圈定的地段上进行进一步的详细勘探与研究，主要工作以勘探、试验为主，并要求有一年以上的长观资料，且要进行全面的室内实验、分析和研究，该阶段的工作比例尺一般为1：2.5万、1：1万或更大。该阶段的任务是精确地查明勘查区的水文地质条件，对水质水量做出精确、全面的评价，并提出合理开采方案，为技术（施工）设计提供依据。

（四）开采阶段

主要工作是进行水源地开采动态的研究，必要时辅以补充勘探、专门性试验等，查明水源地扩大开采的可能性．或研究水量减少、水质恶化和不良工程地质现象等发生的原因，验证地下水的允许开采量（可开采量），为合理开采和保护地下水资源，为水源地的改、扩建设计提供依据，在条件具备时，建立地下水资源管理模型及数据库。对某个具体工程勘查项目应划分为几个勘查阶段，应根据当地水文地质条件的复杂程度、工程建设项目的规模和重要性及已有水文地质研究程度等具体确定。例如：①勘查区的水文地质条件极复杂，需水量（或排水量）大，在详细勘探之后，则应进行开采阶段的水文地质工作，亦称专题性的水文地质勘探。②已有1：20万或1：10万比例尺的区域水文地质勘查成果，或供水工程项目规模较小，可不进行普查阶段（或规划阶段、前期论证阶段）的勘查工作，或只进行补充性的勘查工作。③如供水工程项目无不同的水源地比较方案，则可将初勘和详勘合并为一个勘探阶段。④需水量较小的单个厂、矿、企事业单位的供水工程项目，当水文地质条件又不十分复杂，只需开凿2～3个钻孔即可满足需水量需要时，可采用勘探和开采结合方式，直接进入开采阶段的勘查。⑤对于农田灌溉供水水文地质勘查，鉴于农田供水的保证程度较低，故一般只需划分为普查、详查和开采三个勘查阶段。⑥对于矿床水文地质勘查阶段的划分，一般应与矿床水文地质勘探阶段划分相一致，划分为普查找矿、初勘与详勘三个阶段。

四、水文地质勘查工作的程序（工作步骤）

水文地质勘查工作，应按一定的工作程序有计划、有步骤地进行。一般的原则是：先设计后施工，先普查后勘探。一般工作程序如下：

（一）接受勘查任务

勘查任务分为纵向任务（上级下达的）和横向任务（地方委托的）。纵向任务既可以是上级主管部门下达的指令性任务，也可以是生产单位立项经上级主管部门批准后下达的任务。如为横向任务，则需与任务委托单位（一般称甲方）签订委托任务合同后，方算正式确定勘查任务。

（二）准备工作

接受勘查任务后，要进行准备工作，主要是人员组织准备、技术准备、物资后勤等方面的准备。其中技术准备中编写设计书是水文地质人员的主要工作。在设计书编写前，应充分收集勘查区已有的自然地理资料、地质、水文地质资料及图件等，对勘查区的水文地质条件和问题有初步认识，并确定勘查区的研究程度。必要时，应进行野外现场踏勘，踏勘路线应力求穿过勘查区地层发育比较完整、水文地质条件有代表性的剖面，并了解勘查区的自然和工作条件，使编写的设计书更加符合实际。

设计书是布置和进行各项勘查工作的基本依据，也是水文地质勘查的“作战方案”。设计书的类型一般可分为整体设计、年度设计、单项设计等。设计书的主要内容如下：

第一，勘查区的自然地理、地质、水文地质条件，内容包括：①勘查工作的目的、任务，勘查区位置、面积及交通条件，勘查阶段和勘查工作起止时间；②自然地理及经济地理概况；③已有地质、水文地质研究程度及存在的问题；④勘查区地质、水文地质条件概述。

第二，勘查工作设计，主要内容包括：①勘查工作拟投入的工种、工作布置方案、工作依据的主要技术规范、工作量及每项工作的主要技术要求。布置勘查工作时，既要满足有关规范对工作量定额及工作精度的要求，又要考虑查清重要地段和完成关键任务，防止平均使用勘查工作量；②物质、设备计划，人员组织分工，经费预算及施工进度计划书；③预期勘查工作成果。

（三）野外工作

野外工作就是在野外现场进行各项水文地质勘查工作。水文地质勘查投入的工种顺序为：水文地质测绘—物探—勘探—试验—长期观测。前者是后者的基础，所揭示的问题也是逐步深入的。各工种投入的工作量，应根据具体条件，既要做到经济技术上合理可行，又能取得高质量的成果。野外工作中，要保质保量地进行观察、测量，做好原始资料的编录，正确地绘制野外工作各种图件。工作中应加强综合分析，注意各工种间的有机配合，要注意做好有关室内的实验、分析、鉴定等工作。野外工作期间，也可再分若干时段，按时段组织勘查、检查和总结，在野外工作期间，可根据实际情况，对设计书进行适当修改，但进行重大改变，提出补充设计。有关野外勘查的工作方法和内容，将在以后有关内容进行介绍。

（四）室内工作

室内工作主要是将野外勘查获得的资料，认真地进行校核、整理、分析，编写水文地质勘查工作成果。勘查成果一般包括水文地质图件与文字报告两部分。

最后，按规定程序组织勘查成果的验收和鉴定工作。

第二节　水文地质勘探

一、水文地质测绘的概念、目的、任务和内容

在水文地质勘查中，水文地质测绘是一项简单、经济、有效的工作方法，它是水文地质勘查中最重要、最基本的勘查方法，也是各项勘查工作中最先进行的一项。

（一）水文地质测绘的概念

水文地质测绘是以地面调查为主，对地下水和与其有关联的地质、地貌、地表水等现象进行现场观察、描述、测量、记录和制图的一项综合性水文地质工作。

（二）水文地质测绘的目的

水文地质测绘是用观测网点控制测区，调查地质、水文地质、地貌及第四纪地质等特征与规律。

（三）水文地质测绘的任务

水文地质测绘的任务主要包括如下内容：①调查研究地层的空隙性及含水性确定调查区内的主要含水层或含水带、埋藏条件及隔水层的特征与分布。②查明区内地下水的基本类型及各类型地下水的分布特征、水力联系等。③查明地下水的补给、径流、排泄条件。④调查各种构造的水文地质特征。⑤概略评价各含水层的富水性、区域地下水资源量和水化学特征及动态变化规律。⑥论证与地下水有关的环境地质问题。⑦了解区内现有地下水供水、排水设施及地下水开采情况。

（四）水文地质测绘的内容

水文地质测绘的内容主要包括以下几方面：①地质调查。②地貌及第四纪地质调查。③地下水露头的调查。④地表水体的调查。⑤与地下水有关的地质环境调查。

二、水文地质测绘的基本工作方法

（一）准备工作与野外踏勘

第一，收集、研究工作区已有的自然地理、地质地貌及水文地质资料，对工作区的水文地质条件有初步认识，了解其水文地质研究程度及存在问题，以便有针对性地进行测绘工作。

第二，凡是有航片、卫片的地区，必须充分利用，认真判读与解译。

第四，做好有关地质、器件等方面的准备。

（二）研究或实测控制性（代表性）剖面

野外水文地质测绘，应首先从研究或实测控制性（代表性）剖面开始。其目的是查明区内各类岩层的层序、岩性、结构、构造及岩相特点，裂隙岩溶发育特征、厚度及接触关系，确定标志层或层组，研究各类岩石的含水性和其他水文地质特征。

剖面应选在有代表性的地段上，沿地层倾向方向布置，要在现场进行草图的测绘，以便发现问题及时补作，按要求采取地层、构造、化石等标本和水、土、岩样等样品，以供分析鉴定用。在水文地质条件复杂的地区，最好能多测1～2条剖面，以便于对比。如控制剖面上的某些关键部位掩盖不清，还应进行一定量的剥离或坑探工作。

（三）布置野外观测线、观测点

1. 观测线的布置原则

按照用最短的路线观测到最多内容的原则，沿地质、水文地质条件变化最大方向布置观测线，并尽可能多地穿越地下水的天然露头（泉、暗河出口等）和人工露头（井、孔等）以及关键性的水文地质地段。实际工作中，观测线的布置方法主要有以下三种：

穿越法即垂直或大致垂直于工作区的地质界线、地质构造线、地貌单元、含水层走向的方向布置观测线。该种方法效率高，可以最少的工作量获得最多的成果，在基岩区或中小比例尺测绘时多用该种方法。

追索法即沿着地质界线、地质构造线、地质单元界线、不良地质现象周界等进行布点追索（顺层追索）。该种方法可以详细查明地质界线和地质现象的分布规律，但工作量较大。该种方法主要用于大比例尺水文地质测绘。

综合法（亦称均匀布点法，全面勘查法）即在工作区内，采用穿越法与追索法相结合的方法布置观测线。例如，在松散层分布区，则垂直于现代河谷或平行地貌变化的最大方向布置观测线，并要求穿越分水岭，必要时应沿河谷追索，对新构造现象要认真研究；在山前倾斜平原区，则应沿山前至平原，从洪积扇顶至扇缘（或溢出带）布置，平行山体岩性变化显著的方向也应布置观测线；在露头较差的地段，有时可用全面勘查法，以寻找地层及地下水露头；在第四纪地层广泛分布的平原地区，基岩露头较少，可采用等间距均匀布点形成测绘网络，以达到面状控制的目的。

2. 观测点的布置原则

观测点的布置要求既能控制全区，又能照顾到重点地段。通常，观测点应布置在具有地质、水文地质意义和有代表性的地段。通常，地质点可布置在地层界面，断裂带、褶皱变化剧烈部位，裂隙岩溶发育部位及各种接触带；地貌点布置在地形控制点、地貌成因类型控制点、各种地貌分界线，以及物理地质现象发育点；水文地质点布置在泉、井、钻孔和地表水体处，主要的含水层或含水断裂带的露头处，地表水渗漏地段，水文地质界线上，以及能反映地下水存在与活动的各种自然地理、地质和物理地质现象等标志处，对已有取水和排水工程也要布置观测点。观测线、观测点的技术定额参见有关规范。例如《供水水文地质勘查规范》。

（四）进行必要的轻型勘探和抽水

轻型勘探就是使用轻便工具如洛阳铲、小螺纹钻、锥具等进行勘探。

洛阳铲勘探可以完成直径较小而深度较大的圆形孔，可以取出扰动土样。冲进深度一般土层中为10m，在黄土中可达30m。针对不同土层可采用不同形状的铲头。弧形铲头适用于黄土及黏性土层；圆形铲头可安装铁十字或活叶，既可冲进，也可取出砂石样品；掌形铲头可将孔内较大碎石、卵石击碎。

小螺纹钻勘探小螺纹钻由人力加压回转钻进，能取出扰动土样，适用于黏性土及砂类土层，一般探深在6m以内。

锥探即用锥具向下冲入土中，凭感觉来探明疏松覆盖层厚度，探深可达10m以上。用它查明沼泽和软土厚度、黄土陷穴等最有效。

水文地质测绘中，除全面搜集区内现有的井孔及坑道（矿井）的资料外，还要求在测区进行一些轻型勘探和抽水。例如，为取得被掩埋的地层、断层的确切位置，裂隙或岩溶的发育地段，揭露地下水露头等资料时，可布置一些坑探、槽探、浅钻或物探工作。为取得含水层的富水性资料，需要布置一些机井抽水试验，为取得松散层厚度及被覆盖的基岩构造等，可布置一些物探工作。

（五）做好野外时期的内业工作和室内工作

野外测绘时期，每天都应把当日的野外各项原始资料进行编录和整理，其内容主要包括：原始记录的整理，野外草图的清绘，泉、井、孔等资料的整理，水、土、岩样的编录登记，并逐步总结出规律性的认识，野外工作进行一段时间，应当进行阶段性的系统整理，一旦发现问题或不足，应立即进行校核或补充工作。

此外，为避免测绘时期组与组之间或相邻图幅之间，对一些现象认识不一致或某些界线不衔接，要求各测绘组的调查范围深入邻区（组）内一定距离，并常与邻组进行野外现场接图。

室内工作的主要内容是：①认真、细致、系统地整理测绘资料，若发现有误或不足，还应进行补充工作；②完成实验室水、土、岩样分析、实验和鉴定及有关资料整理工作；③做好勘探、野外试验等资料的整编工作；④编制水文地质图件（包括具有代表性的水文地质剖面）以及水文地质测绘报告（或图幅说明书）。通常把水文地质测绘成果纳入水文地质调查总的报告中。

传统的地质、水文地质填图一般在纸质图上进行，因野外频繁使用纸质图，使图面不清晰，所填的地质图还必须进行清绘，然后再用水彩上色。这种方法的主要缺陷是所填地质图缺少地质属性数据，另外还有修改困难、上色不均匀、效率低、不易保存及数据共享性差等缺点。而基于“3S”技术的计算机辅助地质填图具有图形附带地质属性数据的特点，实现了传统地质图表达信息的彻底变革，同时还具有随时修改、高效、实现数据共享、易于保存和传输等优点。因此，在水文地质调查工作中，应尽量采用以“3S”技术为基础的数字化地质填图。

1. 现场调查

现场调查的任务，主要是通过对地质、地貌及第四纪地质、地下水露头、地表水及与地下水有关的环境地质进行调查，初步查明地下水埋藏、分布和形成条件的一般规律，并阐明区内水文地质条件。其中地质、地貌及第四纪地质调查是水文地质测绘中最基本、最重要的内容，主要研究它们和地下水埋藏分布及形成条件之间的关系。地下水露头的调查主要是泉和井的调查，以确定含水层或富水地段，评价含水层的水质水量，并分析水文地质条件的变化规律。地表水的调查主要是查明地表水和地下水之间的转化关系，正确评价地表水和地下水的资源量。在水文地质测绘中，应对现存的或可能发生的与地下水有关的环境地质问题观察研究。

(1) 地层与岩性调查

①岩性调查

岩石是贮存地下水的介质。岩性是划分含水层和确定地下水类型的基础，一定类型的岩石赋存一定类型的地下水。岩性常常决定着岩石的区域含水性。岩石的区域含水性，是指某种岩石中地下水的分布广泛程度和有水地段的平均富水程度，一般以水井在某一降深下的出水量表示。岩石的含水性能主要取决于岩石的原生和次生孔穴及裂隙的发育程度，而这些条件又和岩石类型有关。因此，岩石的类型和岩石的区域含水性有着一定的对应关系，一般以可溶岩类岩石的区域含水性最好，各种泥质岩石为最差。

在松散岩石中，对地下水赋存条件影响最大的因素是岩石的孔隙性。因此，要着重观测研究岩石组成的颗粒大小、排列及级配，其次是岩石的结构与构造，再次是岩石的矿物与化学成分。一般来说，在松散岩石地区进行水文地质测绘要重点查明各类松散岩石的成因类型、厚度、物质来源及其分布规律。

对基岩来说，岩石类型、可溶性、层厚和层序组合是研究岩石含水性的重要依据。岩石按力学性质可分为三类，即脆性岩石、半脆性岩石和塑性岩石。脆性岩石受力后易断裂，往往形成宽大裂隙，裂隙一般延伸较长，但数量较少，分布较稀疏，多构成地下水的主要运移通道。塑性岩石受力后容易弯曲，节理、劈理发育，形成的裂隙一般短小、闭合，但密度大，多赋存结合水，往往构成相对隔水层。半脆性岩石受力后变形处于上述两者之间，裂隙分布中等，延伸也较远，一般含水较均匀，多构成含水层。按可溶性岩石可分为可溶岩、半可溶岩与非可溶岩。可溶岩、半可溶岩经地下水溶蚀作用可使裂隙不断加宽、扩大，形成溶隙或溶洞，更有利于地下水的形成和运移，往往是最好的含水层。在可溶岩中，对地下水赋存条件影响最大的因素是岩石的岩溶发育程度。因此，要着重研究岩石的化学成分、矿物成分及岩石的结构和构造与岩溶发育的关系。

在非可溶性的坚硬岩石中，对地下水赋存条件影响最大的因素是岩石的裂隙发育状况。因此，要着重研究裂隙的分布状态、张开程度、充填情况及裂隙发育强度等。这些特征主要决定于其成因类型，尤其是构造裂隙的力学属性。层厚直接影响变形破坏的性质和程度。一般来说，薄层岩石受力易弯曲，厚层岩石受力后易断裂，产生大的裂隙，因此厚层岩石含水性比薄层含水性好。层序组合也是影响岩石含水性好坏的重要因素。如果脆性、半脆性或可溶岩分布连续且厚度大时，有利于形成贯通程度好的裂隙网络，则有利于地下水的形成和运移，容易形成规模较大的含水系统。

对基岩地层岩性、各类岩层的观察与描述，一般包括岩石名称、颜色（新鲜、风化、干燥、湿润时的颜色）、成分（机械成分、矿物成分、化学成分）、结构与构造、产状、岩相变化、成因类型、特征标志、厚度（单层厚度、分层厚度和总厚度）、地层年代和接触关系等。

对沉积岩，必须注意调查层理特征、层面构造、沉积韵律和化石。对碎屑岩类，应着重描述颗粒大小、形状、成分、分选情况、胶结类型和胶结物的成分、层理（平行层理、斜层理、波状层理和交错层理）、层面构造（波痕、泥裂、雨痕等）和结核等。对泥质岩类，应着重描述物质成分、结构、层面构造、泥化现象等。对碳酸盐岩类，应着重研究化学成分、结晶情况、特殊的结构和构造（如师状结构、竹叶状结构、斑点状构造及缝合线等）、层面特征及可溶性现象等。

对岩浆岩，必须注意调查其成因类型、产状、规模及围岩的接触关系。以侵入体为例，应注意研究其与围岩间的穿插和接触关系，接触带特征（包括自变质现象、围岩的接触变质和机械破碎等情况）；所处的构造部位及原生裂隙和岩脉等情况。对喷出岩，应注意研究其喷出或溢流形式；岩性、岩相的分异变化规律；原生或次生构造（气孔状、杏仁状、流纹状或枕状构造等）；原生裂隙、捕虏体、韵律、层序及与沉积岩的相互关系等。

对变质岩，应注意研究其成因分类（正变质或副变质）、变质类型（区域变质、接触变质、动力变质）、变质程度和划分变质带；恢复原岩性质与层序。着重观察变质岩的矿物成分（原生矿物与变质矿物）、结构（变晶结构、变余结构和破裂结构等）、构造（包括变质构造和原岩的残留构造）；分析矿物的共生组合和交代关系。特别注意片理、劈理以及小型褶皱等细微构造和原岩层理的区别。

②地层确定

地层是构成地质图和水文地质图最基本的要素，在地质测量时，地层是最基本的填图单位。层状含水层，总是和某个时代的地层层位相吻合。因此，查清地层的时代和层序，也就查清了含水层的时代、埋藏和分布条件。

由于地层划分是以古生物化石确定地层时代的，有时还应考虑岩性特点不够，常不能满足含水层、隔水层划分的要求。因此，在水文地质测绘工作开始之前，应重新进行地层划分，将岩性作为地层划分的主要依据，建立水文地质剖面，以此作为水文地质填图的单位。

要认真研究或实测地层标准剖面，确定水文地质测绘时所采用的地层填图单位，即确定出必须填绘的地层界线。水文地质测绘要填绘出地层界线，调查不同时代地层的岩性、含水性、岩相变化、地层的接触面等。

地层接触关系的观察和描述：观察岩层的接触时要注意对岩层的接触界线进行观察，如果是沉积岩与沉积岩、沉积岩与变质岩相接触，看有无沉积间断、底砾岩、剥蚀面、古风化壳存在；看上下岩层产状是否一致；然后判断岩层是整合接触、平行不整合接触或角度不整合接触。如果是沉积岩和岩浆岩相接触，看岩浆岩中有无捕虏体，看沉积岩中有无底砾岩，底砾岩的碎屑物有无岩浆岩成分，然后确定二者是沉积接触或侵入接触关系。

（2）地质构造调查

地质构造不仅控制一个地区含水层和隔水层的埋藏和分布，而且对于地下水的富集和运移也有重要影响。地质构造调查包括褶皱、断裂和裂隙。

褶皱是层状岩石在地应力作用下发生塑性变形而形成的岩层弯曲。它可构成承压水含水结构，特别是向斜构造，往往构成自流盆地。因此在水文地质测绘中应着重查明褶皱的形态类型、规模及在平面和剖面上的展布特征，以及与地形的组合关系，查明主要含水层在褶皱构造中的部位，以及断层、裂隙发育特征及对地下水富集的控制作用，为地下水系统边界的圈定和富水地段确定提供依据。

褶皱构造的观察和描述：①确定岩层的岩性和时代：观察和确定褶曲核部和两翼岩层的岩性和时代；②确定褶皱的产状：观察褶皱两翼岩层的倾斜方向、转折端的形态和顶角的大小，并确定褶曲轴面及枢纽的产状；③确定类型推断时代和成因：根据褶曲的形态、两翼岩层和枢纽的产状确定出褶皱的类型，来进一步分析推断褶皱的形成时代和成因。

断层是岩层或岩体顺破裂面发生显著位移的地质构造。断层破碎带具有较大的储水空间，是地下水主要聚集场所，往往形成地下水的强径流带。在有些情况下，断层又可使含水层错开，常构成含水系统的边界。断层的性质和两盘岩性是控制断层富水性和导水性的主要因素。按断裂带富水性能可将断层划分为富水断层、储水断层和无水断层；按断裂带的导水性能将断层分为导水断层和阻水断层。因此在水文地质测绘中要仔细观察断层（断层面、构造岩）及其影响带的特征，分析断层性质和发育期次，调查断层规模及在空间展布规律，进而确定其水文地质性质以及可能的富水地段及富水程度。

断层的观察和描述：①观察、搜集断层存在的标志（证据）：如在岩层露头上有断层的迹象，要观察、搜集断层存在的证据，如：断层破碎带、断层角砾岩、断层滑动面、牵引褶曲、断层地形（断层崖、断层三角面）等；②确定断层的产状：测量断层两盘岩层的产状、断层面的产状、两盘的断距等，确定断层的产状；③确定断层两盘运动方向：根据擦痕、阶步、牵引褶曲、地层的重复和缺失现象确定两盘的运动方向，上盘、下盘，上升盘、下降盘等；④确定断层的类型：根据断层两盘的运动方向、断层面的产状要素、断层面产状和岩层产状关系确定出断层的类型，其是正断层、逆断层，走向断层、倾向断层还是直立断层、倾斜断层等；⑤破碎带的详细描述：对断裂破碎带的宽度、断层角砾岩、填充物质等情况要详细加以描述；⑥素描、照相和采集标本。

裂隙是基岩地下水的主要储水空间和运移通道。影响裂隙储水和导水性好坏的主要因素是裂隙的长度、宽度、产状、密度及充填性质。构造裂隙的长度、张开度和密度在很大程度上又受到地层岩性的影响。因此在水文地质测绘中应详细测量各种地层岩性的裂隙长度、宽度、产状、密度及充填情况。裂隙统计点的位置和所处的构造部位；裂隙的分布、宽度、产状、延伸情况及充填物的成分和性质；裂隙面的形态特征、风化情况；各组裂隙的发育程度、切割关系、力学性质和性质转变情况；并注意裂隙的透水性。裂隙统计应力求在相互垂直的两个面貌上进行，面积不应小于 1m×1m，观测内容填在记录表上。

节理的观察和描述：①确定节理类型。注意观察节理的长度和密度，根据节理的产状和成因联系确定出节理系。然后，根据节理和断层、褶皱的伴生关系推断出节理类型。确定是走向节理、倾向节理或斜向节理；纵节理、横节理或斜节理。②确定节理的类型。根据节理的形态和组合关系推断节理的力学类型。确定是张节理、剪节理。张节理比较稀疏、延伸不远，节理不能切断岩层中的砾石。节理面粗糙不平呈犬牙交错状，节理开口呈上宽下窄状。剪节理常密集成群出现，节理面平滑，延伸较远，节理口紧闭。剪节理常由两组垂直的节理面呈“X”形组合。③测量节理的产状。为了进一步研究节理的发育情况，可以大量进行节理产状要素的测量，并根据测量的数据编制节理玫瑰图。

地质构造对地下水的埋藏、分布、运移和富集有较大影响，这种影响在基岩区和第四系松散沉积区的表现是不同的，其调查研究的重点也有所不同。

①基岩区地质构造的调查重点

第一，各种构造形迹与构造成分（细微裂隙、岩脉、断裂、褶皱等）的分布范围、空间展布形式及构造线方向，确定有利于地下水贮存的构造部位；第二，调查、研究和分析各种构造形态及组合形式对地下水贮存、补给、运移和富集的影响；第三，对断层的水文地质性质（富水、导水、储水、阻水、无水等）进行调查研究；第四，对不同类型的接触构造（这里常成为富水带）进行调查研究。

②松散沉积物分布区地质构造的调查重点

在松散沉积物分布区，应着重调查研究最新地质构造的性质、表现形式及对沉积物和地下水埋藏、分布的控制作用，调查重点是：第一，山区和平原区的接触关系。一些山区和平原之间的年轻断裂构造，常常控制着山区裂隙水与岩溶水对平原区孔隙水的补给条件；第二，沉积盆地基底中的最新断裂构造和构造隆起，它们对上覆年轻沉积物的分布范围、厚度、岩相特征及现代环境地质作用等起控制作用，而这些因素又极大程度上控制着含水层或地下水的埋藏、分布条件；第三，地壳的升降运动对河谷地质结构、岩溶作用的控制作用与影响。

（3）地貌及第四纪调查

地貌是内外营力综合作用的产物。地貌既可以反映出地层、岩性、构造和外动力地质作用，也能反映出第四纪地质的类型和范围，还可反映出该区地下水的埋藏、分布特征和形成条件。如在侵蚀构造山区，地形切割强烈，一般大气降水入渗补给条件较差，地下水多向河谷径流排泄，地下水交替循环条件好。在山前扇形地貌区，地下水埋藏、分布及径流条件从扇顶向前缘呈有规律的变化。在第四系覆盖的隐伏岩溶区，地表的微地貌形态（如串珠状洼地、塌陷等）反映岩溶水系统的分布状况。因此在水文地质测绘中地貌也是重要的研究内容之一。

地貌对浅层和松散层中地下水有较大影响，同时还能反映基底岩层的起伏特征。地貌还控制着地下水水质的形成环境和类型，并对某些地方病的发生起关键作用。

在松散物沉积分布区，第四纪沉积物的分布经常与一定形态的地貌单元相吻合。例如，河谷地区，常形成不同类型的阶地，不同时代的松散沉积物沿阶地呈带状分布。其时代由低到高，逐渐变老。山前冲洪积扇是山区河流堆积作用的特有地貌形态。冲积扇内微地形的变化，还可反映出冲洪积扇岩相和地下水埋藏、分布条件的变化。

在基岩区，地貌单元可反映出当地可能存在的含水层的类型、埋深和补、径、排条件。如在侵蚀构造山区，地形陡，切割深，第四系盖层薄，入渗条件差，降水易流失，地下水径流条件较好，且多被沟谷排泄，孔隙水不发育，地下水贮存条件不好。在剥蚀堆积的丘陵区，第四系盖层虽不太厚，但风化壳较厚，故风化裂隙水较发育，在构造盆地或单面山地貌区，常有丰富的承压（或自流）水分布。

地貌调查的主要任务是对各种地貌单元的形态特征进行观察、描述和测量，查明其成因类型、形成时代及发育演变历史，分析其与地层岩性、构造和地下水之间的关系。从而揭示地貌与地下水形成与分布的内在联系，帮助分析水文地质条件。地貌调查一般是与地质调查同时进行的，故在布置观测路线时要考虑穿越不同的地貌单元，并将观测点布置在地貌控制点及地貌变化界线上。

地貌的观察与描述应与水文地质条件的分析研究紧密配合，着重观察研究与地下水富集有关或由地下水活动引起的地貌现象。

①地貌单元的调查

基本地貌单元（平原、丘陵、山地、盆地等）分布情况和形态特征（海拔、水系平面分布特征、分水岭的高度及破坏情况、地形高差、切割程度及地表坡度等），并分析确定其成因类型。

②河谷地貌的调查

谷底和河床纵向坡度变化情况，各地段横剖面的形态、切割深度及谷坡的形状（凸坡、凹坡、直坡、阶梯坡等）、坡度、高度和组成物质，谷底和河床宽度以及植被情况等。

③河流阶地的调查

阶地的级数及其高程，阶地的形态特征（长、宽、坡向、坡度），阶面的相对高度和起伏情况以及切割程度等，阶地的地质结构（组成物质、有无基座及基座的层位、岩性，堆积物的岩性、厚度及成因类型）及其在纵横方向上的变化情况，阶地的性质及其组合形式。

④冲沟的调查

位置（所在的地貌单元和地貌部位）、密度与分布情况，规模及形态特征，冲沟发育地段的岩性、构造、风化程度、沟壁情况及沟底堆积物的性质和厚度等，沟口堆积物特征，洪积扇的分布、形态特征（长、宽、坡向、坡度、起伏情况和切割程度等）及其组合情况。

⑤微地貌的调查

所处地貌部位和形态分布特征及其与地下水富集和地下水作用的关系。

在水文地质测绘中，要对第四纪松散沉积物的矿物成分、颗粒大小、形状、分选性以及岩性结构、构造特点等都要进行详细的观察与研究。在调查时，应尽量利用各种天然剖面和人工剖面，如冲沟、河岸、土坑、采石场、路堑、井孔剖面等，对第四纪地层的露头应详细观察描述，内容包括：地层的颜色、岩性、岩相、结构和构造特征、特殊夹层、各层间的接触关系、所含化石及露头点所处地貌部位等。通常，根据测绘资料，要编绘地貌第四纪地质图及剖面图。

（4）地下水露头调查

地下水露头是地下水存在的直接标志。对地下水露头点进行调查研究是水文地质测绘的核心工作，是认识和研究地下水直接而可靠的方法。地下水露头通常分为两类：①地下水天然露头。包括泉、地下水溢出带、某些沼泽、湿地、岩溶区的暗河出口及岩溶洞穴、落水洞等；②地下水人工露头。水井、钻孔、矿山井巷、地下开挖工程等。在水文地质测绘中要对各类地下水露头点进行认真、详细的观测和调查，以确定含水层或富水地段，评价含水层的水质水量，并分析水文地质条件的变化规律。

在测绘中，要正确地把地下水露头点一一标绘地形地质图上，并对主要水点进行对比研究，以分析调查区内的水文地质条件，还应选择典型部位，尽可能多的通过地下水露头点绘制水文地质剖面图。

在地下水露头的调查中，最常见的是泉和井孔。下面着重说明泉和井孔的调查内容及方法。

①泉的调查研究

第一，根据地形、地貌、地质条件，结合调查访问寻找泉水点。

第二，查明泉水出露的地质条件（特别是出露的地层层位和构造部位），补给的含水层，确定泉的成因类型和出露的高程，判明地下水类型。通过对泉水出露条件和补给水源的分析，可帮助确定区内的含水层层位，据泉的出露标高，可确定地下水的埋藏条件。

第三，观测泉的流量、涌势及高度。在测量泉流量的常用方法有三种：

滴定法当泉流量较小（＜1L/s）时、地形上有跌水陡坎时，采用此法（流量=水体积/时间）。

堰测法即用堰板测量泉流量。堰板有三角堰、梯形堰、矩形堰三种，一般常用三角堰，当流量较大时（＞10L/s）才用梯形堰或矩形堰。测量方法是：在泉口下游一定距离（3～10m）处将堰板垂直水流铅直平正埋好，不能漏水，并使上游水流平稳，下游形成跌水，测量堰口水层高度以），查表（参见有关书籍）或是用以下公式计算泉流量：

$$三角堰：Q = 0.014h^2\sqrt{h}$$

$$梯形堰：Q = 0.0186B \cdot h \cdot \sqrt{h}$$

$$矩形堰：Q = 0.018B \cdot h \cdot \sqrt{h}$$

式中：Q为泉流量（L/s）；h为堰口水层高度（cm）；B为堰口底边宽度（cm）。

流速仪法或浮标法，当泉水流量很大，不能用堰测时，可用流速仪法或浮标法测定泉流量。流速仪法是用流速仪测定水流速（v），并测定输水沟渠的过水断面面积（ω），二者乘积，即为泉流量（$Q=\omega \cdot v$）。浮标法是近似方法，即用木块、作物秆等作浮标，测定水流速，它与过水断面的乘积，即为泉流量。

第四，调查泉的动态。根据泉流量不稳定系数α确定泉的动态类型（表1-1），判断泉的补给情况。通常，α愈大，说明泉水补给面积愈大，补给来源远，含水层调节容量大，泉水愈稳定。

第五，对重要泉水点，取水样进行水质分析。

第六，泉水的开发利用状况及居民长期饮用后的反映。

第七，对矿泉、温泉和矿泉水，在研究前述各项的基础上，还应查明其特殊组分及出露条件与周围地下水的关系，并对其开发利用的可能性做出评价。

表3-1 泉的类型与不稳定系数

泉的类型	极稳定的	稳定的	变化的	变化极大的	极不稳定的
不稳定系数α $\left(\alpha=\frac{年最小流量}{年最大流量}\right)$	1	1～0.5	0.5～0.1	0.1～0.03	＜0.03

②水井、钻孔的调查研究

在水文地质测绘中，井孔调查比调查泉的意义更大。井孔调查，能可靠地帮助确定含水层的埋深、厚度、出水段岩性和构造特征，反映出含水层的类型，能帮助我们确定含水层的富水性、水质和动态特征。井孔的调查内容如下：

第一，井孔所处的位置、标高、地形、地貌、地质环境以及其附近的卫生防护情况。

第二，调查和收集井孔的地质剖面与开凿时的水文地质观测资料。

第三，测量井孔的水位埋深、井深，收集或测量井孔的出水量、水质、水温等。

第四，调查井（孔）水的动态。

第五，查明井孔的出水层位，确定地下水类型，补、径、排特征，水井的结构，使用年限，长期使用井（孔）水的反映。

第六，对主要含水层中典型地段上有代表性的井孔进行抽水试验，以取得必需的参数，并取水样，测定其化学成分。

第七，井孔开采地下水量的情况，注意含水层之间水力联系。

（5）地表水调查及与地下水有关的环境地质调查

地表水和地下水是地球大陆上水循环最重要的两个组成部分。一个地区的地下水常与当地的各种地表水体有密切联系，两者之间经常存在着相互转化的关系。只有查明两者转化关系，才能正确评价地表水和地下水的资源量，并且可了解地下水质的形成和被污染的原因，从而正确制订区域内水资源的开发利用规划和水质防护措施。图 3-1 和图 3-2 分别反映了甘肃石羊河流域和北方岩溶区地表水与地下水相互转化的情况，且具普通规律性。

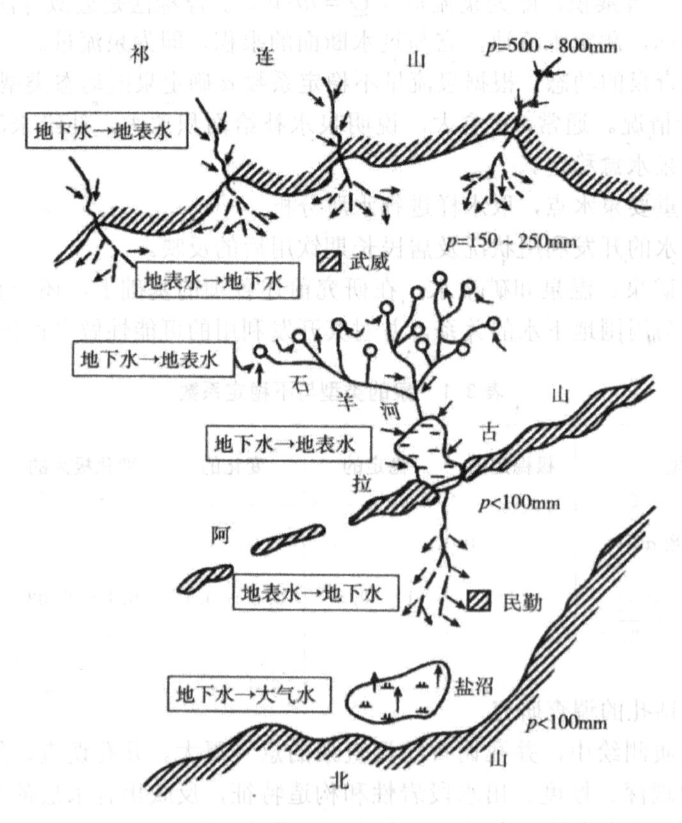

图 3-1　甘肃石羊河流域地表水、地下水转化示意图

箭头为地下水或地表水的流向（补给方向）；P—年降水量

①地表水调查研究的内容

第一，查明地表水体的类型、分布、所处地貌单元和地质背景。

第二，测量地表水体的水位和流量。

第三，研究地表水与地下水之间的补排关系，确定补排量。而通常用分段测流的方法，确定地表水排泄或补给地下水的具体地段，在各段的上下游测定地表水流量，根据其差值，确定补排量（$\Delta Q = Q_{上} - Q_{下}$，若$\Delta Q < 0$，地下水补给河水；若$\Delta Q > 0$，则河水补给地下水），分析其与地层、岩性等的关系。

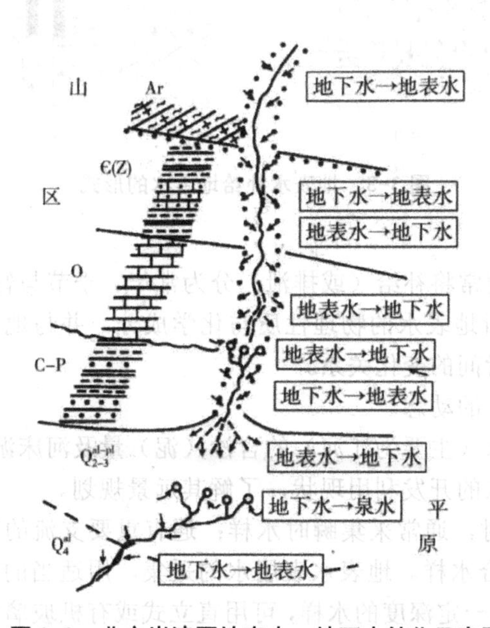

图 3-2　北方岩溶区地表水、地下水转化示意图

Q_4^{al}—第四系全新统冲积层；Q_{2-3}^{al-pl}—第四系中上更新统冲、洪积层；C－P—石炭－二叠系砂、页岩、灰岩及煤；O—奥陶系灰岩；Є(Z)—震旦亚界和寒武系砂、页岩、灰岩互层；Ar—太古宙片岩；其余同图 3-1。

第四，根据岩性、水位及动态，确定河水与地下水的补排形式。常见的补给形式有四种（图 3-3）：①集中补给（注入式）：常见于岩溶地区；②直接渗透补给：常见于冲洪积扇上部的渠道两侧；③间接渗透补给：常见于冲洪积扇中部的河谷阶地；④越流补给：常见于丘陵岗地河谷地区。

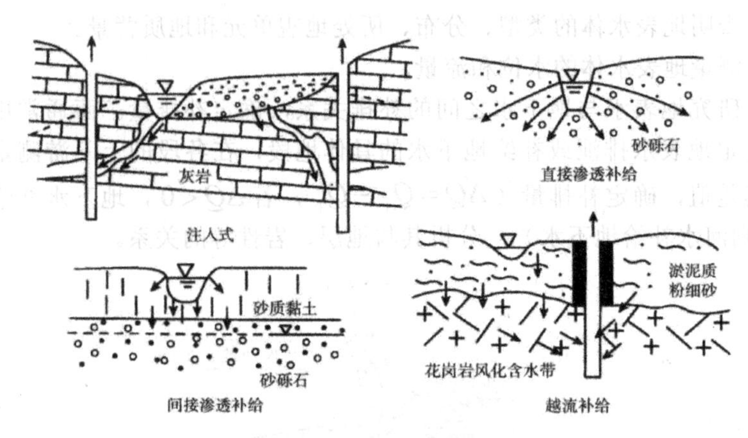

图 3-3　地表水补给地下水的形式

从时间上考虑，则常将补给（或排泄）分为常年、季节与暂时性三种方式。

第五，观测与分析地表水的物理性质与化学成分，并与地下水进行对比，查明它们的水质特征及两者间的变化关系。

第六，调查地表水的动态。

第七，调查地表水（主要为江河）的含沙（泥）量及河床淤积或侵蚀速度。

第八，调查地表水的开发利用现状，了解其远景规划。

采集地表水水样时，通常采集瞬时水样；遇有重要支流的河段有时需要采集综合水样或平均比例混合水样。地表水表层水的采集，用适当的容器如水桶等采集。在湖泊、水库等处采集一定深度的水样，可用直立式或有机玻璃采样器，并借助船只、桥梁、索道或涉水等方式进行水样采集。盛水器应当妥善包装，以免它们的外部受到污染，特别是水样瓶颈部和瓶塞，在运送过程中不应破损或丢失。为避免水样容器在运输过程中因震动、碰撞而破损，最好将样品瓶装箱，并采用泡沫塑料减震或防碰撞。需要冷藏、冷冻的样品，须配备专用的冷藏、冷冻箱或车运送；条件不具备时，可采用隔热容器，并加入足量的制冷剂达到冷藏、冷冻的要求。冬季水样可能结冰。如果盛水器用的是玻璃瓶，则采取保温措施以免破裂。一般，水样的最大存放时间为：清洁水样 72h、轻污染水样 48h、重污染水样 12h。水样运输时间，一般以 24h 为最大允许时间。

②与地下水有关的环境地质调查

地下水是导致许多环境地质作用的最活跃、最重要的因素，许多环境地质问题的产生，都不同程度地反映出地下水的存在及地下水的埋藏条件或活动情况。因此，在水文地质测绘中，应对现存的或可能发生的环境地质问题进行观察研究。

环境水文地质问题有两类：第一，天然环境水文地质问题：即在天然条件下，与地下水活动有关的环境地质问题，如滑坡、塌陷、崩塌、沼泽化、盐渍化、冻胀及地方病等；第二，人为环境水文地质问题：即在供、排水条件下，这与地下水作用有关的环境水文地质问题，如地下水位持续下降、地面沉降、地裂缝、崩塌、井水枯竭、水质恶化、海水入侵、土地沙漠化、植被衰亡、次生盐碱化等。

与地下水有关的环境地质调查，其调查、研究的主要内容为：

第一，调查、研究区内地下水开采或排水后产生的环境地质问题的类型、规模。重点放在供、排水后可能发生的环境地质问题上。

第二，调查、研究各种环境地质现象与区域地质构造、地下水状况和开发利用间的关系。

第三，了解各种环境地质作用的时、空变化规律，预测发展趋势。

第四，对环境地质问题，提出防治措施。

2. 成果整理

水文地质测绘成果整理主要包括野外验收前的资料整理和最终成果的资料整理。

野外验收前的资料整理是在野外工作结束后，对调查时获得的全部野外及室内资料，进行校核、分析和整理，特别是对各种实际材料，在数量、分布（控制程度）和精度上是否满足水文地质测绘调查阶段的规范及实际要求进行分析研究，如发现不足，应及时进行必要的野外补充工作，以保证编写成果的质量。全面整理各项野外实际工作资料，检查核实其完备程度和质量，整理清绘野外工作手图和编制各类综合分析图、表，编写调查工作小结。调查记录格式要求统一，点位准确，图文一致。各类观察点观察要仔细，描述要准确，记录内容尽可能详细，要有详细的照片或素描图。各种观测成果必须当日检查整理完毕，发现有疑问、错误、异常或遗漏时，必须到场据实更正或补测，严禁在室内凭记忆修改。工作手图、清绘图、实际材料图应齐全，标绘内容及图式符合制图原则，标记准确，记录和图件相互一致。

最终成果资料整理，在野外验收后进行，要求内容完备，综合性强，文、图、表齐全。其主要内容是：

第一，对各种实际资料进行整理分类、统计与处理，综合分析各种水文地质条件、因素及其间的关系和变化规律；

第二，编制基础性、专门性图件和综合水文地质图；

第三，编写水文地质测绘调查报告。

（1）水文地质测绘图件的绘制

①水文地质测绘实际材料图的绘制

编图要求反映工作区各类工作内容、工作量、工程分布、观测路线等实际资料。地形、地物及各种点线要准确，观测路线的位置要和实际所走路线一致，代表符号按统一规定的图例进行。

图上反映内容观测点、观测线、工作范围、试验点（民井抽水、试坑渗水、测流点、水样点、土样及岩样采集点、化石产地剖面线、地表水体、主要居民点交通线等）。

②综合水文地质图的绘制

编图要求要求在地形地质图、实际材料图及野外试验、化验、观测等资料基础上编制。

图上反映内容含水层组及非含水层的分布范围、岩性、富水性，地下水的矿化度，水化学类型，地下水流向，地表水体，地表水分水岭，具有代表性的水文地质控制点与地下水活动有关的各种物理地质现象，代表性水文地质剖面及说明表。

③其他图件的绘制

第一，地貌及第四纪地质图。

第二，地下水等水位线图。

第三，地下水富水性分区图。

（2）水文地质测绘报告的编写

报告书编写前必须对野外资料进行全面系统整理，编制出各种分析图表和综合图表，然后结合原始资料对各种图表进行综合分析，使感性认识上升到理性认识，编写出能说明测区水文地质条件的文字报告书。报告书中的要求简明扼要，条理分明，立论有据，结论明确。其写法可参照如下提纲：

①绪言

扼要叙述测区的地理位置、自然地理概况，国民经济现状及远景规划，主要工作成果和任务完成情况。

②地质地貌条件概述

第一，地层：要求从老到新分统（或组）描述。

第二，岩浆岩：按期次描述分布地点，出露面积、岩性、矿物成分、风化程度、与围岩接触关系。

第三，构造：概述基本构造格局、构造体系、复合关系、构造形式。

第四，地貌：按地貌单元对地貌形态和特征进行描述。

③水文地质

阐述测区地下水总的形成、分布、运动规律及其影响因素，描述各含水层组和断裂构造含水带的分布、富水性、水质特征及它们的变化规律，指出主要富水地段和富水构造。

④地下水资源评价

采用地下水径流模数法。

⑤工程地质

简述测区内各类岩石的工程地质特征、各种物理地质现象或工程地质现象的分布、性质、发育程度、一般规律。

总结区内地下水形成分布的主要规律，提出合理开发利用地下水资源的建议，指出水文地质测绘工作中存在的问题以及对今后工作的建议。

案例模拟：

某测区进行水文地质测绘，可按照水文地质测绘的内容及要求，编制水文地质测绘设计书。

①绪言

概略介绍本次工作的性质、目的、任务、指导思想。测区的自然地理、交通条件、国民经济和发展远景。

②地质、水文地质概述

1）地形地貌

第一，地形：研究区的山川形势、海拔及水文网的发育分布情况。

第二，地貌：按比高和地貌成因形态划分地貌单元，并进行简要描述（如比高、形态、切割程度等）。

2）地层、构造、岩浆岩

第一，地层：从老到新分别描述。

第二，岩浆岩：分期次描述侵入类型、岩性岩相、出露面积、分布范围等。

第三，构造：描述区内各类构造形迹、构造体系、复合关系。

3）水文地质

包括测区气候、降水量、地下水补给排泄条件，岩层富水性特征，主要含水层、隔水层的分布概况，预测构造含水的可能性，并对含水岩层（组）进行初步划分。

③工作方案

包括工作部署及工作量、技术要求、组织编制、主要器材等。

1）工作部署与工作量

主要指工作的部署原则、采样点、试验点的数量和分布，总工作量（列表）和工作定额。

2）技术要求

主要指民井抽水试验要求，以及采样要求，测量流量要求，点线间距，填图单位，定点误差范围及描述要求等。

3）组织编制

分队、测量组、作业小组的人员编制。

4）主要器材

按测绘组实际需要确定。

3. 预期成果

在水文地质测绘工作结束后，要求按测绘组提交实际材料图一份、综合水文地质图一份、水文地质测绘报告书一份，并附井泉、水位、流量统计表，抽水、渗水实验成果表格一份。

根据某地区水文地质工程地质图，描述该地区的水文工程地质条件，编制水文地质与工程地质测绘实习纲要。

掌握水文地质测绘的任务和内容以及基本工作方法，通过对地质、地貌及第四纪地质、地下水露头、地表水及与地下水有关的环境地质的调查学习，要掌握不同调查内容所采用的不同调查方法。

第三节 水文地质勘探

一、水文地质钻探

（一）水文地质勘探钻孔布置的原则

1. 水文地质勘探钻孔布置的一般原则

第一，布置钻孔时要考虑水文地质钻探的主要任务和勘探阶段。例如，布置钻孔是为了查明区域水文地质条件，还是确定含水层水文地质参数、寻找基岩富水带，是进行地下水资源评价，还是地下水动态观测等，主要的任务不同，钻孔布置必然有所区别。调查阶段不同，钻孔布置方案也不尽相同。

第二，钻孔的布置要考虑其代表性和控制意义。钻孔布设前应充分收集现有地质、水文地质等有关资料，在掌握水文地质情况的基础上布设钻孔，把勘探重点放在未查清的地段或重点地区。

第三，水文地质钻孔一般都应布置成勘探线的形式，且主要勘探线应沿着区域水文地质条件（含水层类型、岩性结构、埋藏条件、富水性、水化学特征等）变化最大的方向布置。勘探线上的钻孔应控制不同的地貌单元、不同的含水层（组）、不同的富水区段和边界条件，同时也要照顾到钻孔在勘探线上所起的距离控制作用。对区内每个主要含水层的补给、径流、排泄和水量、水质，不同的地段均应有勘探孔控制。当地质、水文地质条件方向性不明显或水文地质条件不很清楚时，可采用勘探网的形式布孔。对某些必须解决的特殊问题，在勘探线上又控制不住的地方，可个别布孔。为查明区域水文地质条件的钻孔，一般应点线结合，深浅结合，先疏后密。还应确定基本的控制孔。

第四，依据拟采用的地下水量计算方法布设钻孔。若为地下水资源评价布置的勘探孔，其布置方案必须考虑拟采用的地下水资源评价方法，勘探孔所提供的资料应满足建立正确水文地质概念模型，进行含水层水文地质参数分区和控制地下水流场变化特征的要求。又如，当水源地主要依靠地下水的侧向径流补给时，主要勘探线必须沿着流量计算断面布置，对于傍河取水水源地，为计算河流侧向补给量，必须布置平行与垂直河流的勘探线。当采用数值法计算评价地下水资源时，为正确地进行水文地质参数分区，正确给出预报时段的边界水位或流量值．勘探孔一般呈网状形式布置，并能控制住边界上的水位或流量变化。

第五，布置钻孔时要考虑以探为主，一孔多用。如既是水文地质勘探孔，又可保留作为地下水动态观测孔，或作为开采井等。

2. 不同地区水文地质勘探钻孔的布置

（1）松散沉积区

①山间盆地

大型山间盆地中含水层的岩性、厚度及其变化规律，均受盆地内第四系成因类型控制。为此，山间盆地内的主要勘探线，应沿山前至盆地中心方向布置，或垂直盆地轴向布置。盆地边缘的钻孔，主要是为控制盆地的边界条件，特别是第四系含水层与基岩或岩溶含水层的接触边界，以查明山区地下水对盆地新生代含水层的补给条件。而盆地内部的勘探钻孔，则应控制其主要含水层在水平和垂向上的变化规律。在区域地下水的排泄区，也应布置一定量的钻孔，查明其排泄条件。

②山前冲洪积扇地区

勘探线应控制山前倾斜平原含水层的分布及其在纵向（从山区到平原）和横向上的变化特点。即主要勘探线应沿着冲洪积扇的主轴方向布置，而辅助勘探线可垂直冲洪积扇，即勘探孔呈“十”字形布置（图3-4）。对大型冲洪积扇，应有两条以上垂直河流方向的辅助勘探线（图3-5），以查明地表水与地下水补排关系。

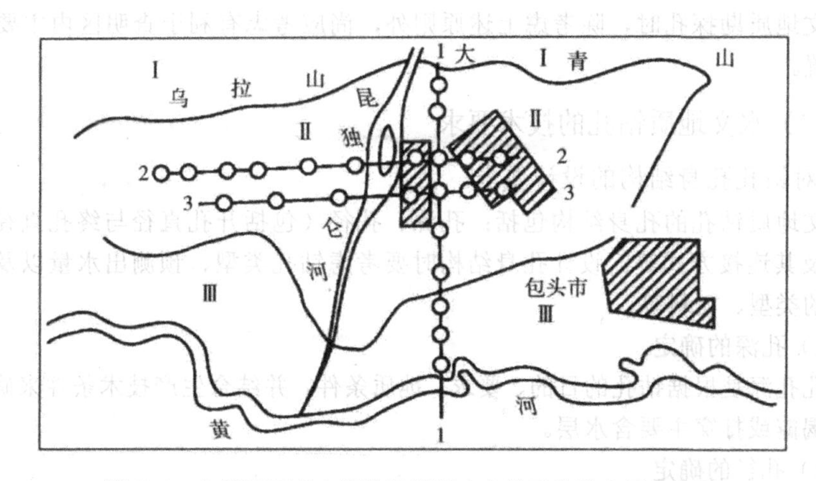

图3-4 山前平原或山间盆地地区水文地质钻孔布置示意图

Ⅰ—山区；Ⅱ—冲洪积扇；Ⅲ—黄河冲积平原

1—主要勘探线上的钻孔；2、3—辅助勘探线上的钻孔

③河流平原地区

主要勘探线应垂直于现代及古代河流方向布置，以便查明主要含水层在水平和垂直方向上的变化规律及古河道的分布。对大型河流形成的中、下游平原地区，应布置网状勘探线来查明含水层的分布规律。

④滨海平原地区

在滨海平原地区，勘探线应垂直海岸线布置，在海滩、砂堤，各级海成阶地上，均应布有勘探孔，以查明含水层的岩性、岩相、富水性等变化规律。在河口三角洲地区，为查明河流冲积含水层分布规律和咸淡水界面位置，则应布置成垂直海岸和河流的勘探网。其他松散层分布地区的勘探线，均根据上述原则，结合地区特点布孔。

（2）基岩区

①裂隙岩层分布地区

该地区地下水主要赋存在风化和构造裂隙之中，形成脉网状水流系统。为查明风化裂隙水埋藏分布规律的勘探线，一般沿着河谷到分水岭的方向布置，孔深一般小于100m。为查明层间裂隙含水层及各种富水带的勘探线，则应垂直于含水层和含水带走向的方向布置，其孔深决定于层状裂隙水的埋藏深度和构造富水带发育深度，或者一般为100～200m。

②岩溶地区

对于我国北方的岩溶水盆地，主要的勘探线应穿过岩溶水的补给、径流、排泄区和主要的富水带。从勘探线上的钻孔分布来说，应随着近排泄区而加密。在同一水文地质单元内，钻孔揭露深度一般亦应从补给区到排泄区逐渐加大，以揭露深循环系统含水层的富水性和水动力特点。勘探线应通过岩溶水补给边界及排泄边界，并有钻孔加以控制，以利于岩溶水区域水资源评价。在以管道流为主的南方岩溶区布置水文地质勘探孔时，除考虑上述原则外，尚应考虑有利于查明区内主要的地下暗河位置。

（二）水文地质钻孔的技术要求

1. 对钻孔孔身结构的设计要求

水文地质钻孔的孔身结构包括：孔深、孔径（包括开孔直径与终孔直径）、井管直径及其连接方式等。设计孔身结构时要考虑钻孔类型、预测出水量以及井管与过滤器的类型、材料等。

（1）孔深的确定

钻孔孔深是根据钻孔的目的、要求、地质条件，并结合生产技术条件来确定的，一般应揭露或打穿主要含水层。

（2）孔径的确定

钻孔孔径首先决定于所设计的钻孔类型。探明一般水文地质条件的勘探孔和地下水动态观测孔，孔径一般为130～250mm，一般为异径；而以供水为目的的抽水孔和探采结合孔，则要求设计较大口径，一般在松散地层中多在400mm以上，在基岩层中一般亦应大于200mm，多为同径到底。孔径与钻孔结构有关。常见的供水勘探钻孔结构如图3-5所示。一般，孔深小于100m的浅孔，采用一个口径的孔身结构，孔深为100～300m的中深孔，采用1～2个口径的孔身结构，孔深大于300m的深孔，采用2～3个口径的孔身结构。钻孔开孔直径除满足孔内最大一级过滤管和填料厚度要求外，还需满足在钻孔中的浅部松散覆盖层和基岩破碎带下入护壁管的要求。供水钻孔的开孔直径，应满足下入所用抽水泵体外部尺寸的要求。通常，开孔直径应根据已确定的终孔直径、换径止水个数及孔内结构和止水方法，并考虑钻孔深度、钻进方法和孔壁稳定程度等多种因素确定。

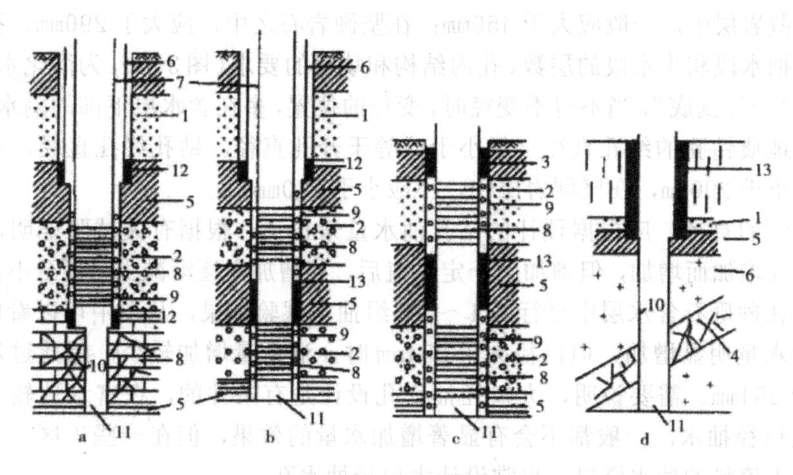

图 3-5　钻孔结构图

a—深孔，条件复杂时的钻孔结构（异径到底、多层套管、异径止水）；

b—深孔或中深孔，条件较复杂时的钻孔结构（异径到底、多层套管、异径或同径止水）；

c—浅孔或中深孔，条件较简单时钻孔（多为开采孔）结构（同径到底、单层井管、同径止水）；

d—般基岩钻孔的结构（异径到底、基岩段为裸井）。

1—非开采的含水层（如咸水层）；

2—开采的孔隙含水层；

3—开采的基岩含水层；

4—开采的基岩脉状含水带；

5—隔水层；

6—第一层套管；

7—第二层套管；

8—滤水管；

9—滤料；

10—基岩裸井段；

11—沉淀管（浅井筒）；

12—异径止水段；

13—同径止水段径。

在松散岩层中，一般应大于 450mm；在坚硬岩石之中，应大于 290mm。孔身直径还决定于抽水段和止水段的层数、孔内结构和填料的要求（图 3-5）。为简化水井结构，应尽可能“一径到底”。当不得不变径时，变径的位置，多在含水层下部的隔水层顶部。

水文地质钻孔的终孔直径一般小于或等于开孔直径。钻孔终孔直径，在松散岩层中不得小于 290mm，在坚硬岩层中，不应小于 180mm。

滤水管的直径，应根据预计的钻孔涌水量来设计。根据有关试验证明，钻孔涌水量随孔径增加而增加，但增加到一定数值后，其增加率逐渐减少，甚至不再增加。图 3-6 为在砂砾石含水层中进行的 1 ～ 10 组抽水试验结果，从图中可以看出，口径增加，涌水量明显增加，但口径大于 254mm 时，涌水量增加较少，因此过滤器直径不应大于 254mm。需要说明，大口径抽水孔设计是有条件的，在富水性较弱的含水层中的大口径抽水，一般都不会有显著增加水量的效果，但在一些矿区，为了获得大降深、大流量的抽水资料，也常设计大口径抽水孔。

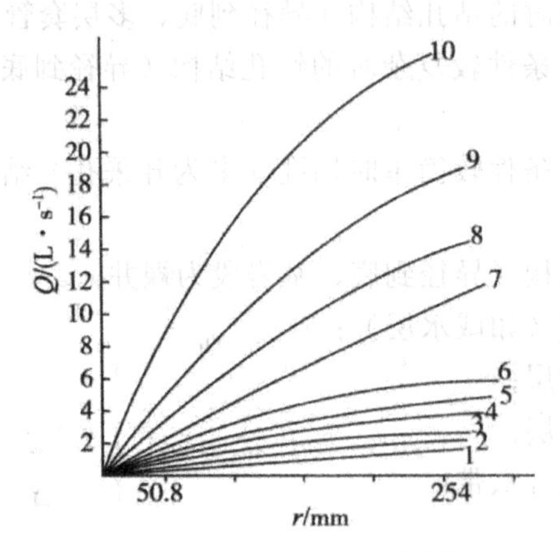

图 3-5　涌水量与口径关系图

2. 过滤器

（1）过滤器的作用及要求

过滤器是指安装在钻孔中的一种能起过滤作用的带孔井管。它的作用是保证含水层中地下水顺利进入井管中，同时防止含水层中的细粒物质进入井中，亦有防止井壁坍塌、滤水护壁、防止井淤、保证抽水正常进行的作用。

对过滤器的基本要求是：①具有较大的孔隙率和一定直径，以减小过滤器的阻力；②有足够的强度，以保证起拔安装；③有足够的抗腐蚀能力，耐用；④成本低廉。

过滤器可用金属或各种非金属材料制作，长度一般应与含水层（段）厚度一致，当含水层很厚时，应设计成非完整井，每段过滤器长度一般不超过 20 ～ 30m。为防止发生孔内沉淀，常设计 3 ～ 5m 的沉淀管。

（2）过滤器的组成

过滤器主要由过滤骨架与过滤层组成。

①过滤骨架

过滤骨架主要起支撑作用，其有以下两种基本骨架结构：

1）孔眼管状骨架

管材可以是钢的、铸铁的、水泥的或塑料的，勘探多用钢管，管上的孔眼一般为圆孔，呈等边三角形交错排列（图 3-7），也可为交错排列的条形孔（图 1-8），孔的大小、排列和间距与管材强度、所要求的孔隙率有关。骨架圆孔的直径一般为 10 ～ 15mm，条形孔尺寸无统一规定，视孔壁的砂石粒径而定。通常，钢管孔眼过滤器的孔隙率为 30% ～ 35%，铸铁管为 20% ～ 25%，而水泥管仅为 10% ～ 15%，条形孔钢管过滤器的孔隙率可达 40% ～ 45%。

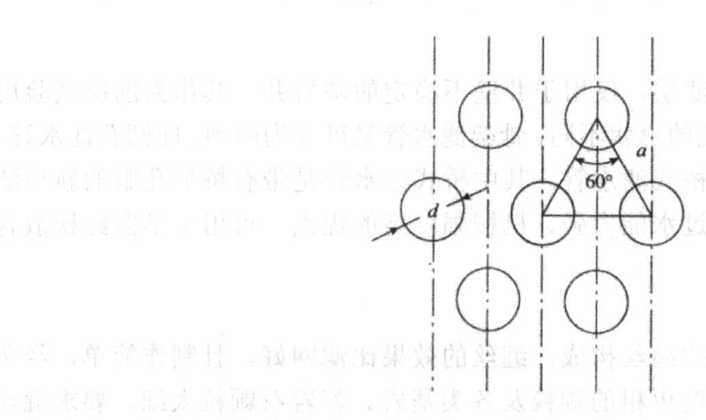

图 3-7　过滤器上圆孔排列

2）钢筋骨架（或称筋条骨架）

在两节短管之间焊接钢筋构成圆柱形钢筋骨架（图 3-8）。做骨架的钢筋一般粗 14 ～ 16mm，间距多为 20 ～ 30mm，这种骨架的优点是孔隙度大，一般可达 60% ～ 70%，但强度稍低。一般要求，骨架的孔隙率不小于抽水含水层的孔隙率。

②过滤层

过滤层起过滤作用，分布于过滤骨架之外。过滤层种类主要有带孔眼的滤网、密集缠丝、砾石充填层等。

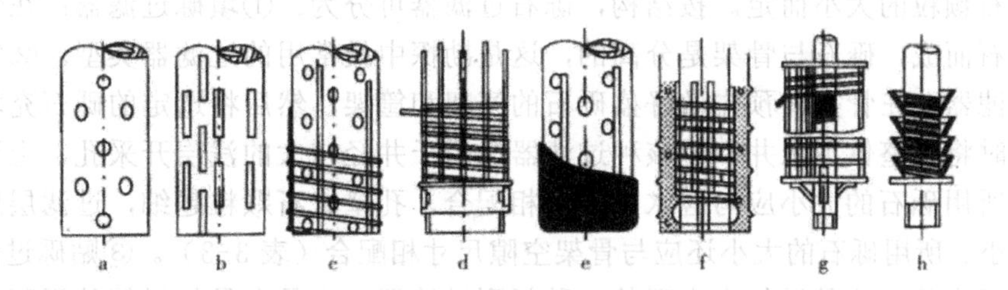

图 3-8　过滤器类型图

a—圆孔；b—条形孔；c—缠丝；d—钢筋骨架；e—包网；f—填砾；g—笼状；h—筐状

（3）过滤器的类型

由不同骨架与不同过滤层可组合成各种过滤器。过滤器的分类见表 3-2。但过滤器基本类型有骨架过滤器、网状过滤器、缠丝过滤器、砾石过滤器四种。

表 3-2　过滤器分类表

分类依据	类型
材料	钢、铁、混凝土质、水泥砾石、矿渣水泥、塑料、陶瓷、玻璃钢等
孔隙型式	圆孔、条孔、半圆孔
结构特征	骨架、缠丝、包网、砾石

①骨架过滤器

只由骨架组成，不带过滤层，仅用于井壁不稳定的基岩井。其作为勘探试验用多为钢管骨架过滤器。根据孔的形状不同，骨架滤水管又可分为四种，即圆孔滤水管、直缝滤水管、筋条滤水管、桥式滤水管。其中桥式滤水管是带有桥形孔眼的新型滤水管，具有不易堵塞孔眼、过水能力强、机械强度高的优点，可用于第四纪松散含水层和基岩裂隙含水层。

②缠丝过滤器

过滤器由密集程度不同的缠丝构成。缠丝的效果比滤网好，且制作简单，经久耐用，又能适用于中砂及粒度更粗的颗粒及各类基岩。若岩石颗粒太细，要求缠丝间距太小，加工常有困难，此时可在缠丝过滤器外充填砾石。

③网状过滤器

过滤层为滤网，为了发挥滤网的渗透性，在骨架上需要焊接纵向垫条，网再包于垫条外，网外再绕以稀疏的护丝（条），以防腐损。滤网有铁、铜、塑料压模等；铁易被腐蚀，已少用，铜质价贵，故有用塑料代替的趋势。网眼规格应以颗粒级配成分为依据，应能使得在网外形成以中、粗砾为基础的天然过滤层，以保证抽水正常进行，在这方面，有一些确定网眼尺寸的经验指标和公式可供选择，详见有关手册。

④砾石过滤器

过滤层由充填的砾石层构成。骨架可以是圆管或钢筋的。钢筋骨架上的缠丝间距视岩石颗粒的大小而定。按结构，砾石过滤器可分为：①填砾过滤器：在骨架外充填砾石而成，砾石与骨架是分离的，这是勘探中最常用的过滤器类型。②笼状和筐状过滤器：在骨架外预先做好盛砾石的笼架和筐架，然后将选定的砾石充填于其中。用时将其整体下入井中。该种过滤器多用于井径较大的浅层开采孔。上述砾石过滤器所用砾石的大小应与含水层粒度相配合。孔壁岩石颗粒越细，过滤层所用砾石应越小。所用砾石的大小还应与骨架空隙尺寸相配合（表 3-3）。③贴砾过滤器：即贴砾滤水管，这是近年来出现的一种新型过滤器，它是在骨架衬管外用环氧树脂粘贴一定厚度的石英砂，使骨架和滤层成为一体。其优点是能用于小孔径，透水性好，可确定砾层位置，安装大为简化，即可用来修复大量涌砂废井等。④砾石水泥过滤器：由砾石或碎石用水泥胶结而制成，又称无砂混凝土过滤器。通常砾石粒径为 3 ～ 7mm，灰砾比 1：4—1：5，水灰比 0.28 ～ 0.35，水泥与砾石之间为不完全胶结，因而，被水泥胶结的砾石，孔隙仅一部分被水泥填充，另一部分仍相互连通，故有一定的透水性。这种过滤器的空隙率一般为 10% ～ 20%，管壁厚 40 ～ 50mm，管长通常为 1 ～ 2m。连接方式简单，一般是在两管处垫以水泥沥青，用铁条、竹片等连接，用铁丝捆绑即可。该种过滤器制作方便，价格低廉，但强度较低（一般为 $50kg/cm^2$），通常用于井深小于 100m 的井孔，其多用于农用机井。

表 3-3　管外填砾规格、缠丝间距选用表

含水层			砾料直径 /mm		填砾厚度 /mm	缠丝间距 /mm
名称	筛分结果					
	粒径 /mm	质量百分比 /%	规格砾料	混合砾料		
粉砂流砂	0.05 ～ 0.1	50 ～ 70	0.75 ～ 1.5	1 ～ 2	100 左右	0.75
细砂	0 ～ 0.25	＞ 75	1 ～ 2.5	1 ～ 3	100 左右	1 ～ 1.5
中砂	0.25 ～ 0.5	＞ 50	2 ～ 5	1 ～ 5	100 左右	2 ～ 3
粗砂	0.5 ～ 2.0	＞ 50	4 ～ 7	1 ～ 7	75 ～ 100	3 ～ 4
砾石	2.0 ～ 10.0	＞ 50	7.5 ～ 20	7.5 ～ 20	50 ～ 75	5
卵石			回填	回填	50 ～ 75	6

3. 钻孔止水

在多层结构含水层中进行钻探，为了分层观测，分层抽水，分层取样，获得各个含水层的水文地质参数，需要止水。供水井的开采层与非开采层（如咸水层、受污染的含水层等）之间应止水。另外，在钻进过程中为及时隔离某个强漏水层，以保证正常钻进，也需进行钻孔的止水工作。

止水部位应尽量选在隔水性能好，厚度大及孔壁较完整的孔段。止水材料应根据止水要求和孔内地质条件来选择和确定，常用材料见表 3-3。止水方法按止水部位与钻孔结构的关系可分为：同径止水和异径止水，管外止水和管内止水。止水方法的选择主要取决于钻孔的类型、结构、地层岩性和钻探施工方法等多种因素。一般常用管外异径止水，效果好，便于检查，但钻孔结构复杂，各种规格管材用量大，施工复杂。管外同径止水或管外管内同径联合止水方法，钻孔结构简单、钻进效率高，管材用量较少，但也有止水效果差，检查不便等缺点，详见《水文地质工程地质钻探》等书籍。

表 3-3　常用止水材料对比表

材料名称	适用条件	优缺点
海带	（1）松散地层和完整基岩孔中，暂时止水； （2）孔斜不大的斜孔同径或异径止水； （3）管径与孔径必须相差两级以上	海带膨胀性强、止水快、效果好，但不能用作永久性止水，亦不适合在破碎带及裂隙岩层中止水
黏土	（1）水压和水流不太大，隔水层厚度大于 5m 的同异径止水； （2）适于裂隙、岩溶和松散岩层中止水； （3）适于斜孔及长观孔止水	方法简单，操作方便，成本低，效果好。但被钻具碰动时，易失去止水效果
水泥	除同黏土止水情况外，不适于基岩破碎带的止水	方法简单，效果好，但成本高，固结时间较长，起拔管材困难，适于永久性止水
沥青	（1）水压和水流不大的浅孔； （2）坚硬岩层止水； （3）永久性止水	可塑性大，止水处不易被碰动，效果好，但手续麻烦
牛皮	（1）潜水和高压的承压水； （2）孔壁完整的换径处及斜孔深孔止水	膨胀性强，效果好，但成本高，不适于长期止水
橡胶	（1）完整基岩钻孔； （2）松散地层可适用； （3）暂时性止水	可塑性强，效果好，但成本高，手续麻烦

4. 对钻探冲洗液的要求

钻探冲洗液具有净化孔底、冷却钻头、润滑钻具和护壁的作用。冲洗液的种类很多，常用的是泥浆和清水。按理论要求，水文地质钻孔最好使用清水钻进，以保持含水层的天然渗透性能和地下水进入钻孔的天然条件。在实际工作中，为节省护孔管材和提高钻进效率，经常使用泥浆钻进。一般水文地质钻孔钻进时的泥浆稠度最好小于18s，密度1.1～1.2g/cm3，在砂砾石含水层钻进时，泥浆稠度要求在18～25s之间。

5. 对钻孔孔斜的要求

对钻孔孔斜的要求，其目的主要是保证下管顺利和深井泵能正常运转进行抽水。按《供水水文地质勘查规范》规定，孔深小于100m时，孔斜不得超过1°；当孔深大于100m时，孔斜最大不得超过3°。

通常，应根据钻探任务和上述钻孔的技术要求，编制水文地质钻孔设计书。设计书的内容一般包括：孔深、开孔和终孔的直径及孔身变径位置，止水段位置、止水方法，过滤器类型和位置，钻进方法和技术要求等。钻孔设计书应附有设计钻孔的地层岩性剖面、井孔结构剖面和钻孔平面位置图。

（三）水文地质钻探的观测与编录

水文地质钻探是获得地质、水文地质资料的重要手段，因而在钻探过程中，必须做好岩心观测和水文地质观测及编录工作，最后应编制出钻孔水文地质综合成果图表。

1. 岩心的观测

在水文地质钻探过程中，要求每次提钻后立即对岩心进行编号，仔细观察、描述、测量和编录。

（1）做好岩心的地质描述

对岩心的观察描述的内容主要是岩性、结构、构造、层序、层厚、孔隙性、透水性等。有两点值得注意，一是注意对地表见不到的现象进行观察和描述，如未风化地层的孔隙、裂隙发育及其充填胶结情况，地下水活动痕迹（溶蚀或沉积），发现地表未出露的岩层、构造等；二是注意分析和判别由于钻进所造成的一些假象，将它们从自然现象中区别出来。如某些基岩层因钻进而造成的破碎擦痕，地层的扭曲、变薄、缺失和错位，松散层的扰动，结构的破坏等。

（2）测算岩心采取率

岩心采取率是指所取岩心长度与钻孔进尺的比率，其计算公式如下：

$$K_u = \frac{L_0}{L} \times 100\%$$

式中：K_u为岩心采取率，量纲为一；L_0为所取岩心的总长度（m）；L为钻探进尺长度（m）。

岩心采取率可以判断坚硬岩石的破碎程度及岩溶发育强度，进而分析岩石的透水性和确定含水层位。一般在基岩中，$K_u \geq 70\%$；在构造破碎带、风化带和裂隙、岩溶带中，≥450%。

（3）统计裂隙率及岩溶率

基岩的裂隙率或岩溶率，是用来确定岩石裂隙或岩溶发育程度以及确定含水段位置的可靠标志。钻探中通常只作线状统计，可用下式计算：

$$y=\frac{\sum b_i}{L\cdot K_u}\times 100\%$$

式中：y 为线裂隙率或线岩溶率；L 为统计段长度（m）；$\sum b_i$ 为 L 段内在平行岩心轴线上测得的裂隙或岩溶的总宽度（m）；K_u 为 L 段内的岩心采取率。

（4）一般终孔后在孔内进行综合物探测井

以便准确划分含水层（段），并取得有关参数资料。

（5）按设计的层位或深度，从岩心或钻孔内采取定规格（体积或质量的）或定方向的岩样或土样

以供观察、鉴定、分析和实验之用。如采取孢子花粉、同位素、古地磁等样品。

2. 水文地质观测

（1）冲洗液消耗量的观测

钻孔冲洗液消耗量及性质的突然变化，通常说明所揭露地层的渗透性和涌（漏）水量发生了变化，也可能是揭露了新的含水层（带）。因此，在钻进过程中需随时观测冲洗液消耗量。一般做法是：下钻前、提钻后分别观测泥浆槽水位标尺（图 3-9），即可求得本回次进尺段内冲洗液的消耗量（V）或是进尺 1m 时的冲洗液消耗量。计算式如下：

$$V=\left(V_1+V_2\right)-V_3$$

式中：V 为回次进尺段内冲洗液消耗量（m³）；V_1 为钻进前泥浆槽内冲洗液体积（廿）；V_2 为钻进过程中加入泥浆槽中的冲洗液体积（m³）；V_3 为提钻后泥浆槽内冲洗液的体积（m³）。停钻时则可用孔内液面下降值计算地层的漏失量。

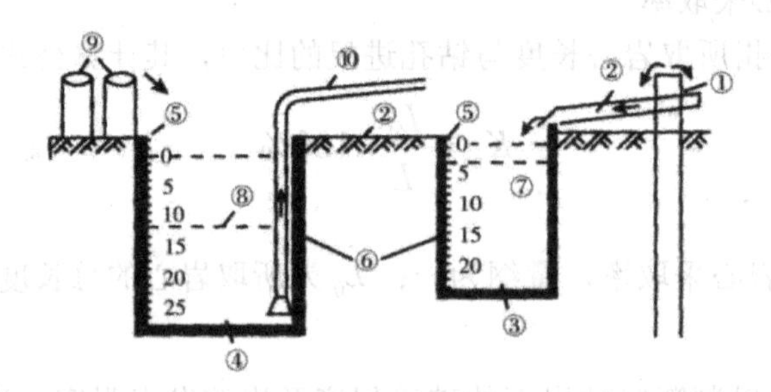

图 3-9 冲洗液循环装置及消耗量观测示意图

①钻孔；②导水槽；③沉淀池；④贮水池；⑤标尺；⑥隔水壁；⑦工作开始时的水位；⑧工作结束时的水位，⑨加冲洗液用的量器，⑩泥浆泵的吸水管

如果钻进中冲洗液大量消耗，可能是揭露到透水性很强的含水层、透水通道或遇到透水性很强的干岩层。如果钻进中冲洗液循环量增多，则说明新揭露的含水层（带）的水头至少高于该含水层（带）以至孔口。

（2）含水层水位观测

地下水位是重点观测项目，一般在每次下钻前和提钻后立即测量，停钻期间要每隔 1 ～ 4h 观测一次，以系统掌握孔内水位的变化情况，干钻时可直接发现地下水。用冲洗液钻进时则可据孔内水位的突然变化，发现和确定含水层。发现含水层后，应停钻测定其初见水位和稳定水位。潜水的初见水位与稳定水位基本一致，承压水的稳定水位则高于初见水位。钻孔穿过多个含水层时，要分层止水，分层观测水位。

一般来说，当观测中相邻三次所测得的水位差不大于 2mm，且无系统上升或下降趋势时，即为稳定水位。第四系潜水含水层，测定初见水位后，还应继续揭露 1 ～ 2m。承压含水层，亦须揭穿隔水顶板，再揭露 1 ～ 2m 含水层后，才能测定稳定水位。在坚硬裂隙或岩溶含水层中，主要观测风化壳水、构造含水带及层状裂隙或岩溶含水层的初见水位和稳定水位。观测时亦须深入含水层数米，对上部含水层进行止水。

为了准确测定含水层的水位和其他参数，水文地质钻探应尽量采用不用冲洗液的钻进方法，或用清水钻进。如果采用泥浆钻进，在观测稳定水位之前，需认真洗井以消除其影响。

（3）钻孔涌水现象观测

孔口涌水，表明钻孔揭露了承压水头高于地面的自流承压含水层。此时，应立即停钻，记录钻进深度，并接上套管或装上带压力表的管，测定稳定水位和涌水量。也可用测自流孔涌（喷）水高度（f）及孔口管内径（d）的方法，计算钻孔涌水量：

当 $f < 5$m 时，

$$Q = 11d^2\sqrt{f}$$

当 $f > 5$m 时，

$$Q = 11d^2\sqrt{f(1+0.0013f)}$$

式中：Q 为钻孔涌水量（L/s）；，为自流水涌（喷）水高度（dm）；疽为孔口管内径（dm）。测量 f 的同时，最好可以进行涌水试验，进行三次水位降深，测定 3 个稳定水位及所对应的涌水量。

（4）水温观测

当钻进揭露不同含水层时，要分别测定其水温。对巨厚含水层，要分上、中、下三段，分别测定地下水温度，并记录孔深及水温计的放入深度。测量水温时，应同时观测气温。

（5）孔内现象观测

钻进中对孔内发生并能分析判断水文地质问题的现象，应予以观测和记录。例如，钻具自动陷落（掉钻），通常说明遇到了溶洞或巨大裂隙等。钻孔孔壁坍塌、缩径、涌砂等现象，通常说明揭露到了岩层破碎带或砂层，应描述其现象，记录其起止深度。

（6）取水（气）样

为评价地下水水质，应取水样及气体样。一般可在测定含水层稳定水位之后采取。水（气）样采取及送检的要求，参见有关规范。

3. 水文地质钻探的编录工作

编录工作以钻孔为单位，要求随钻进陆续进行，终孔之后完成。主要内容包括：

第一，岩心编录。认真整理岩心，排放整齐，并准确地进行记录、描述和测量，钻进结束后，重点钻孔的岩心要全部长期保留，一般钻孔则按规定保留缩样或标本。

第二，将取得的各种资料，用准确、简练的文字，详细地填写于各种表格之中（包括钻探编录表和各种观测记录表）。

第三，编绘水文地质钻孔综合成果图表（图 3-10）。内容包括：钻孔位置、标高、钻孔施工技术资料、地质剖面、钻孔结构、地层深度及厚度、岩性描述、含水层与隔水层、岩心采取率、冲洗液消耗量、地下水水位、电测井曲线、孔内现象等。多数情况下，还包括抽水试验、水质分析等。

第四，对勘探线上的所有钻孔编制出水文地质剖面图。

第五，对调查区所有水文地质钻孔的成果资料，进行综合分析，以此总结出水文地质规律。绘制有关地质剖面图及平面图。

二、水文地质物探

（一）水文地质物探方法原理和任务

1. 水文地质物探方法的基本原理

水文地质物探是根据地质结构或地下水本身存在的物性差异，利用物理方法来间接勘查地质、水文地质体及地下水的一种手段。由于物探方法成本低、速度快、用途广泛，因此，物探是水文地质调查中不可缺少的重要勘查手段。

物探方法之所以能够探明某些地质、水文地质条件，主要是因为不同类型或不同含水量的岩石，或不同矿化程度的水体之间存在着物性（包括导电性、导热性、热容量、温度、密度、磁性、弹性波传播速度及放射性等）上的差异。因此，我们可以借助各种物探

测试仪器，测定出某一方向、某一深度或某一范围内岩石或者水体的某些物理特征值的变化，从而分析、推断出某一方向、某一深度或范围内的岩性、构造和岩层含水性能的变化。例如，许多岩浆岩和石灰岩的视电阻率 ρ_s（在探测电场分布范围内，各种岩石电阻率的综合效应和影响，称视电阻率，以符号 ρ_s 表示），常常可达 $n\times\left(10^2\sim10^3\right)\Omega\cdot\mathrm{m}$，而泥岩、黏土的视电阻率值只有 $n\times(1\sim10)\Omega\cdot\mathrm{m}$。

水是一种良导体，因此岩石的含水量及水本身的矿化度，并对岩石的视电阻率

值有很大的影响，可大大改变岩石的导电性能。因为岩石的空隙中因含有良导电的地下水，电流通过岩石时，岩石的电阻是由岩石本身的电阻（$R_{岩}$）和地下水的电阻（$R_{水}$）组成的“并联线路”的总电阻，根据并联原理，电流绝大部分在水中通过，由于 $R_{岩}$ 远大于 $R_{水}$，则岩石的电阻基本由水的电阻（$R_{水}$）所决定。所以在影响岩层视电阻率的诸因素中，岩石的富水程度和地下水的矿化度起决定作用。例如，厚层石灰岩的无水地段的仁值常常大于 500 Ω·m，比有水地段高$(\rho_s=10\sim100\Omega\cdot m)$很多。

在磁性方面，不同种类的岩石之间也有较大差别。如许多岩浆岩中的金属元素含量相对丰富，磁性较强；多数沉积岩的磁性均较弱。因此，当磁法剖面跨过这两种岩石时，便会有显著的磁力差异。在放射性强度和热辐射强度方面，不同类型的岩石，以及岩石中富水和贫水地段之间，也常有较大的差异。据此，可进行放射性测井和热测井等。

2. 物探方法的探测任务

水文地质物探的任务，主要有两个方面：

第一，通过地面物探（或航空物探）方法寻找含水层或富水带，确定它们的分布范围、埋藏深度、厚度和产状。

第二，通过物探测井方法准确确定含水层（带）的厚度、深度、富水程度、咸淡水界面位置，或测定某些水文地质参数及完成某些水井工程探测任务（测量井径、井斜和检查钻孔止水效果，确定地下水流速、流向等）。

（二）物探方法在水文地质调查中的应用

1. 地面物探方法在水文地质调查中的应用

地面物探方法的种类很多，目前在水文地质调查中应用最普遍的是电法，磁法、放射性探测法和声波探测法也经常使用。这些物探方法是探测地层岩性、构造和寻找地下水及判定某些水文地质现象的有效手段，但多数的物探方法都是间接的勘查和找水方法。

电法勘探是通过研究天然和人工电场，解决某些地质、水文地质问题的一种方法。电法又可分为多种，在水文地质工作中的应用亦各有侧重（表 3-4），其中直流电法应用较多。

（1）电阻率法

电阻率法是当前水文地质物探工作中使用最广，效果较好的方法。该法所测定的电阻率可达 105 Ω·m，超过目前其他任何物探仪器。它可用来探测含水层的分布及厚度和圈定咸淡水界面等。目前，电阻率法的应用在我国水文地质物探工作中约占 80% 以上。

表 3-4　电法分类及应用情况

类别	场的性质	方法名称			应用情况
直流电法	天然场	自然电场法		电位法 梯度法	测地下水流向；河床、水库底渗漏点；地下水与地表水补排关系
	人工场	电阻率法	剖面法	联合剖面法对称四级剖面法复合四极剖面法 中间梯度法 偶极剖面法	填图；追索断层破碎带；探测基底起伏；查明岩溶发育带
			测深法	对称四极测深法三极电测深法环形电测深法偶极测深法	划分近水平层位；确定含水层厚度、埋深；划分咸淡水分界面；查构造；探测基底埋深、风化壳厚度等
		激发极化法			划分含泥质地层；调查溶洞、断层带
		充电法		电位法梯度法	追索地下暗河、充水断裂带；测地下水流速、流向；查坝基渗漏点；研究滑坡及测定下滑速度
交流电法	天然场	大地电场法			调查区域构造
	工场人	低频电阻率法			同直流电阻率法
		电磁法			调查构造，填图，找水
		频率测深法			探测地下构造；划分地层
		变频法			填图
		无线电波透视法			调查溶洞、暗河、断层

前已述及，视电阻率是探测电场分布范围内各种岩石电阻率的综合效应和影响。在第四纪松散沉积物地区，岩石的颗粒越粗，孔隙越大，透水性越好，地下水循环迅速，矿化度一般较低，因而电阻率就高。透水性不好的岩石，矿化度一般较高，所以电阻率就低。即砾石、粗砂的电阻率较高，中细砂次之，黏土最低。在坚硬的基岩地区，岩浆岩的电阻率一般高于沉积岩，致密岩石的电阻率高于松散或破碎（节理、断裂发火成岩等）电阻率高于柔性、塑性岩石（如泥岩、页岩、片岩等）。

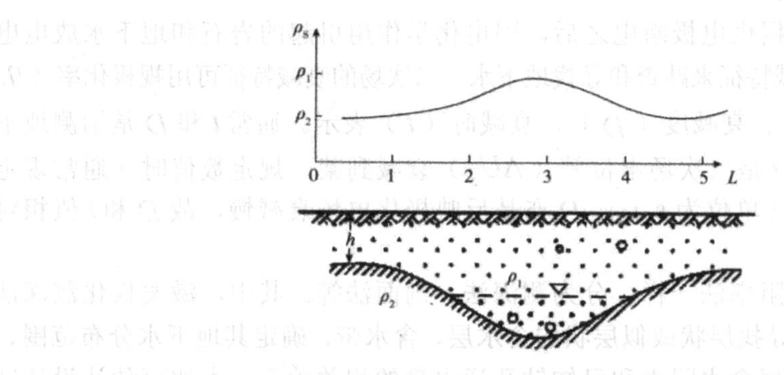

图 3-10 四极对称剖面电测深曲线与古河道图

图 3-10 为某地采用四极对称剖面法垂直河道走向实测的一条古河道剖面图。古河道被砂砾石充填，砂砾石电阻率（ρ_1）大于下部隔水的黏土层的电阻率（ρ_2），当选用的供电极距（$\frac{AB}{2}$）所对应的勘探深度大于砂砾石厚度（h）时，在电测剖面线上，古河道以相对的高阻异常反映出来。若把垂直古河道走向的多条剖面线所测结果，绘制成凡平面等值线图（图 3-11），可从等值线呈条带状的特点来确定古河道的延伸方向及分布范围。

电测深法是探测某测点地下介质垂向上电阻率的变化。其主要用于探测具有电性差异、层位近水平的地质问题。图 3-11 为云南某地某测线的电测深综合剖面图。该区第四系（Q）为冲洪积 - 湖积黏土和砂砾石层，下伏古近纪一新近纪泥灰岩，砂砾石呈透镜体分布，埋藏较浅，电阻率为 40 ～ 75 $\Omega\cdot m$，是本区的主要含水层，黏土电阻率较低，一般为 15 $\Omega\cdot m$ 或更小，泥灰岩电阻率为 20 ～ 25 $\Omega\cdot m$。用电测深圈定的砂砾石的分布范围和厚度，如图 3-11 所示，以后的钻探结果证明电测深的成果是可靠的。

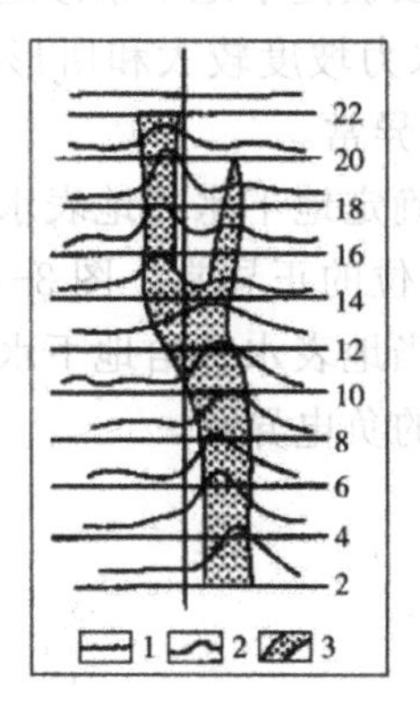

图 3-11 用对称四极剖面法追索古河道的 ρ_s 剖面线平面图

1—测线；2— ρ_s 曲线；3—推断的古河道

（2）激发极化法

激发极化法是根据供电极断电之后，因电化学作用引起的岩石和地下水放电电场（即二次场）的衰减特征来勘查和寻找地下水。二次场的衰减特征可用视极化率（η_s）、视频散率（ρ_s）、衰减度（D）、衰减时（t）表示。通常t和D是勘测地下水效果较好的参数。t是二次场电位差（ΔU_z）衰减到某一规定数值时（通常规定为50%）所需的时间（单位为s），D亦是反映极化电场衰减慢，故D和t值相对较大。

激发极化法和电阻率法一样，分为测深法、剖面法等。其中，激发极化测深法用得最多，主要用于寻找层状或似层状的含水层、含水带，确定其地下水分布范围、埋藏深度等。还可根据含水因素和已知钻孔涌水量的相关关系，大致可估计设计钻孔的涌水量。

由于激发极化所产生的二次场值小，故这种方法不适用于覆盖较厚（如大于20m）和工业放散电流较强的地区。这种方法的不足之处是电源笨重，工作效率较低，成本较高。

（3）自然电场法

自然电场法是以地下存在的天然电场作为场源。自然电场的产生主要与地下水通过岩石孔隙、裂隙时的渗透作用及地下水中离子的扩散、吸附作用有关。例如，岩石固体颗粒吸附了固定的负离子，而在运动的地下水中集中了较多的正离子，从而形成了在水流方向上为正电位（高电位），相反方向为负电位（低电位）的电场，这种电场称为渗透电场（或称过滤电场），它是自然电场的主要部分。另外，水溶液的浓度差或成分差会形成扩散电场，氧化还原作用也会产生自然电场。因此，可根据在地面测量到的地下天然存在的电场变化情况，查明地下水的埋藏、分布和运动状况。这种方法主要用于寻找掩埋的古河道，基岩中的含水破碎带，以及确定水库、河床、堤坝的渗漏通道及隐伏的上升泉，测定抽水钻孔的影响半径等。

自然电场法的使用条件，主要决定于地下水渗透作用所形成的过滤电场的强度。一般只有在地下水埋藏较浅、水力坡度较大和所形成的过滤电位强度较大时，才能在地面测量到较明显的自然电位异常。

图3-12是利用自然电场法确定地下水和地表水关系的实例。当地下水补给地表水时，在地面上能观测到自然电位的正异常，图3-12为灰岩和花岗岩接触带的上升泉，观测到明显的正异常；相反，当地表水补给地下水时，其则观测到自然电位负异常，图3-12为水库渗漏地点上出现的负电异常。

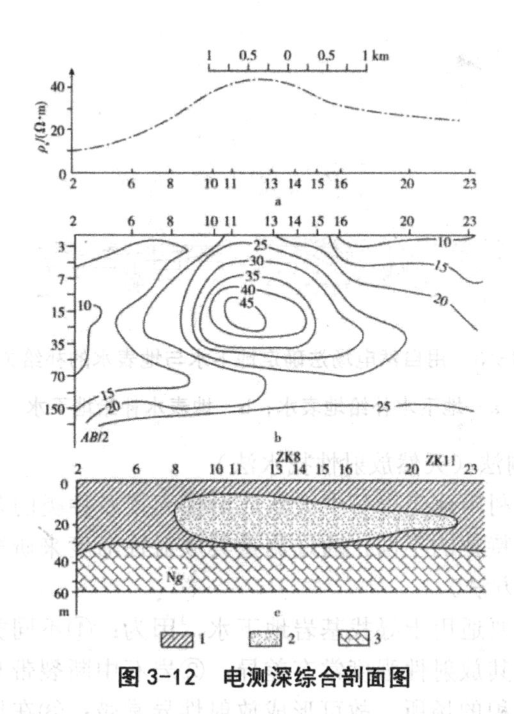

图 3-12　电测深综合剖面图

$a-\rho_s$—剖面曲线图$\left(\frac{AB}{2}=25\text{m}\right)$；$b$—等$\rho_s$断面图；$c$—地质断面图

1—黏土；2—砂砾石；3—泥灰岩

（4）交变电磁场法

交变电磁场法简称电磁法，它是以岩、矿石的导电性、导磁性及介电性的差异为基础，通过对以上物理空间和时间分布特征的研究，从而查明有关地质问题和地下水的电探方法。电磁法的种类很多，目前在生产中使用的有甚低频电磁法（利用超长波通信电台发射的电磁波为场源）、频率测深法（以改变电磁场频率来测得不同深度的岩性）、地质雷达法（利用高频电磁波束在地下电性界面上的反射来达到探测地质对象的目的）、无线电波透视法（通过研究钻孔或坑道间电磁波被介质吸收的情况来研究充水溶洞等地质对象的分布范围和产状等）、核磁找水法（也称核磁共振法（NMR），在一定强度和频率的人工磁场作用下，水分子就会产生核磁共振现象，测定其磁振动频率发出的信号强度，就可确定出地下水埋深和富集程度）。其中，甚低频法对确定低阻体（如断裂带、岩溶发育带与含水裂隙带）比较有效，而地质雷达则具较高的分辨率（可达数厘米），可测出地下目的物的形状、大小及空间位置，核磁共振找水法是能直接寻找地下水的新方法，该法可获得含水层厚度、埋深、孔隙度、含水量等信息，有较高的准确性，缺点是探测深度比较小（100m左右），抗干扰能力差，仪器昂贵等。

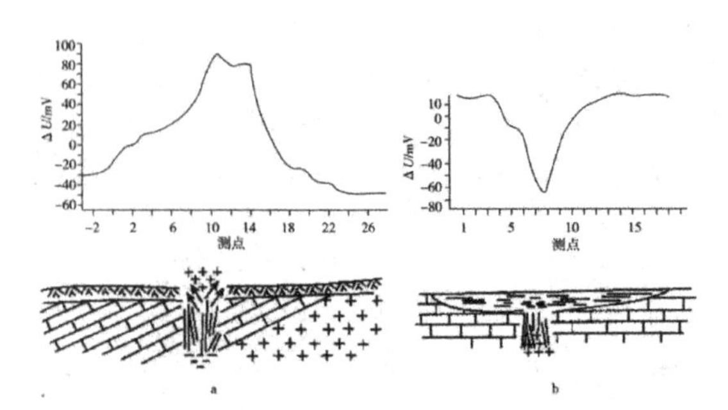

图 3-13　用自然电场法确定地下水与地表水的补给关系

a—地下水补给地表水；b—地表水补给地下水

（5）放射性探测法（天然放射性找水法）

放射性探测法是利用地壳岩石中天然放射性元素及种类的差异，或在人工放射源激发下岩石核辐射特征的不同，通过测量其放射性活度来研究和勘查地质、水文地质问题的一种物探方法。

放射性探测法主要适用于寻找基岩地下水，因为：①不同类型岩石，由于其放射性元素含量不同，其放射性强度常有差异；②岩石中断裂带与裂隙发育带，常是放射性气体运移和聚积的场所，故可形成放射性异常带；③在地下水流动过程中，特别是在出露地段，由于水文地球化学条件的突然改变，可导致水中某些放射性元素的沉淀或富集，从而形成放射性异常。

由于地下水中所含放射性物质甚微，所以利用天然放射性找水，并非直接测定地下水的放射性，而是通过测定岩石的放射性差异去判断有无含水的岩层，有无可供地下水赋存的断裂、裂隙（通道）构造。水文地质勘查中所使用的放射性探测方法多为天然放射性方法，主要方法有γ测量法和α测量法。

①γ测量法

也称γ总量测量，它是利用仪器（闪烁辐射仪）测量岩层中铀、钍、钾等放射性核素所辐射出的射线总强度，根据射线强度（或能量）的变化，发现γ异常或γ射线强度（或能量）的增高地段，从而查明地质、水文地质问题。本方法使用的仪器轻便、工作效率高，对查明岩层分界线和破碎带有一定效果，其异常显示不够明显，覆盖层厚度较大时效果不佳。

②α测量法

α测量法是通过测量氡及衰变子体产生的α粒子的数量来勘查地质、水文地质问题。在水文地质工作中用得较多的是α径迹测量和α卡法，前者所测得的α射线是氡和其他放射性元素共同产生的，而后者所测的仅是氡及其子体所产生的α射线强度，两种方法的工作原理也基本相同。α测量法用于确定富水构造裂隙带效果较好。

2. 地球物理测井

水文地质测井在水文地质勘查工作中日益得到广泛的应用。它主要用于钻孔剖面的岩性分层、判断含水层（带）、岩溶发育带和咸淡水分界面位置（深度）及确定水文地质参数等。当采用无心钻进或钻进取心不足时，物探测井更是不可缺少的探测手段。物探测井的地质－水文地质解释精度远比前述的地面物探方法精度高。

目前，水文地质钻探中常用的测井方法及应用情况见表 3-5。在实际工作中，各种测井方法要相互配合，以提供更多、更可靠的地质、水文地质信息。另外，物探测井要与钻探取心和水文地质观测资料密切配合，方能取得最佳效果。

表 3-5 常用的地球物理测井方法及应用情况

类别	方法名称		应用情况
电法测井	视电阻率法测井	普通视电阻率测井	划分钻井剖面，确定岩石电阻率参数
		微电极系测井	详细划分钻进剖面，确定渗透性地层
		井液电阻率测井	确定含水层位置（或井内出水位置），估计水文地质参数
	自然电位测井		确定渗透层，划分咸淡水界面，估计地层中水的电阻率
	井中电磁波法		探查溶洞、破碎带
放射性测井（核测井）	自然伽马法测井		划分岩性剖面，确定含泥质地层，求地层含泥量
	伽马－伽马法（$\gamma-\gamma$）测井		按密度差异划分剖面，确定岩层的密度、孔隙度
	中子法测井	中子－伽马法 中子－中子法	按含氢量的不同划分剖面，确定含水层位置以及地层的孔隙度
	放射性同位素测井		确定井内出水（进水）点位置，估计水文地质参数
声波测井	声速测井		划分岩性、确定地层的孔隙度
	声辐测井		划分裂隙含水带、检查固井质量
	声波测井		区分岩性，查明裂隙、溶洞及套管壁状况，确定岩层产状、裂隙发育规律
热测井	温度测井		探查热水层、研究地温梯度，确定井内出水（漏水）位置
钻孔技术情况测井	井斜测井		为其他测井资料解释提供钻孔的倾角和方位角参数
	井径测井		为其他测井提供井径参数，确定岩性变化
流速测井	流速测井		划分含水层、隔水层及其埋深、厚度，测定各含水层的出水量，检查止水效果和井管断裂段位置及其渗漏量，确定合理井深

电法测井（或称电测井）在地球物理测井方法中使用广泛，效果好，且简便易行。电测井的工作原理是利用仪器（如 JDC 型轻便电子自动测井仪等），并通过电

缆把井下装置（如电极系统）送入管井中进行测量。电缆从井底向上提升的过程中，用仪器记录各地层的电阻率（ρ_s）、电位差（ΔU）等。通过绘制有关曲线，即可进行水文地质解释。电测井的资料，如有钻孔资料进行校正，就会取得更好的效果。图 3-14 是某地根据管井的电测井曲线，划分地层与咸淡水分界。

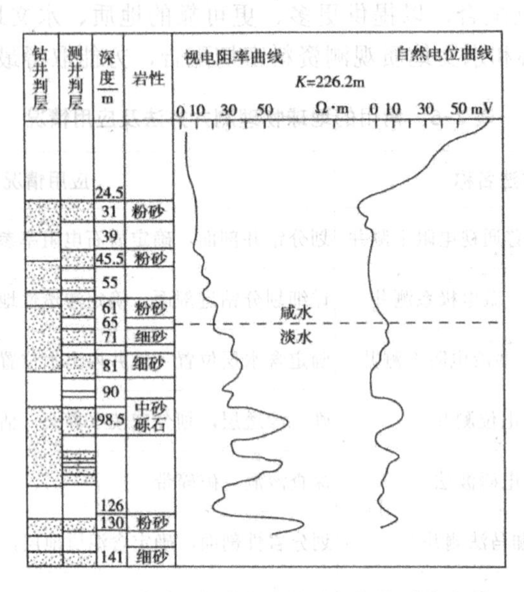

图 3-14　管井的电测井曲线和水文地质解释

K —电极系装置系数

尚需指出，水文地质人员应根据工作任务，工作区的地质、水文地质条件和物探人员一起合理确定物探方法，选定物探测线、测点的布置方案和测量装置等。最好能使用综合物探手段完成同一项任务，以相互验证，取长补短，提高成果解释的可靠性和精度。值得注意的是，各种物探方法都有其局限性，其成果具有多解性。物探曲线常反映了探测对象本身和其他多种自然或人为因素的综合影响，因此，只有了解具体的地质 - 水文地质背景和各种干扰因素的可能影响，才能进行正确的解释，否则对于测量成果常常可以做出多种或错误的解释。所以在使用物探方法时，应针对具体地质环境，进行分析对比，综合研究，以便客观地反映地质和水文地质条件，从而使所得资料更为真实可靠。因为含水层或富水段没有固定不变的异常标志，为了提高测量成果解释的可靠性，最好首先在露头较好地段或已有勘探井旁进行试验，确定出探测对象异常的形态、性质和幅度，从而制定出可靠的解释标志。例如，在视电阻率较高的石灰岩、岩浆岩和砂岩中，一般以低阻异常作为有水的标志，但在视电阻率本来就较低的碎屑岩及结晶片理发育的岩石中，高阻异常带则常常是有水的标志。因此，符合已有水井旁试验得出的解释标志，方是可靠的。

第四节 水文地质现场试验

一、抽水试验的目的、任务

抽水试验是以地下水井流理论为基础，可通过在井孔中进行抽水和观测，来测定含水层水文地质参数、评价含水层富水性和判断某些水文地质条件的一种野外试验工作。抽水试验在各个勘查阶段都很重要。其成果质量直接影响着对调查区水文地质条件的认识和水文地质计算成果的精确程度。

抽水试验的目的、任务是：

第一，直接测定含水层的富水程度和评价井孔的出水能力。

第二，确定含水层水文地质参数，如渗透系数（K）、导水系数（T）、释水系数（μ_e）、给水度（μ_d）、井间干扰系数（α）等。

第三，研究井孔的出水量（Q）与水位降深（s）的关系及其与抽水时间（t）的关系，研究降落漏斗的形状、大小及扩展过程。

第四，研究含水层之间及地下水与地表水之间的水力联系，及地下水补给通道和强径流带位置等。

第五，确定含水层（或含水体）边界位置及性质。

第六，通过抽水试验，为取水工程设计提供所需水文地质数据。例如通过单孔抽水，确定井孔的影响半径（R）、单井出水量（Q）、单位出水量（q）等，根据开采性抽水试验或疏干模拟抽水，确定合理的井距（L）、开采降深（s）、合理井径（r_0）、井间干扰系数（α）等。

第七，通过开采性抽水试验，直接评价水源地的地下水允许开采量（可开采量）。

（二）抽水试验的类型

抽水试验的类型较多，分类也不尽统一。一般根据抽水试验所依据的井流公式原理、抽水试验的目的、任务和方法要求等分类。各种单一抽水试验类型，又可组合成多种综合性的抽水试验类型。

1. 按依据的井流理论划分

（1）稳定流抽水试验

在抽水过程中，要求流量（Q）和水位降深（s）（或动水位）同时相对稳定（即不随时间而变），并有一定延续时间的抽水试验。稳定流抽水试验结果，可用稳定井流公式进行分析计算，方法简便。在补给边界附近，或补给水源充沛且相对稳定的地段，抽水可形成相对稳定的渗流场，即用稳定流抽水试验方法。

（2）非稳定流抽水试验

在抽水过程中，只要求水位（h）和流量（Q）中的一个稳定，观测另一个随时间的变化，用非稳定井流理论进行分析计算。在实际工作中一般采用定流量（变降深）非稳定流抽水试验。自然界地下水大都是非稳定流，因此，非稳定流抽水试验有更广泛的适用性，能研究更多的因素，能测定更多的参数（如 K、T　α　μ　K'/m' 等），并能充分利用整个抽水过程提供的全部信息，但非稳定流计算较复杂，观测技术要求高。

2. 按抽水井孔数及是否发生干扰划分

（1）单孔抽水试验

只有一个抽水孔而无观测孔的抽水试验。该种试验方法简便，成本低廉，但所担负的任务有限，成果精度较低，一般多用于稳定流抽水试验，常用于普查和初步勘探阶段。

（2）多孔抽水试验

即带观测孔的单孔抽水试验。该种试验能完成抽水试验各项任务，所得成果精度也较高，但成本一般较高，多用于勘探阶段。

（3）干扰抽水试验（或称群孔抽水试验）

在相距较近（$<2R$）的两个或多个孔中同时抽水，造成水位降落漏斗相互重叠干扰，各孔的水位和流量有明显相互影响的抽水试验。一般在抽水孔周围还配有若干观测孔。按抽水试验的规模和任务，又可分为一般干扰井群抽水试验和大型群孔抽水试验。

3. 按抽水试验的任务划分

（1）试验抽水

即在正式抽水试验前进行的一次降深稳定流单孔抽水，其目的是了解井孔的出水能力、最大水位降深和检查抽水设备等。

（2）抽水试验

即 2 ～ 3 次降深的稳定流抽水试验和非稳定流抽水试验。

（3）开采性抽水试验

按开采条件或接近开采条件要求进行的抽水试验，在水源地模拟开采或矿床模拟疏干时多采用这种试验，一般是大流量、大降深、长时间（1 ～ 3 个月）的抽水，以充分揭露边界条件和确定试验区的出水量或疏干排水量。一般用于水文地质条件复杂的地区，该种试验需花费巨大的人力和物力，需慎重采用，一般用于详勘阶段或开采阶段。

4. 按抽水试验的含水层情况划分

（1）分层抽水试验

以含水层为单位进行抽水试验，以单独求取各含水层的水文地质参数。如对潜水、承压水或孔隙水与裂隙水、岩溶水，应进行分层抽水，并以分别掌握各层的水文地质特征。

（2）混合抽水试验

即在井孔中将不同含水层合为一个试验段进行抽水，以了解各层的混合平均状况和井孔的整体出水能力。混合抽水试验如需配备观测孔时，必须分层设置。

（3）分段抽水

即在透水性有较大差异的巨厚含水层中，分不同岩性段（如上、中、下段）进行抽水试验。以了解各段的透水性及水量情况。

5. 按井的类型划分

（1）完整井抽水试验

即在完整井孔（过滤器长度等于含水层厚度）中进行的抽水试验。

（2）非完整井抽水试验

即在非完整井孔（过滤器长度小于含水层厚度）中进行抽水试验。

6. 按抽水时开始降深大小划分

（1）正向抽水

降深由小至大$s_1 \rightarrow s_2$多用于松散含水层，因为这有利于抽水井孔周围天然过滤层的形成。

（2）反向抽水

降深由大到小（$s_3 \rightarrow s_1$），多用于基岩。这种抽水，开始大降深有利于对井壁和裂隙的清洗。

在水文地质调查工作中，应根据调查工作进行的阶段、调查工作的主要目的任务和具体的地质水文地质条件，合理选用抽水试验的种类。例如，在区域性水文地质调查及专门性水文地质调查的初始阶段（普查阶段），抽水试验的目的主要是获得含水层具代表性的水文地质参数和富水性指标（如井孔的单位涌水量或某一降深条件下的涌水量），故一般选用单孔抽水试验即可，在只需取得渗透系数（K）、涌水量（Q）时，一般多进行稳定流抽水试验，当需获得渗透系数（K）、导水系数（T）、释水系数（μ_e）、越流系数（K'/m'）等更多水文地质参数时，则须进行非稳定流抽水试验。抽水试验时，应尽量利用已有井孔作为水位观测孔。在专门性水文地质调查的勘探阶段，当希望获得开采孔群（组）设计所需水文地质参数（如影响半径R、井间干扰系数α）和水源地允许开采量（或矿区排水量）时，则须选用群孔干扰抽水。当设计开采量（或排水量）小于地下水补给量时，可选用稳定流的抽水试验方法，反之，则选用非稳定流的抽水试验方法。

二、抽水试验

抽水试验是确定含水层参数，了解水文地质条件的主要方法。采用主孔抽水、带有多个观测孔的群孔抽水试验，包括非稳定流和稳定流抽水试验，要求观测抽水期间和水位恢复期间的水位、流量、水温、气温等。掌握抽水孔和观测孔的布置要求、抽水设备与测水工具、抽水试验的技术要求、抽水试验的现场工作以及资料整理等，做到学以致用。

（一）抽水孔和观测孔的布置要求

1. 抽水孔（主孔）的布置要求

第一，根据抽水试验的目的和任务布置抽水孔。抽水试验的目的和任务不同，其布置原则也各异：①为求取水文地质参数的抽水孔，一般应远离含水层的透水、隔水边界，应布置在含水层的导水及贮水性质、补给条件、厚度和岩性等有代表性的地方；②对于探采结合的抽水井（包括供水勘探阶段的抽水井），则要求布置在含水层（带）富水性较好或计划布置生产水井的位置上，以便为未来生产孔的设计提供可靠资料；③欲查明含水层边界性质、边界补给量的抽水孔，应布置在靠近边界的地方，以便观测到边界两侧明显的水位差异或查明两侧的水力联系程度。

第二，在布置带观测孔的抽水井时，要考虑尽量利用已有水井作为抽水时的水位观测孔，当无现存水位观测井时，则应考虑附近有无布置水位观测孔的条件。

第三，抽水孔附近不应有其他正在使用的生产水井或地下排水工程。

第四，抽水井附近应有较好的排水条件，即抽出的水能无渗漏地排到抽水孔影响半径区以外，特别应注意抽水量很大的群孔抽水中的排水问题。

第五，场地条件、供电等。

2. 水位观测孔的布置要求

（1）抽水试验水位观测孔的作用

第一，观测孔中的水位，不存在抽水孔水跃值和抽水孔附近三维流的影响，能更真实地代表含水层中的水位，且观测孔中的水位，由于不存在抽水主孔“抽水冲击”的影响，水位波动小，水位观测数据精度较高。因此，利用观测孔的水位观测数据，可以提高井流公式所计算出的水文地质参数的精度。

第二，利用观测孔的水位，可用多种方法求解稳定流和非稳定流的水文地质参数。

第三，利用观测孔的水位，可绘制出抽水的人工流场图（等水位线或下降漏斗图），从而可帮助判明含水层的边界位置与性质、补给方向、补给来源及强径流带位置等水文地质条件。

第四，一般大型孔群抽水试验，可根据观测孔控制流场的时、空特征，作为建立地下水流数值模拟模型的基础。

（2）水位观测孔的布置原则

观测孔在平面和剖面上的布置取决于抽水试验的目的任务、精度要求、规模大小、试验层的特点以及资料整理和计算方法等因素。如只为消除“井损”或水跃的影响，只在抽水孔近旁布置一个观测孔即可。不同目的、任务和条件下的抽水试验，其水位观测孔的布置如下：

第一，为求取含水层可靠的水文地质参数的观测孔，一般应和抽水主孔组成观测线，据地下水径流条件、含水层性质和抽水时可能形成水位降落漏斗的特点，布置观测线。①均质各向同性、水力坡度较小的含水层，其抽水水位降落漏斗的平面形状为圆形，但抽水孔下游一侧水力坡度一般较上游大，故在与地下水流向垂直方向上布置一条观测线即可（图 3-14）。②含水层均质、各向同性、地下水水力坡度较大，抽水水位降落漏斗形状一般为椭圆形（下游一侧水力坡度大，上游小）。可垂直和平行地下水流向（一般情况下或供水目的布置在下游，排水目的布置在上游）各布置一排观测孔（图 3-14）。③对非均质含水层、水力坡度不大的地段，可垂直流向布置两排观测孔，平行流向布置一排观测孔（图 3-14）。④对非均质各向异性的含水层，且水力坡度大的地段，可以抽水孔为中心，呈“十”字形布置一排观测孔（图 3-14）。⑤均质各向异性的含水层，抽水水位降落漏斗常沿着含水层贮、导水性质好的方向发展（延伸），该方向为水位漏斗长轴，水力坡度小；相反，贮、导水性差的方向为漏斗短轴，水力坡度较大。因此，抽水时的水位观测孔应沿着不同贮、导水性质的方向布置，以分别取得不同方向水文地质参数。

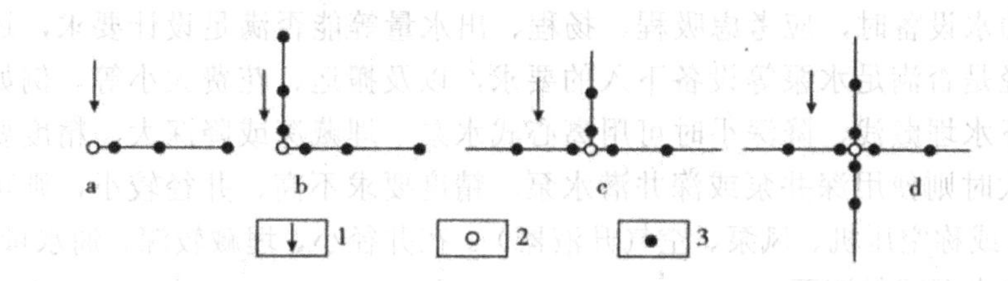

图 3-14　抽水试验观测孔平面布置示意图

a—垂直流向一条观测线；b—垂直、平行流向各一条观测线；c—垂直流向两条、平行流向一条观测线；d—垂直和平行流向各两条观测线

1—地下水流向；2—抽水孔；3—观测孔

第二，为某些专门目的进行抽水试验时，观测孔的布置以能解决实际问题为原则。例如，为了查明含水层的边界性质和位置时，观测线应通过主孔，垂直于欲查明的边界位置，并应在边界两侧附近都要布置观测孔。

第三，对干扰井群抽水及大型抽水试验，应比较均匀地布置观测孔，以控制整个流场的变化和边界上的水位和流量。

第四，观测孔的数目、距离、深度，主要取决于抽水试验的目的任务、精度要求和抽水试验类型。

①观测孔数目

为求参，一般一个观测孔即可。在观测线上一般为 2 个以上，以便使用多种方法求参。如需确定漏斗形状，则一条观测线上不应少于 3 个观测孔，而对于判定水力联系及边界性质的抽水试验，观测孔应为 1 ～ 2 个。

②观测孔的距离

一般是按抽水漏斗水面坡度变化规律，愈近主孔距离应愈小，愈远离主孔距离应愈大。为避开抽水孔三维流和紊流的影响，最近的观测孔（第一个观测孔）距主孔的距离，一般应约等于含水层的厚度（至少应大于10m），最远的观测孔应能观测到明显的水位下降，一般要求观测到的水位降深应大于20cm。相邻观测孔的距离，亦应保证两孔的水位差必须大于20cm。对于非稳定流抽水试验，观测孔的间距应在对数轴上分布均匀，而且孔间间距应比稳定流小，以保证抽水初期观测。

③观测孔深度

一般要求揭穿含水层，至少深入含水层10～15m，或者观测孔孔深达抽水主孔最大降深以下。

（二）抽水设备与测水工具

1. 抽水设备

当前抽水试验中经常使用的抽水设备主要有离心泵、深井泵、潜水泵、空压机（风泵）、射流泵等。

选择抽水设备时，应考虑吸程、扬程、出水量等能否满足设计要求，还要考虑孔深、孔径是否满足水泵等设备下入的要求，以及搬运、花费大小等。例如，水量较大、地下水埋藏浅、降深小时可用离心式水泵。埋藏深或降深大、精度要求高、井径足够大时则使用深井泵或深井潜水泵。精度要求不高、井径较小，则可选用空气压缩机（或称空压机、风泵、空气升液器）。在井径小、埋藏较深、涌水量较小时，可用往复式水泵或射流泵。

（1）空压机（风泵）

①扬水原理

空压机的扬水原理是：空压机工作时将压缩空气压入钻孔中，压缩空气由风管通过混合器（带密集小孔的管状物）均匀进入水管，并在混合器外膨胀与水混合成一种乳状水气混合物，因其密度比水小，且在水管内外压力差和气流膨胀的驱动下，上升至管口流出，井中水向上流动补充，从而达到抽水的目的（图3-15）．压缩空气量要适当，如果压缩空气量不足，或者不能扬水，或者水流不均，将呈脉冲式的流动。如果风量太大，空气会在水管中快速流动，并占据较大断面，使出水效率降低，甚至只出气不出水。

②井孔内装置

抽水井孔通常装有风管、水管，有时还设有测水管（专为测量水位之用）。其基本装置方式有同心式及并列式两种（图3-15），同心式适用于较小孔径，但其涌水量比同孔径的涌水量大或相同，这是因为它的出水面积较大。并列式适用于较大孔径，并列式安装抽水效率较高，所需空气量较小。当含水层埋藏较深，以及对一些承压含水层或不完整井抽水时，可利用井壁或过滤器以上的管子作出水管（图3-15），也有利用水管和井壁管间隙送风以增大出水断面的（图3-15）。尽管这些装置各异，但究其实质仍属同心式或是并列式。

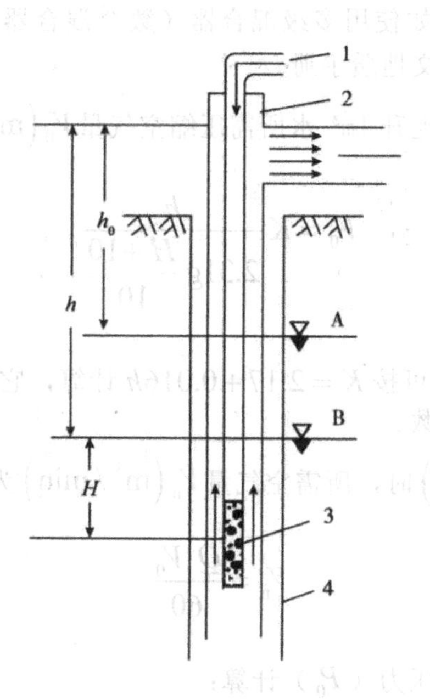

图 3-15 空压机抽水安装示意图

a—同心式；b—并列式；c—用孔壁管作水管；d—用水管与孔壁管的间隙作风管

1—风管；2—水管；3—井壁管或过滤管；4—测水管；5—混合器

如果水面埋藏过深或水位降低值过大，例如动水位距地表大于100m时．可联用两台空气压缩机接力抽水。

风管及水管的直径尺寸也应配合，水管直径过小会使出水量过小，水管直径过大则出水又会不均匀，甚至不能扬水（两者的尺寸配合可参看有关手册）。另外，水管与过滤器间间隙过小，容易增加井损，影响水向井中的运动。测水管宜细，以能下入水位计即可。

③有关数据计算

空压机的效率及扬水的工作正常与否，这在很大程度上取决于沉没比，为选择适宜的空压机，还需计算送风量和启动压力。

第一，沉没比：混合器沉没于动水位以下的深度称为沉没深度（H），动水位至出水管口高度称为扬程（h），混合器中心至出水口的距离称为水气混合液提升高度（$H+h$），沉没深度与提升高度之比称为沉没比（α），即

$$\alpha=\frac{H}{H+h}$$

沉没比愈大，效率愈高，提升单位水量所需要空气量（即气水比耗值）愈小。但α愈大，所要求的启动压力愈大，而启动压力受空气压缩机压力限制，因此，通

常要求α为50%～60%。如使用多级混合器（数个混合器串接），α可低至30%。风管的最佳深度可查阅水文地质手册。

第二，风量计算：每提升1m³水所需压缩空气量$V_0\left(m^3\right)$为

$$V_0 = K\frac{h}{2.31g\frac{H+10}{10}}$$

式中：K为经验数，可按$K = 2.17 + 0.016h$计算，它是为校正以理想气体为前提的公式而设的经验核正数。

当出水量为$Q\left(m^3/h\right)$时，所需空气量$V_n\left(m^3/min\right)$为

$$V_n = \frac{Q \cdot V_0}{60}$$

第三，抽水时，启动压力（P_0）计算：

$$P_0 = P + \Delta P \approx 0.1\left(H + h - h_0 + 2\right)$$

式中：P为从混合器的中部至天然水位的静水压力（Pa）；ΔP为风管阻力，一般为1.96×104Pa；h_0为天然水位至出水口高度（m）。

抽水时的工作风压计算公式为

$$P_n = 0.1\left(H + L_P\right)$$

式中：P_n为工作风压（Pa）；L_P为送水途中压力损失（换算为米），不超过5m，通常为2～3m。

（2）水泵

抽水试验中经常使用的水泵主要是离心泵、深井泵、潜水泵、射流式水泵等。

①离心泵

离心泵是利用叶轮旋转而使水产生的离心力来工作的。离心泵的装置主要由泵壳、泵轴、叶轮、吸水管和出水管等组成。离心泵可分为单级单吸离心泵、单级双吸离心泵和分段式多级离心泵等。离心泵的使用范围最为广泛，离心泵的吸程理论上为10m，但因为水在吸水管内流动过程中存在水头损失，所以实际上为7～9m。离心泵在启动之前，必须把泵壳和吸水管都充满水，之后再驱动电机运行。

②深井泵

深井泵是抽取深井地下水的立式水泵。一般由三部分组成，即滤网、吸水管和泵体部分，扬水管和传动轴部分，泵座和电动机部分，前两部分位于井下，后一部

分位于井上。深井泵一般为多级叶轮，级数愈多，扬程愈大，有的深井泵扬程可超过100m。

③潜水泵

潜水泵是将泵和电动机制成一体，浸入水中进行提升和输送水的一种泵。由于潜水泵在水下运行，因此，潜水电动机要有特殊构造，潜水泵的工作部分一般为立式单吸多级导流式离心泵，基本构造和深井泵相似。潜水泵按其使用场合不同，可分为深井潜水泵和作业面潜水泵等。深井潜水泵与深井泵相比具有质量轻、噪声小、安装维修简便等优点，因此，近年来得到了广泛的应用。

④射流泵

射流泵是利用高速工作的水流能量来输送水的，并从钻机配备中的往复式水泵来的水流，通过钻杆（进水管）后，从喷嘴喷出的射束在其周围产生负压，吸引周围的井水，并一起流入正对喷嘴的承喷器内，井水通过进水孔补充，这即是射流泵的吸水过程。通过承喷器的水流，又因在流速的继续高压冲击下，迫使水由水孔流入出水管，连同循环水流一起上升，排出地表，完成抽水作用。由于提升地下水的能量全由给水水泵的压力势能提供，因此，其扬水高程受给水水泵压力限制，抽水量也由送水泵量决定。

2. 测水工具

抽水试验时用的测水工具主要是水位计和流量计。

（1）水位计

水位计的种类很多。在抽水试验中，常用的是电测水位计，其基本工作形式如图3-16所示，使用时，当探头接触水面时，水与导线构成闭合电路，即可发出信号，据此便可确定水位。根据发出的信号不同，电测水位计的种类主要有表式水位计（信号为指针摆动）、音响水位计（信号是声音）、灯显式水位计（信号是指示灯）等。电测水位计的测量深度可达100m或更大，误差小于1cm，但随深度增加，其误差会加大，电测水位计目前应用最广。不过，用电测水位计测定一次水位，即使在水面稳定的情况下，也需0.5min左右，这对非稳定流抽水往往不符合要求。目前，我国已逐步开始使用既能读出瞬时水位、又便于遥控或自记的自动测水位仪器，如SKS-01型半自动测井仪、红旗型自记水位计、DR-1型电容式水位仪等。对自流水，若水位高出地表不多，可安装套管测定水位，否则要安装压力计测定水位。

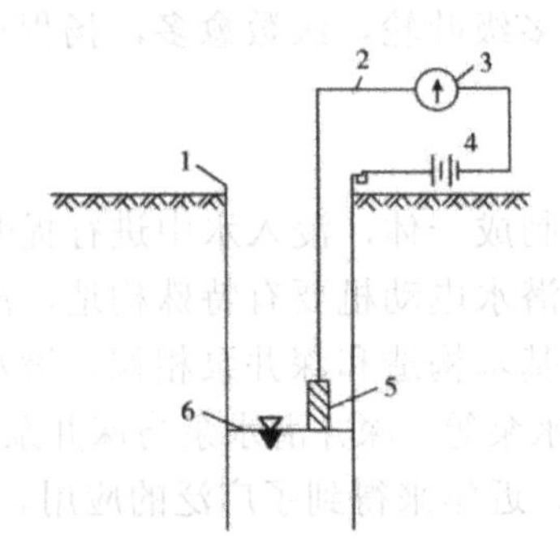

图 3-16 电测水位计工作示意图

1—套管；2—导线；3—电流计；4—电池；5—探头；6—水位

（2）流量计

目前抽水试验和生产中使用的流量计主要有量水容器、堰测法（堰板、堰箱）、孔板流量计、水表等。

量水容器主要用于涌水量小或断续抽水（如提桶抽水）的情况，多用于稳定流抽水试验。

堰测法是用堰板或堰箱测流量（图 3-17），其中堰箱是前方为三角形或梯形切口的水箱，箱中有 2 ～ 3 个促使水流稳定的带孔隔板。水自箱后部进入，从前方切口流出。主要适用于流量（Q）连续但又不很稳定，且 $Q <$ 100L/s 的空压机抽水时流量的测定。

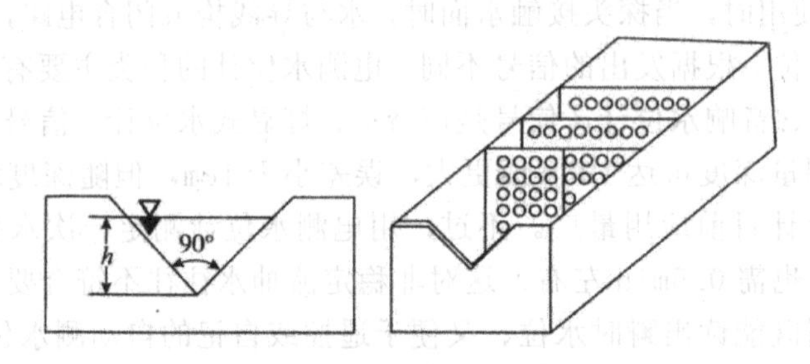

图 3-17 三角堰板与堰箱示意图

孔板流量计的类型很多，但基本原理相似。在出水管末端或靠近末端设置一定直径的薄壁圆孔，抽水时测定孔口两侧水位差，或测定距孔口一定距离处（流量计置于水管末端时）的测压水头差值。此差值在固定的管径和孔口条件下，仅决定于流速，因此，根据这个压力差可以换算茁流量。这种流量计的两种类型如图 3-18 和图 3-19 所示。其优点是轻便、精确，但无法用于空气压缩机抽水。

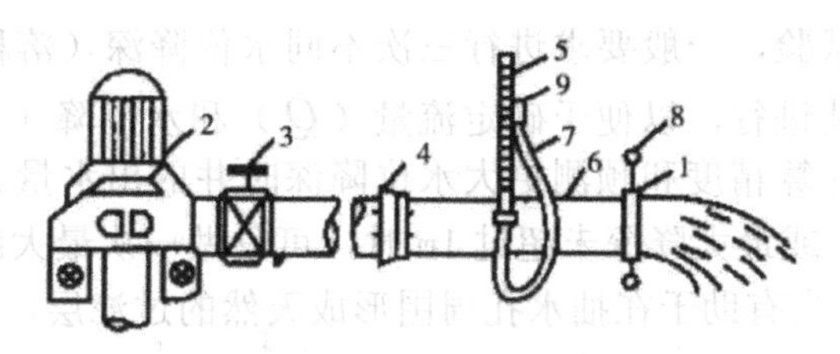

图 3-18 孔板流量计安装示意图

1—孔板压盖；2—水泵；3—截门；4—法兰盘；5—测压标尺；6—水管；7—胶管；8—手柄；9—有机玻璃管

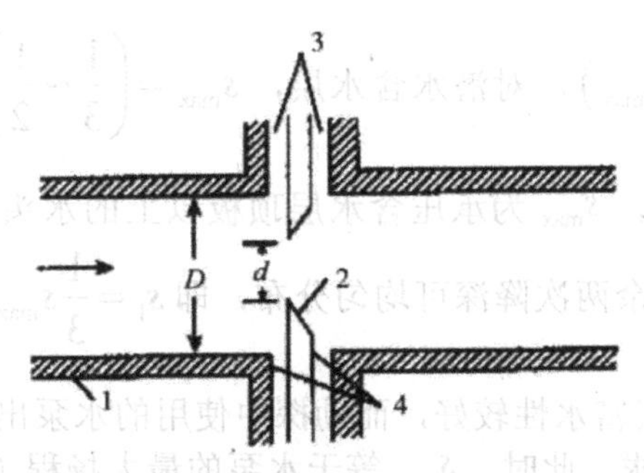

图 3-19 圆缺孔板仪示意图

1—输水管；2—圆缺孔板；3—取压处（接压力计）；4—封死（或堵死）

单位时间通过孔板流量计截面的流量按下式计算：

$$Q=0.01251\mathrm{E}d^2\sqrt{0.0075\mathrm{P}} \qquad (\text{水温 } 1 \sim 20℃)$$

式中：Q 为水流量（$\mathrm{m^3/h}$）；d 为孔板圆孔直径（mm）；p 为实测压力差，即 $P=P_1-P_2$；E 为与孔板圆孔直径 d 和水管内径 D 及孔板接法有关的系数，其值参见水文地质手册。

水表可直接安装在金属出水管上测定水量。

还有一种便携式流量计，例如，YKS-1 型叶轮式孔口瞬时流量计，它利用叶轮转速测定管中水的流速，从而换算出流量，叶轮转速由电子仪器读出。优点是体积小、质量轻、操作简便，但也不能用于空压机抽水。

（三）抽水试验的技术要求

1. 稳定流抽水试验的主要技术要求

稳定流抽水试验，在技术要求上主要有水位降深（或落程）、水位降和流量稳定后的抽水延续时间及水位和流量的观测等。

（1）对水位降深的要求

水位降深（或落程）是指天然情况下的静水位与抽水时稳定动水位间的距离。

正式的稳定流抽水试验，一般要求进行三次不同水位降深（落程）的抽水，并要求各次降深的抽水连续进行，以便于确定流量（Q）和水位降（s）之间的关系，提高水文地质参数的计算精度和预测更大水位降深时井的出水量。对于富水性较差的含水层或非开采层，或最大降深未超过 1m 时，可只做一次最大降深的抽水试验。对于松散孔隙含水层，为有助于在抽水孔周围形成天然的过滤层，一般采用正向抽水，降深次序由小到大$\left(s_1 \to s_2 \to s_3\right)$，对于裂隙含水层，为了使裂隙中充填的细粒物质吸出，增加裂隙的导水性，可采用反向抽水，降深次序由大到小$\left(s_3 \to s_2 \to s_1\right)$。

对最大降深值的要求主要取决于试验目的，当为求参数时，降深值可小些，为地下水资源评价和疏干计算，降深值应能保证外推至设计要求，一般抽水试验所选择的最大水位降深值$\left(s_{max}\right)$，对潜水含水层，$s_{max}=\left(\frac{1}{3}\sim\frac{1}{2}\right)H$（$H$ 为潜水含水层厚度），对承压含水层，s_{max} 为承压含水层顶板以上的水头高度。对于三次不同水位降深的抽水试验，其余两次降深可均匀分布，即 $s_1=\frac{1}{3}s_{max}$，$s_2=\frac{2}{3}s_{max}$，以便绘制 $Q-s$ 曲线。当含水层富水性较好，而勘探中使用的水泵出水量又有限时，则很难达到上述抽水降深的要求，此时，s_{max} 等于水泵的最大扬程（或吸程）即可。另外，最小降深和两次降深之差，一般均不得小于 1m。

（2）稳定延续时间

稳定延续时间是指抽水试验孔在某一降深下水位降和流量趋于稳定后的抽水延续时间，它实际上是抽水过程中井的渗流场达到近似稳定后的延续时间。对稳定延续时间提出要求，主要是检验抽水量和补给量是否达到平衡，以此来保证抽水井的水位和流量真正达到稳定状态，满足稳定流抽水试验对水位和流量均应达到稳定的要求，保证试验的可靠性。稳定延续时间愈长，愈容易发现微小而有趋势性的变化和临时性补给所造成的短暂稳定或某些假稳定。

如果抽水试验的目的仅为获得含水层的水文地质参数，水位和流量的稳定延续时间可短些，一般 24h 即可。如果还必须确定出水井的出水能力，则水位和流量的稳定延续时间应长些，一般至少应达到 48 ～ 72h 或者更长。无论何种目的试验，当抽水试验带有专门的水位观测孔时，距主孔最远的水位观测孔的水位稳定延续时间不应少于 2 ～ 4h。此外，在确定抽水试验是否真正达到稳定状态时，还必须注意：①稳定延续时间必须从抽水孔的水位和流量均达到稳定后计算；②要注意抽水孔和观测孔水位或流量微小而有趋势性的变化。如果存在这种变化，说明抽水试验尚未真正进入稳定状态。

《供水水文地质勘查规范》中关于抽水试验稳定延续时间要求是：①卵石、圆砾和粒砂含水层为 8h；②中砂、细砂和粉砂含水层为 16h；③基岩含水层（带）为 24h。

通常，抽水孔水位波动不超过平均水位降深的 1%，涌水量波动不可以超过抽水

量的 3% 即可视为稳定。水位、流量波动值按下式计算：

$$波动值=\frac{最大值（或最小值）-平均值}{平均值}\times 100\%$$

当降深较小（＜10m）时，水位波动值以 3～5cm 为限，然不能有趋势性的变化（如持续下降或上升）。

（3）水位和流量观测要求

抽水前应观测天然条件下的静水位，并测量井（孔）深。

抽水过程中，水位、流量应同时观测，观测时应先密后疏。一般，应在抽水开始后的第 5min，10min，15min、20min、25min、30min 各测一次，以后每隔 30min 或 60min 观测一次，直至水位、流量稳定，并符合稳定延续时间的要求。水位观测精度精确到厘米，当用堰板或堰箱测流量时，读数准确到毫米，对多孔抽水试验（在一个井孔中抽水，周围有观测孔），抽水孔与观测孔应同步观测。抽水停止或中断后，应观测恢复水位，恢复水位的观测频率与抽水时相同。

另外，抽水过程中，应观测水温、气温，一般 2～4h 同步观测一次，并和水位、流量观测时间相对应。抽水结束前，一般应取水样，进行水质分析。

2. 非稳定流抽水试验的主要技术要求

非稳定流抽水试验，可分为定流量抽水（流量保持定值，水位降深随时间变化）和定降深抽水试验（水位降深为定值，流量随时间变化）。在实际生产中一般多用定流量非稳定流抽水试验。在自流孔中可进行涌水试验（固定自流水头高度，而自流量逐渐减少至稳定）。当模拟定降深疏干或开采地下水时，也可用定降深抽水试验。

下面以定流量非稳定流抽水试验为例，说明其主要技术要求。

（1）抽水流量及流量、水位的观测要求

在定流量非稳定流抽水试验中，流量应始终保持定值，并且抽水流量在抽水井中产生的水位降深不应超过所使用的水泵的吸程。对探采结合孔，应尽量接近设计需水量。另外，也可参考勘探井洗井时的水位降深和出水量来确定抽水流量值。

非稳定流抽水试验的流量、水位观测与稳定流抽水试验要求基本相同。流量和水位观测应同时进行，观测的时间间隔比稳定流抽水要小，观测频率（主要是抽水前期的观测频率）比稳定流抽水试验要密。一般，宜在抽水开始后第 1min、2min、3min、4min、6min，8min、10min、15min、20min、25min、30min、40min、50min、60min、80min、100min、120min 各观测一次，之后可每隔 30min 观测一次，直至满足非稳定流抽水延续时间的要求或直至水位、流量稳定。有时，为了提高试验精度，根据实际情况，也可加密观测。抽水孔与观测孔水位必须同步观测。停抽或因故中断抽水时，应观测恢复水位，观测频率应与抽水时一致，水位应恢复或接近恢复到抽水前的静止水位。由于水位恢复资料不受人为抽水的影响，所以常比利用抽水资料计算水文地质参数可靠。

（2）抽水延续时间

抽水延续时间主要取决于试验的目的、任务、水文地质条件、试验类型、参数计算方法等，不同抽水的延续时间差别很大。当抽水试验的目的主要是求得含水层的水文地质参数时，抽水延续时间一般不必太长，通常不超过24h，只要水位降深（s）-时间对数（$\lg t$）曲线形态比较固定和能明显地反映出含水层的边界性质即可停抽。

非稳定流抽水试验的延续时间，也要考虑求参方法的要求。例如，当试验层为无界承压含水层时，常用配线法和直线图求解参数，前者虽然只要求抽水试验的前期资料，但后者通常要求$s-\lg t$的直线段（即参数取值段）能延续两个以分钟为单位的对数周期，故总的抽水延续时间应达到3个对数周期，即1000min，约17h，如有多个水位观测孔，则要求每个观测孔的水位资料均要符合此要求。

当有越流补给时，$s\left(\Delta h^2\right)-\lg t$曲线出现拐点，抽水延续时间宜至拐点后的线段趋于水平。即用拐点法计算参数，抽水至少应延续到出现最大降深（$S_{\max}$）能判定拐点为止。如需利用稳定状态时段的资料，则水位稳定段的延续时间应符合稳定流抽水试验稳定延续时间的要求。

如抽水试验的目的是为了判定边界位置和性质，则抽水的延续时间应进行到$s-\lg t$曲线能可靠地反映出含水层边界性质为止，保证试验任务的完成。例如，对于定水头补给边界，抽水应延续到合乎稳定状态要求，对于隔水边界，$s-\lg t$曲线的斜率应出现明显增大段，如为直线隔水边界，抽水应延至$s-\lg t$曲线图上的第二直线段。

3. 群孔干扰抽水试验的主要技术要求

群孔干扰抽水试验的主要目的是进行试验性开采抽水或是求矿井在设计疏干降深下的排水量，或对某一开采量条件下的未来水位降做出预报，或判定区域边界性质等。为便于计算，各干扰井孔的井深、井径和过滤器安装深度应尽量相同，各抽水孔抽水起止时间应该相同，一般应尽抽水设备能力进行一次最大降深抽水。此类型的抽水试验，可以是稳定流抽水试验，也可以是非稳定流抽水试验，对抽水过程中出水量和水位应同步观测。

开采性抽水试验或大型群孔抽水试验，还应满足以下技术要求：

第一，为了提高水量计算的保证程度，抽水试验一般在枯水期进行。如还需通过抽水试验求得水源地在丰水期所获得的补给量，则抽水试验应延续到丰水期。该类型的抽水试验，其抽水和稳定时间不应少于一个月。

第二，对于供水水文地质勘查来说，一般多进行稳定流的开采抽水试验。

第三，一般应模拟未来的开采方案进行抽水，通常抽水量要接近设计开采量，或至少达到设计开采量的1/3以上。

第四，开采性抽水试验的水位降深应尽可能接近水源地（或地下疏干工程）设计的水位降深，至少应使下降漏斗中心达到设计水位降深的1/3，特别是当需要通过抽水时地下水流场分析或查明某些水文地质条件时，更须有较大的水位降深。

（四）抽水试验的现场工作及资料整理

1. 抽水试验的现场工作

正式抽水前应进行以下准备工作：①掌握试段的水文地质条件，其中主要是试验层的埋藏、分布、边界条件与地表水的联系等；②掌握抽水孔和观测孔位置、距离、结构、孔深、止水及过滤器的安置，以及相应的水文地质剖面；③检查抽水设备、动力装置等；④检查各种用具、记录表格是否齐备；⑤构筑或检查排水设施；⑥进行试抽。通过试抽可以进一步洗孔，还可全面检查抽水试验的各项准备工作，便可预测最大降深及相应的涌水量、分配各次降深值等。

抽水试验的现场观测和记录，主要内容包括：①测量抽水前后的孔深。此项工作的目的是核查抽水段深度、层位，判断抽水过程中是否发生了井的淤塞。②观测天然水位（静止水位）。③观测抽水过程中的流量和动水位（水位降深）。流量和动水位（水位降深）应同时观测，主孔和观测孔的水位应同步观测。抽水停止后，观测恢复水位。④观测水温、气温。水温、气温应同时观测．一般每隔 2 ～ 4h 观测一次。⑤在抽水结束前，一般应取水样进行水质分析。

2. 抽水试验资料的整理

在抽水试验进行过程中，应及时对抽水试验的基本观测数据——抽水流量（Q）和水位降深（s）等观测数据进行现场检查与整理，并绘制出相应的关系曲线，这有助于及时掌握试验情况，发现异常或错误，指导或促使抽水试验正常、顺利进行。

（1）稳定流（单孔）抽水试验的现场资料整理

第一，绘制流量、水位历时曲线（$Q-t$ 和 $s-t$ 曲线）。针对稳定流抽水试验，在试验过程中应及时绘制 $Q-t$、$s-t$ 曲线图（图 3-20）。在正常抽水情况下，$Q-t$ 曲线与 $s-t$ 曲线近乎平行，$Q-t$、$s-t$ 曲线可帮助我们及时了解抽水试验是否正常进行，同时可根据 $Q-t$、$s-t$ 曲线变化趋势，合理制订稳定延续时间的起点和确定稳定延续时间。

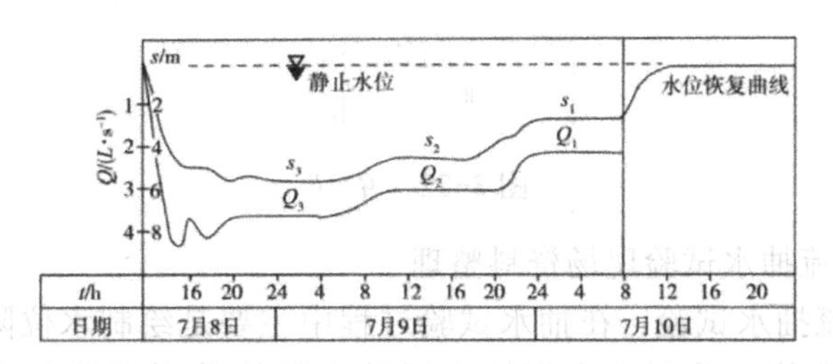

图 3-20 $Q-t$ 及 $s-t$ 过程曲线

第二，绘制涌水量与水位降深曲线（$Q-s$ 曲线）和单位涌水量与水位降深关系曲线（$q-s$ 曲线）。根据稳定流抽水试验资料，将三次降深值和对应的流量标绘在 $Q-s$ 坐标图上，即为 $Q-s$ 曲线图（图 3-21）。单位涌水量（q）指某次降深内，水位下降 1m 时井孔的出水量。即：$q_i = \frac{Q_i}{s_i}(i=1,2,3)$，将三次降深所对应的单位涌水量，标绘在$q-s$坐标图上，即为$q-s$曲线图（图 3-22）。$q-s$曲线与$Q-s$曲线是相对应的，两种曲线可以帮助我们了解含水层的水力特征（含水层类型）、边界性质、钻孔的出水能力，检查试验是否有误等。常见$Q-s$、$q-s$曲线类型有 5 种（图 3-21，图 3-3-22）：曲线Ⅰ为直线型，表示承压井流（或厚度很大、降深相对较小的潜水井流）；曲线Ⅱ为抛物线型，多为潜水（或为承压转无压井流，或为三维流、紊流影响下的承压井流）；曲线Ⅲ为幂曲线，表明含水层规模有限，水源不足，补给条件不好；曲线Ⅳ为对数曲线，表明含水层补给条件差，或者补给量衰竭，或水流受阻；曲线Ⅴ表明试验有误，但也可能是在抽水过程中，原来被堵塞的裂隙、岩溶通道被突然疏通等而出现的异常情况。

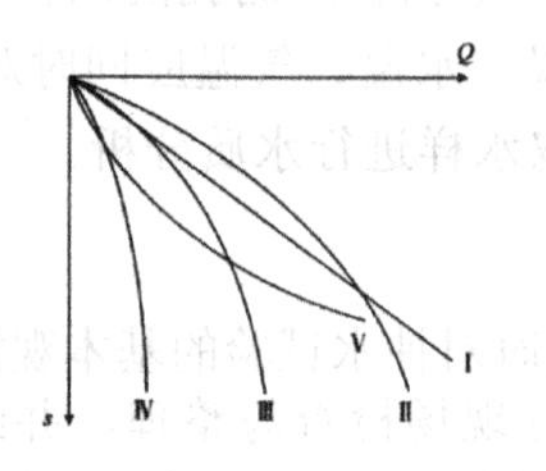

图 3-21　$Q-s$ 曲线图

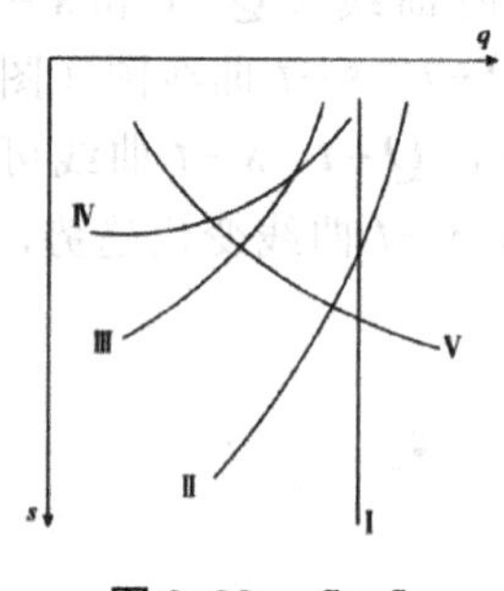

图 3-22　$q-s$

（2）非稳定流抽水试验现场资料整理

对于非稳定流抽水试验，在抽水试验过程中主要是绘制水位降深和时间的各类关系曲线，这些曲线，除用于掌握抽水试验进行的是否正常和帮助确定试验的延续、终止时间外，主要是为了计算水文地质参数，故在抽水试验现场应编制出能满足所选用参数计算方法要求的曲线形式。在一般情况下，主要是编制$s-\lg t$曲线或$Lgs-\lg t$曲线，当水位观测孔较多时还需编制$s-\lg t$或$s-\lg\frac{t}{r^2}$曲线（r为观测孔至抽水主孔距离）。停抽后的水位恢复观测资料较规整，据此资料计算参数较方便准确。一般应编绘 $s'-\lg\left(1+\dfrac{t_p}{t'}\right)$ 曲线或 $s^{*}-\lg\left(1+\dfrac{t_p}{t'}\right)$，这其中 s' 为剩余水位降深，s^{*} 为水位回升高度，上为抽水开始至停抽时间，t_p 为从抽水主井停抽后算起的水位恢复时间。

（3）群孔干扰抽水试验现场资料整理

群孔干扰抽水试验现场资料整理内容主要包括：①编制各抽水孔和观测孔的 $s-t$ 曲线（主要用于稳定流抽水）、$s-\lg t$ 曲线（非稳定流抽水）和各抽水孔及群孔的 $Q-t$ 曲线图；②绘制试验区抽水开始前的初始等水位线图；③绘制不同抽水时刻的等水位线图，不同方向的水位下降漏斗剖面图；④绘制水位恢复阶段的等水位线图。

（4）室内资料整理

抽水试验的室内资料整理，其主要包括以下几方面工作：①原始观测数据整理；②参数计算；③绘制抽水试验综合成果图表，内容包括井孔位置、水文地质综合柱状图、抽水试验技术资料表，$Q-t$、$s-t$ 曲线，$Q-s$ 曲线、$q-s$ 曲线，$s-\lg t$ 曲线（非稳定流抽水试验）等，试验数据、参数等抽水成果表，水质分析表等；④试验小结。

二、其他试验

本任务简单介绍其他试验的方法及技术要求，其中渗水试验指的是一种在野外现场测定包气带土（岩）层垂向渗透性的简易方法。注水试验，当钻孔中地下水位埋藏很深或试验层为透水不含水时，近似地测定该岩层的渗透系数。地下水实际流速测定采用示踪试验法，可直接用于地下水断面流量的计算。连通试验是采用水位传递法、示踪试验法、气体传递法，确定研究地段上地下水流经具体途径的一种有效方法。要求了解其他试验资料的整理与成果应用。

（一）渗水试验

渗水试验是一种在野外现场测定包气带土（岩）层垂向渗透性的简易方法。在研究大气降水、灌水、渠水、暂时性地表水流对地下水的补给量时，常需进行此种试验。

试验方法主要有试坑法、单环法和双环法，其中，前两种方法多用于粗粒岩石和砂性土，后一种方法主要用于黏性土和其他松散岩层。

1. 试坑法

其方法是在试验层中开挖一个截面积不大（0.3 ～ 0.5 m²）的方形或圆形试坑，不断将水注入坑中，并使坑底的水层厚度保持一定（一般为10cm 厚，图 3-23），当单位时间注入水量（即包气带岩层的渗透流量）保持稳定时，可根据达西渗透定律计算出包气带土层的渗透系数（K），即

$$K=\frac{v}{I}=\frac{Q}{\omega I}$$

其中，

$$I=\frac{H_k+Z+L}{L}$$

式中：

Q 为稳定渗入流量（m^3/d）；υ 为渗透水流速度（m/d）；ω 为渗水坑的底面积，即过水断面面积（m^2）；I 为垂向水力坡度；H_k 为包气带岩土层的毛细上升高度（m），可直接测定或用经验数据；Z 为渗水坑内水层厚度（m）；L 为水从坑底向下渗入的深度（m），可通过试验前在试坑外侧 3 ～ 4m 外和试验后在坑中钻两个小径钻孔取土样，测定其不同深度岩土的含水量（湿度）值的变化，经对比之后确定。

在通常情况下，当渗入水到达潜水面后，H_k =0，又因 Z 小于 L，故由式公式计算求得的水力坡度近似等于 1（即 $I\approx 1$）。于是公式可写成

$$K=\frac{Q}{\omega}=v$$

公式说明，在通常条件下，包气带土层的垂向渗透系数（K）实际上等于渗入水在包气带土层中的渗透速度（υ），即等于试坑底单位面积上的渗透水量。

由于试坑法直接从试坑中渗水，未考虑渗入水向试坑以外土层中侧向渗入的影响（图 3-23），故所求得的 K 值常常偏大。

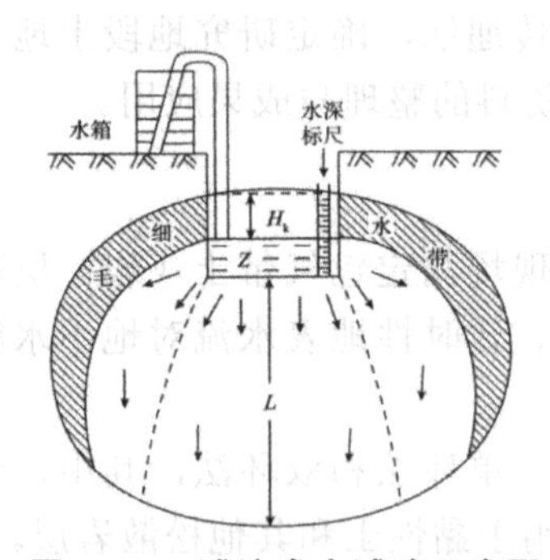

图 3-23　试坑渗水试验示意图

2. 环渗法

为了克服试坑法侧向渗水的影响，常采用环渗法，环渗法有单环法和双环法。其中单环法是在试坑中嵌入一个铁环（直径约 35.75cm，高一般为 0.5m），以减少侧渗，提高精度，双环法的渗水试验装置如图 3-24 所示，在整个装置置于试坑中，

装置由内、外圆环及马氏瓶组成。内外环间水体下渗所形成的环状水帷幕即可阻止内环水向侧向渗透，使其竖直渗入，以便用内环渗水资料更精确的计算渗透系数（K），马氏瓶为定水头自动给水装置，为防止冲刷，环内还应铺设2cm厚的砾石层。试验时，用两瓶分别向内、外环注水，并记录渗水量，直至流量稳定并延续2～4h，即可停止注水，此时通过内环的稳定渗透速度，就是包气带岩石的渗透系数，即$K=v$。一般双环法的精度高于单环法。

在野外进行渗水试验时，为了说明试验过程和渗透速度的变化情况，一般要求在试验现场绘制渗透速度（v）随时间（t）变化的过程线（图3-25），其稳定后的v值，即为包气带岩土层的渗透系数（K）。因水体下渗时常常不能完全排出岩层中的空气，对渗水试验结果有一定影响。

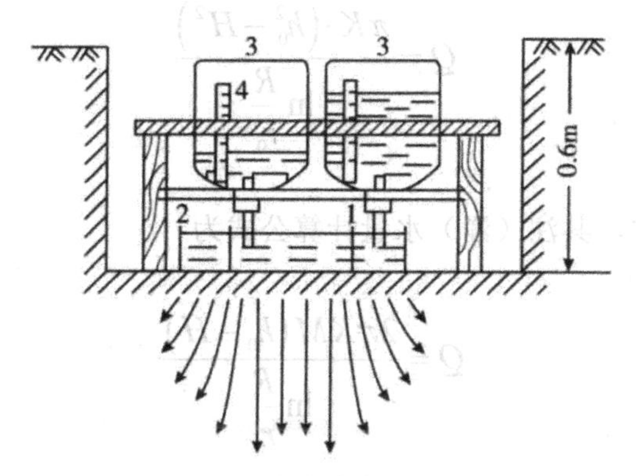

图3-24　双环法试坑渗入试验装置图

1—内环（直径0.25m）；2—外环（直径0.5m）；3—自动补充水瓶；4—水量标尺（单位为m）

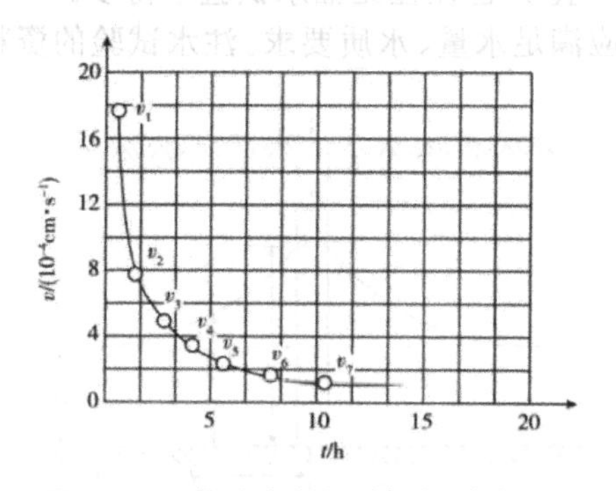

图3-25　渗透速度与时间关系曲线图

（二）钻孔注水试验

当钻孔中地下水位埋藏很深或试验层为透水不含水时，可用注水试验代替抽水试验，近似地测定该岩层的渗透系数。注水试验还可用于人工补给和废水地下处理研究。

注水试验形成的流场，正好和抽水试验相反（图 3-26），抽水试验是在含水层天然水位以下形成上大、下小的正向疏干漏斗，而注水试验则是在地下水天然水位以上形成反向的充水漏斗。目前一般是采用稳定注水方法，不稳定注水方法很少用。

一般，注水试验是向井内定流量注水，抬高井中水位，待水位稳定并延续至符合要求时，可停止注水，观测恢复水位，对稳定后延续时间的要求，与抽水试验相同。

对于稳定流注水试验，其渗透系数计算公式的建立过程与抽水井正好相反，其不同点仅是注入水的运动方向和抽水井中地下水运动方向相反，由此水力坡度为负值。

潜水完整注水井，其注（涌）水量计算公式为（图 3-26）

$$Q=\frac{\pi K\cdot\left(h_0^2-H^2\right)}{\ln\frac{R}{r_0}}$$

承压完整注水井，其注（涌）水量计算公式为

$$Q=\frac{2\pi KM\left(h_0-H\right)}{\ln\frac{R}{r_0}}$$

注水试验常常是在不具备抽水试验条件下进行的，由于洗井往往不彻底或不能进行选井（孔内无水或未准备洗井设备），同一水头差下注入流量往往比抽水偏小，所以所求得的渗透系数（K）也往往比抽水试验小得多。

注水试验所用水源应满足水量、水质要求。注水试验的资料整理和抽水试验相似。

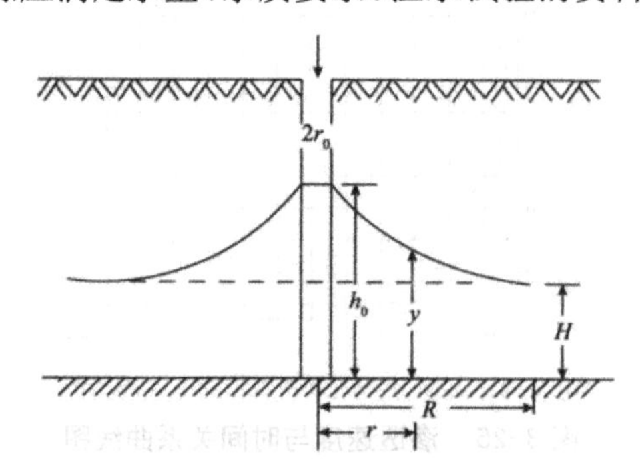

图 3-26　潜水注水井示意剖面图

（三）地下水实际流速和流向的测定

地下水实际流速和流向的测定是密切相关的，在测定地下水实际流速前应先测定或确定地下水流向。

1. 地下水流向的测定

地下水的流向是阐明区域地下水径流条件，确定地下水补给方向和流量计算断面的方向、正确布置地下水取水、排水、堵水截流工程设施以及示踪试验井组位置等必不可少的依据。地下水流向的测定（确定）方法主要有：①根据等水线图确定：即垂直等水位线由高到低的方向就是地下水流向；②物探方法：如用充电法确定地下水流向，详见有关物探书籍；③三角形井孔法确定地下水流向：大体按等边三角形布置三个钻孔（图 3-27），并测定天然地下水位，用插值的方法作出等水位线，垂直等水位线由高到低的方向即为地下水流向（图 3-27）。

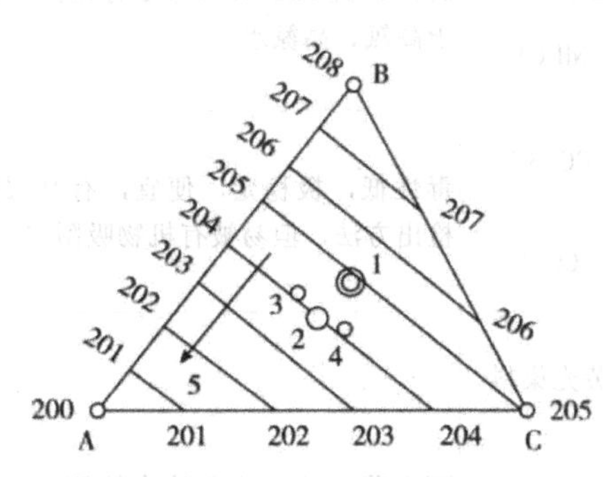

图 3-27 地下水流向、流速测定钻孔布置示意图

1—投放示踪剂孔；2—主要流速观测孔；3，4—辅助观测孔；5—地下水流向
A，B，C—地下水位观测孔（水位标高：m）

2. 地下水实际流速测定

地下水实际流速，可直接用于地下水断面流量的计算，判断水流属层流或是紊流，可研究化学物质在水中的弥散，确定含水层的一些参数以及作为决定地下水灌浆中一些技术措施的依据等。测定地下水实际流速的方法有两种，一种为示踪试验法，另一种为物探方法，这里仅说明前者的试验方法。

第一，测定流速前先测定地下水流向，方法同前。

第二，布置投放示踪剂孔（注入孔）和观测孔（接受孔）。在地下水流向已知的基础上，沿地下水流向至少布置两个井孔，上游孔为投放示踪剂（或称指示剂）孔或注入孔，下游孔为观测孔或接受孔（取样孔），为防止流向偏离，可在下游孔两侧按圆弧相距 0.5 ～ 5.0m 各布置一个辅助观测孔（图 3-27）。上游孔与下游孔之间距离主要取决于岩石透水性。如为细砂，一般相距 2 ～ 5m，透水性好的裂隙岩石一般为 10 ～ 15m。

第三，选择示踪剂并在注入孔中投放，在观测孔中进行接受监测。应根据试验条件和要求选择合适的示踪剂。目前我国测定实际流速主要采用的是化学试剂和染料，见表 3-6。进行试验时，首先将示踪剂以瞬时脉冲方式注入投剂孔（注入孔）中的含水层段，之后用定深取样分析方法或定深探头（如离子探针等）定时观测观测井（接受井）中示踪剂的出现，待示踪剂晕的前缘在观测孔中出现后，应加密观测（取样）次数，以准确地测定出示踪剂前缘和峰值到达观测井时间。

表 3-6　示踪剂类型、特点和应用条件

类型		示剂名称	特点	应用条件
化学试剂	电解液	NaCl（食盐）	氯化物便宜，具有较高的导电性和较弱的被吸附性，但检验灵敏度低，用量大，会改变水的相对密度、流速、流向。且 $CaCl_2$、NH_4Cl 有毒，不能用于高氯、高氮水	NaCl（食盐）示踪剂应用最广，适用于淡水和透水性较好的含水层
		$CaCl_2$		
		NH_4Cl		
	碳氟化合物	CCI3F	毒性低，极稳定，便宜，有高灵敏的检出方法，但易被有机物吸附	不能用于煤、油页岩、含油气层
		CC_2F		
染色剂		荧光染料	可用荧光计或比色计直接测定．灵敏度较高	适用于高矿化含水层或弱透水层
		亚甲基蓝		
		玫瑰精 B		
放射性物质（同位素）		^{131}I	用量小，能在较长距离示踪，但需专门仪器检测	适用于包气带、饱水带
		^{82}Br		
		^{2}H		
微生物		酵母菌	无毒、便宜、易检出	既可用于孔隙，又可用于较大岩溶通道

第四，计算地下水实际流速。因为投放示踪剂孔与观测孔的距离是已知的，所以确定地下水实际流速的问题实际上就是确定示踪剂从投放示踪剂孔到达观测孔的时间。示踪剂在孔隙和裂隙中的运动，不是活塞式的推进，而是以对流 - 弥散方式进行的，由于空隙通道的复杂性，观测孔中示踪剂浓度历时曲线也是复杂多样的，它主要取决于岩性、示踪剂类型及投剂孔和观测孔间的距离等，一般条件下观测孔中示踪剂浓度历时曲线如图 3-28 所示。实际上，在所测流速用于供水时，常取方点

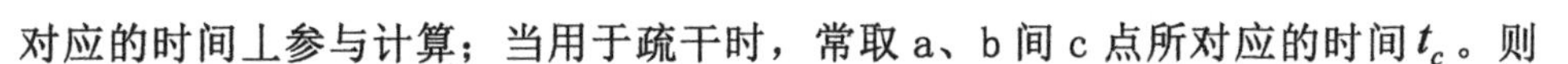

对应的时间上参与计算；当用于疏干时，常取 a、b 间 c 点所对应的时间 t_c。则

$$地下水实际流速（u）=\frac{渗透途径长度（投放示踪剂孔与观测孔间的距离，L}{示踪剂从投放示踪剂孔到达观测孔所需时间（t）}$$

（四）连通试验

连通试验实际上是一种示踪试验，它是在上游某个地下水点（水井、岩溶竖井、落水洞、地下暗河表流段、坑道等）投入某种示踪剂，在下游地下水点（除前述各类水点外，尚包括泉水、岩溶暗河出口等）监测示踪剂是否出现，以及出现的时间和浓度，从而确定其连通情况。连通试验是确定研究地段上地下水流经具体途径的一种有效方法，主要用于研究和查明岩溶地下水的运动途径、速度、地下河系的连通、延展与分布情况、地表水与地下水的转化关系，以及寻找矿坑（井）涌水的水源和通道，查明水库漏失途径，判断地下水分水岭的位置等。

由于连通试验主要是查明地下水系统的补、径、排条件，因此，对试验井点布置及试验方法没有严格的要求，一般多利用现有的人工或天然地下水点和岩溶通道，监测水点应尽可能多，常用的试验方法简介如下：

1. 水位传递法

一般是利用天然的岩溶通道，对天然地下水流进行堵、闸、放水或抽水、注水等，以改变地下水流水位，而在上、下游岩溶水点（包括钻孔）和其他点上观测水位、流量的变化，从而确定其连通性及具体途径。这种方法主要用于查明岩溶管流区岩溶水点间的联系。但也应考虑到，这种方法可能引起地下水天然流动方向的改变。

2. 示踪试验法

一般多在岩溶管道发育区和裂隙岩溶区进行此种试验。常利用天然岩溶水点投放和接收示踪剂，一般可选用谷糠、锯屑、石松抱子、漂浮纸片等作为示踪剂（物）。对于流量较大的地下暗河还可用浮漂式小型定时炸弹和电磁波发射器来查明地下暗河流经途径和位置。近年来，一种微小彩色塑料粒的示踪物得到应用，此法除查明水点间连通性外，还可大致估算地下水流速。

3. 气体传递法

对无水或非充满水的通道，可用烟熏、施放烟幕弹等方法，探明通道的连通性及连通程度，然一般只能做近距离试验。

第五节　地下水动态监测

一、地下水动态长期观测孔（网）的布置

地下水动态观测孔网的位置，主要决定于水文地质调查目的任务、调查阶段和水文地质条件等。根据其目的任务，可把地下水动态观测孔网分为区域性基本观测网和专门性观测网两种。前者的主要任务是研究地下水动态的一般变化规律，查明地下水动态的成因类型，积累区域内地下水动态多年观测资料；后者是为专门目的任务（如供水、地下水管理等）或特殊要求布置的。

区域性基本观测孔网的一般布置原则：①以较少的观测点控制较大的面积，以最低的成本，获得系统、全面和高质量的长观资料；②地下水动态观测点一般应布置成观测（监测）线形式，主要的观测线应穿过地下水不同动态成因类型的地段，沿着区域水文地质条件变化最大的方向布置；③对不同成因类型的动态区、不同的含水层，地下水的补给、径流和排泄区，均应有动态观测点控制，每个观测点都应有代表性和起控制作用；④对次要的、有差异性的地段和特殊变化点上应设辅助观测孔；⑤观测孔网一般要与均衡研究结合起来。

为供水、水量、水质计算和地下水资源管理等专门目的而布置的长期观测孔，主要是为建立计算模型、水文地质参数分区及选择参数提供资料，其布置的一般原则是：①为满足地下水数值法计算的需要，地下水动态观测点应布置成网状形式，以求能控制区内地下水流场及水质的变化；②对渗流场中的地下水分水岭、汇水槽谷、开采水位降落漏斗中心、计算区的边界、不同水文地质参数分区及有害的环境地质作用已发生和可能发生的地段，均应有长期观测孔控制；③在多层含水层分布区，应布置分层观测孔组。

长观孔网的布置，还应考虑不同调查阶段的工作要求。一般，在普查阶段，可适当布设一些长期观测孔；在初勘阶段，应建立基本的观测线网和控制性观测井孔；详勘阶段，应增加布设专门性观测线网，并健全地下水动态观测点，观测点、线、网应有机结合。

二、主要技术要求

（一）观测点的要求

地下水动态观测点，主要是井、孔、泉，此外还有暗河出口、矿山井巷水点，地下开挖工程等地下水天然及人工水点。还应设立地表水、气象要素、环境地质现

象等的观测点。要充分利用区内已有的水文地质条件有代表性及井孔结构、地层剖面清楚的井孔作观测点。选择泉水点时，要注意泉的典型性与代表性，还要考虑测流方便。

观测孔的结构取决于含水层性质、观测层数和内容，如松散层应设置过滤器，一孔观测多层则要求分层止水，孔径应保证能安装各层测水管，如观测井孔有测流量的要求，其孔径应满足下入抽水设备。同孔分层水位观测孔结构如图3-28和图3-29所示。观测孔的深度，根据要求可以是完整孔或非完整孔。后者的孔深应保证观测到最低水位。通常观测孔孔口应高出地面，并在孔口加保护帽。孔口应有固定的观测水准（高程）。对每个观测点，均要建立技术档案资料。

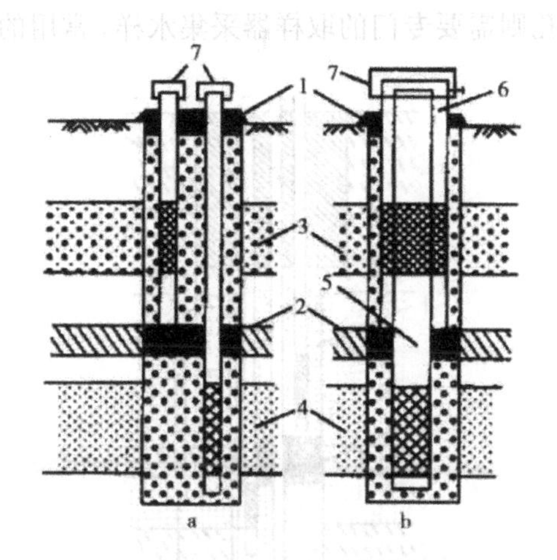

图3-29 同孔分层观测管的安装

a—瞳孔并列式；b—同孔同心式

1—固定井台；2—止水深度；3—第一含水层；4—第二含水层；5 —同心式内管可测第二含水层水位；6—两管之间可测第一含水层水位；7—观测管口保护帽

（二）观测项目和要求

地下水动态观测项目（内容）主要是地下水位、流量（主要是泉、地下河出口、自溢孔和生产井的流量）、水质、水温。必要时还需观测地表水、气象要素、环境地质现象等。

观测频率、次数和时间取决于观测项目（内容）及有关要素的变化快慢。通常，水位、流量、水温每5日观测1次。其中，对水位和流量的观测，在丰水期、水位上升及峰值时期应加密观测。地表水和地下河洪峰时期，可加密至每日两次，以保证能最逼真地反映其变化规律。水质每季度取样分析1次，或在一年的枯水期、丰水期分别采样分析。

同一水文地质单元应力求对各点同时观测，否则应在季节代表性日期内统一观测。为了从动态变化规律中分析出不同动态要素（观测项目）间的相互联系，对各观测项目的观测时间，在一年中至少要有几次是统一的。

水样采集常用硬质玻璃瓶或聚乙烯塑料瓶作为取水容器。对取水容器要进行彻底地清洗，以去除污垢。取水样时再用所采集的水洗涤三次以上。水样采取后应及时封盖，并用石蜡封闭，以防运输途中水溢出。水样采集量与分析项目和分析方法有关，简分析一般需取水样 500 ～ 1000mL；全分析需取水样一般为 1000 ～ 2000mL。当要测定水中不稳定成分时，取样时应同时加放稳定剂。例如，分析侵蚀性 C_2 时，应在取样瓶中加入 $CaCO_3$ 粉末；分析挥发性酚、氰化物时，应在取样瓶中加入 NaOH，使 PH ≥ 12；分析 Al、Pb、Cd 等微量金属时，要在取样瓶中加入硝酸（H_2NO_3）酸化，使 PH ≤ 2 等等。对泉水可以直接从泉口取样，对开采井可以在出水口采集，对观测孔则需要专门的取样器采集水样。常用的采水器如图 3-30 所示。

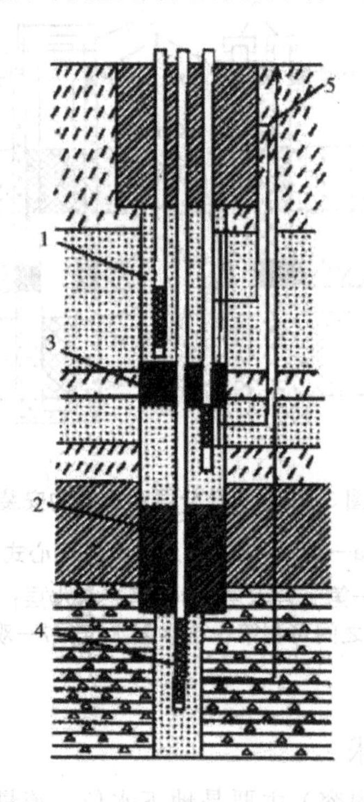

图 3-30　一孔多层水位观测孔结构图

1—砂砾填料；2—黏土止水；3—混凝土堵塞；4—观测孔过滤器；5—水位

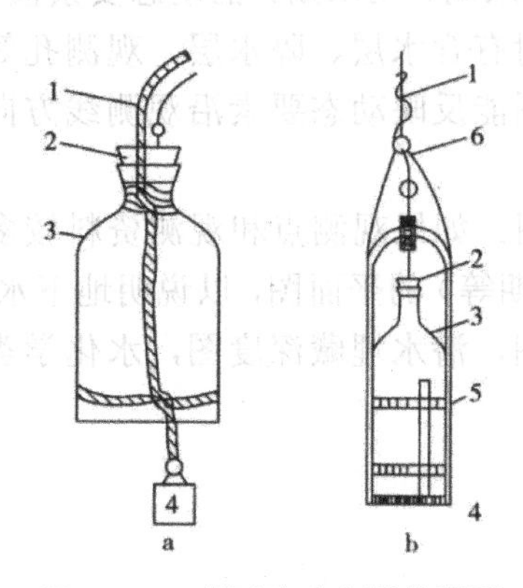

图 3-31 观测孔采水器装置图

a—简易采样瓶；b—采水器
1—绳子；2—带有绳子的橡皮擦；3—采样瓶；4—重锤；5—采水瓶架；6—挂钩

三、地下水动态资料整理

第一，编制地下水动态观测资料统计表（报表）。主要包括地下水动态各要素及水文、气象要素的月、年及多年报表。

第二，绘制地下水动态综合曲线图或各种关系曲线。根据需要和按动态要素与影响因素的相关性，编制各种综合曲线图（把动态要素与主要影响因素的历时变化绘在同一张图上称综合曲线图），或编制动态要素间，或动态要素与影响因素间的关系曲线图。如潜水动态综合曲线图（图 3-32）、潜水位变幅与降水关系曲线图、河水位与地下水位关系曲线图等。

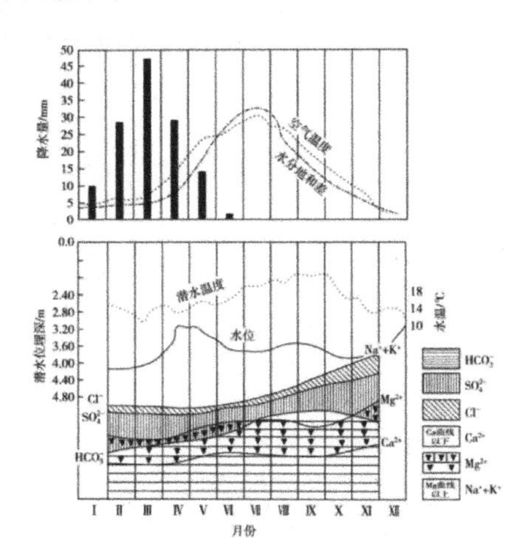

图 3-32 潜水动态综合曲线图

第三，各观测线地下水动态要素剖面图。地下水动态要素剖面图是沿一定方向，把观测点代表性时刻（如丰水期、枯水期）的动态要素值（如水位、水质、水温等）绘制成图，同时图上还应附有含水层、隔水层、观测孔等内容。如水化学剖面图、水位动态剖面图等。剖面图能反映动态要素沿观测线方向上的变化，以及在时间和空间上的变化。

第四，动态要素平面图。如果观测点和观测资料较多，一般还要编制各不同要素在代表性时期（丰、枯水期等）的平面图，以说明地下水动态在平面上的变化规律。如不同时期等水位线系列图，潜水埋藏深度图，水化学类型图，某要素等值线或变幅等值线图等。

第四章 水资源的内部定论

第一节 水资源概述

一、水资源的含义及特性

（一）水资源的含义

水是人类及其他生物赖以生存的不可缺少的重要物质，其也是工农业生产、社会经济发展和生态环境改善不可替代的极为宝贵的自然资源。水资源既是经济资源，也是环境资源。由于对水体作为自然资源的基本属性认识程度和角度的差异性，人们对水资源的涵义有着不同的见解，有关水资源的确切含义仍未有统一定论。

由于水资源所具有的“自然属性”，人类对水资源的认识首先是对“自然资源”含义的了解。自然资源为“参与人类生态系统能量流、物质流和信息流，从而保证系统的代谢功能得以实现，促进系统稳定有序不断进化升级的各种物质”。自然资源并非泛指所有物质，而是特指那些有益于、有助于人类生态系统保持稳定与发展的某些自然界物质，并对于人类具有可利用性。作为重要自然资源的水资源毫无疑问应具有“对于人类具有可利用性”这一特定的含义。

引起对水资源的概念及其涵义具有不尽一致的认识与理解的主要原因在于：水资源是一个既简单又非常复杂的概念。其复杂内涵表现在：水的类型繁多，具有运动性，各种类型的水体具有相互转化的特性；水的用途广泛，不同的用途对水量和水质具有不同的要求；水资源所包含的“量”和“质”在一定条件下是可以改变的；更为重要的是，水资源的开发利用还受到经济技术条件、社会条件和环境条件的制约。正因为如此，人们从不同的侧面认识水资源，造成对水资源一词理解的不一致性及认识的差异性。

综上所述，水资源可以理解为人类长期生存、生活和生产活动中所需要的各种水，既包括数量和质量含义，又包括其使用价值和经济价值。一般认为，水资源概念具有广义与狭义之分。

狭义上的水资源是指人类在一定的经济技术条件下能够直接使用的淡水。

广义上的水资源是指在一定的经济技术条件下能够直接或间接使用的各种水和水中物质，在社会生活和生产中具有使用价值和经济价值的水都可称为水资源。

广义上的水资源强调了水资源的经济、社会和技术属性，突出了社会、经济、技术发展水平对于水资源开发利用的制约与促进。在当今的经济技术发展水平下，进一步扩大了水资源的范畴，原本造成环境污染的量大面广的工业和生活污水构成水资源的重要组成部分，弥补水资源的短缺，从根本上解决长期困扰国民经济发展的水资源短缺问题；在突出水资源实用价值的同时，强调水资源的经济价值，利用市场理论与经济杠杆调配水资源的开发与利用，实现经济、社会与环境效益的统一。

鉴于水资源的固有属性，本书所论述“水资源”主要限于狭义水资源的范围，即与人类生活和生产活动、社会进步息息相关的淡水资源。

（二）水资源的特性

水资源是一种特殊的自然资源，它不仅是人类及其他生物赖以生存的自然资源，也是人类经济、社会发展必需的生产资料，它是具有自然属性和社会属性的综合体。

1. 水资源的自然属性

（1）流动性

自然界中所有的水都是流动的，地表水、地下水、大气水间可以互相转化，这种转化也是永无止境的，没有开始也没有结束。特别是地表水资源，在常温下是一种流体，可以在地心引力的作用下，从高处向低处流动，由此形成河川径流，最终流入海洋（或内陆湖泊）。也正是由于水资源这一不断循环、不断流动的特性，才使水资源可以再生和恢复，为水资源的可持续利用奠定物质基础。

（2）可再生性

由于自然界中的水处于不断流动、不断循环的过程之中，使水资源得以不断地更新，这就是水资源的可再生性，也称可更新性。具体来讲，水资源的可再生性是指水资源在水量上损失（如蒸发、流失、取用等）后和（或）水体被污染后，通过大气降水和水体自净（或其他途径）可以得到恢复和更新的一种自我调节能力。这是水资源可供永续开发利用的本质特性。不同水体更新一次所需要的时间不同，如大气水平均每 8d 可更新一次，河水平均每 16d 更新一次，海洋更新周期较长，大约是 2500 年，而极地冰川的更新速度则更为缓慢，更替周期长达万年。

（3）有限性

水资源处在不断的消耗和补充过程中，具有恢复性强的特征。但实际上全球淡水资源的储量是十分有限的。水循环过程是无限的，水资源的储量是有限的。

（4）时空分布的不均匀性

由于受气候和地理条件的影响，在地球表面不同地区水资源的数量差别很大，即使在同一地区也存在年内和年际变化较大、时空分布不均匀的现象，这一特性给水资源的开发利用带来了困难。例如北非和中东很多国家（埃及、沙特阿拉伯等）降雨量少、蒸发量大，因此，径流量很小，人均及单位面积土地的淡水占有量都极少。相反，冰岛、厄瓜多尔、印度尼西亚等国，以每公顷土地计的径流量比贫水国高出1000倍以上。在我国，水资源时空分布不均匀这一特性也特别明显。由于受地形及季风气候的影响，我国水资源分布南多北少，且降水大多集中在夏秋季节的三四个月里，水资源时空分布很不均匀。

（5）多态性

自然界的水资源呈现多个相态，包括液态水、气态水和固态水。不同形态的水可以相互转化，形成水循环的过程，也使得水出现了多种存在形式，在自然界中无处不在，最终在地表形成了一个大体连续的圈层—水圈。

（6）环境资源属性

自然界中的水并不是化学上的纯水，而是含有很多溶解性物质和非溶解性物质的一个极其复杂的综合体，这一综合体实质上就是一个完整的生态系统，使得水不仅可以满足生物生存及人类经济社会发展的需要，同时也为很多生物提供了赖以生存的环境，是一种环境资源。

2. 水资源的社会属性

（1）公共性

水是自然界赋予人类的一种宝贵资源，其是属于整个社会、属于全人类。社会的进步、经济的发展离不开水资源，同时人类的生存更离不开水。获得水的权利是人的一项基本权利。

（2）多用途性

水资源的水量、水能、水体均各有用途，在人们生产生活中发挥着不同的功能。人们对水的利用可分为三类，即：城市和农村居民生活用水；工业、农业、水力发电、航运等生产用水；娱乐、景观等生态环境用水。在各种不同的用途中，消耗性用水与非消耗性、低消耗性用水并存。不同的用水目的对水质的要求也不尽相同，使水资源具有一水多用的特点。

（3）商品性

水资源也是一种战略性经济资源，具有一定的经济属性。长久以来，人们一直认为水是自然界提供给人类的一种取之不尽、用之不竭的自然资源。但是随着人口的急剧膨胀，经济社会的不断发展，人们对水资源的需求日益增加，水对人类生存、经济发展的制约作用逐渐显露出来。人们需要为各种形式的用水支付一定的费用，水成了商品。水资源在一定情况下表现出了消费的竞争性和排他性（如生产用水），具有私人商品的特性。但是，当水资源作为水源地、生态用水时，仍具有公共商品的特点，所以它是一种混合商品。

（4）利害两重性

水是极其珍贵的资源，给人类带来很多利益。但是，人类在开发利用水资源的过程中，由于各种原因也会深受其害。比如，水过多会带来水灾、洪灾，水过少会出现旱灾；人类对水的污染又会破坏生态环境、危害人体健康、影响人类社会发展等。正是由于水资源的双重性质，在水资源的开发利用过程中尤其强调合理利用、有序开发，以达到兴利除害目的。

二、水资源概况

（一）世界水资源概况

世界水资源的分布是一个关于地球上水源的分布情况。陆地上的淡水资源储量只占地球上水体总量的2.53%，其中固体冰川约占淡水总储量的68.69%。主要分布在两极地区，人类的技术水平还难以利用。液体形式的淡水水体，绝大部分是深层地下水，开采利用的也很小。人类比较容易利用的淡水资源，主要是河流水、淡水湖泊水以及浅层地下水，储量约占全球淡水总储量的0.3%，只占全球总储水量的十万分之七。全世界真正有效利用的淡水资源每年约有9000立方千米。

根据年降水量，世界上水资源最丰富的大洲是南美洲，其中尤以赤道地区水资源最为丰富。相反，热带和亚热带地区差不多只有陆地水资源总量的1%。水资源较为缺乏的地区是中亚南部、阿富汗、阿拉伯和撒哈拉。亚洲的年径流量最多，其次为南美洲、北美洲、非洲、欧洲、大洋洲。从人均径流量的角度看，全世界河流径流总量按人平均，每人约为10000m^3。在各大洲中，大洋洲人均径流量最多，其次为南美洲、北美洲、非洲、欧洲、亚洲。

（二）中国水资源概况

我国幅员辽阔，河湖众多，水资源总量丰富。我国水资源分布特点：年内分布集中，年间变化大；黄河、淮河、海河、辽河四流域水资源量小，长江、珠江、松花江流域水量大；西北内陆干旱区水量缺少，西南地区水量丰富。水资源总数多，人均占有量少，中国水资源总量居世界第四位。人均占有量仅为世界平均值的1/4，约为日本的1/2，美国1/4，俄罗斯1/12。

我国目前有15个省市人均水量低于严重缺水线。其中天津、上海、宁夏、北京、河北、河南、山东、山西、江苏、辽宁十个省市区人均水量低于生存起码标准。

由于受季风气候的影响，我国水资源具有时空分布不均和变率大的特点。在空间分布上，水资源比较集中于长江、珠江及西南诸水系。长江流域及其以南的珠江流域、东南诸河和西南诸河等南方四片区域，平均年径流都在500mm以上，其中东南诸河平均年径流深超过1000mm。北方六片区域中，淮河流域225mm，略低于全国均值，黄河、海河、辽河、松花江四片区域平均年径流深仅为100mm左右，西北内陆河流域平均年径流深仅为32mm。

我国的水资源地区分布与人口、耕地的分布很不相应。水资源分布对我国国民经济布局影响很大，东南沿海、长江流域等水资源丰富地区的社会经济发展水平都高于内陆水资源不丰富的地区。社会经济有较大发展后，对水资源的需求量也会随之加大，水资源供需矛盾将更加突出，水资源成为制约社会经济发展的重要因素。解决缺水地区的水资源的问题，将是保证我国社会经济持续、健康发展的基本措施。

在水资源时程分配上，主要表现为河川径流的年际变化大和年内分配不均，贫水地区的变化一般大于丰水地区。我国自南向北河川径流量年内分配的集中度逐渐增高。一年内短期集中的径流往往造成洪水。正因为如此，我国大多数河流都会出现夏汛或伏汛。华南及东北地区的河流春季会出现桃汛或春汛。受台风影响，东南沿海、海南岛及台湾东部河流会出现秋汛。北方地区大多数河流春季径流量少。

正是由于水资源在空间和时间上分配的不均匀，造成有些地方或某一段时间内水资源富余，而另一些地方或另一段时间内水资源贫乏。因此，可在水资源的开发利用、管理与规划中，水资源的时空再分配将成为克服我国水资源分布不均、灾害频繁状况，实现水资源最有效利用的关键之一。

三、水资源研究现状与发展趋势

20世纪60年代以来，随着世界经济的迅速发展，工农业生产规模的不断扩大，需用水量的不断增加，供用水问题在世界范围内已十分突出。如何加强对水资源合理开发利用、管理与保护，已受到广泛的关注。联合国教科文组织（UNESCO）、粮农组织（FAO）、世界气象组织（WMO）、联合国工业发展组织（UNIDOD）等国际组织广泛开展水资源研究，不断的扩大国际交流。

联合国地区经济委员会、粮农组织、世界卫生组织（WHO）、联合国环境规划署（UNEP）等制定了配合水资源评价的相关活动内容。水资源评价成为一项国际协作的活动。

没有对水资源的综合评价，就谈不上对水资源的合理规划和管理。要求各国进行一次专门的国家水平的水资源评价活动。联合国教科文组织在制定水资源评价计划中，提出的工作有：制定计算水量平衡及其要素的方法，估计全球、大洲、国家、地区和流域水资源的参考水平，确定水资源规划管理和计算方法。

世界气象会议通过了世界气象组织和联合国教科文组织的共同协作项目：水文和水资源计划。它的主要目标是保证水资源量和质的评价，对不同部门毛用水量和经济可用水量的前景进行预测。水文学应作为地球科学和水资源学的一个方面来对待，主要任务是解决在水资源利用和管理中的水文问题，以及由于人类活动引起的水资源变化问题。

随着国际上水资源研究的不断深入，迫切要求利用现代化理论和方法识别和模拟水资源系统，规划和管理水资源，保证水资源的合理开发、有效利用，实现优化管理。经过多学科长期共同努力，在水资源利用和管理的理论和方法方面取得了明显进展。

（一）水资源模拟与模型化

随着计算机技术的迅速发展，以及信息论和系统工程理论在水资源系统研究中的广泛应用，水资源系统的状态与运行的模型模拟已成为重要的研究工具。各类确定性、非确定性、综合性的水资源评价和科学管理数学模型的建立与完善，使水资源的信息系统分析、供水工程优化调度、水资源系统的优化管理与规划成为可能，加强了水资源合理开发利用、优化管理的决策系统的功能和决策效果。

（二）水资源系统分析多目标化

水资源动态变化的多样性和随机性，水资源工程的多目标性和多任务性，河川径流和地下水的相互转化，水质和水量相互联系的密切性，使水资源问题更趋于复杂化，它涉及自然、社会、人文、经济等各个方面。因此在对水资源系统分析过程中更注重系统分析的整体性和系统性。在水资源规划过程中，应用线性规划、动态规划、系统分析的理论寻求目标方程的优化解。现代的水资源系统分析正向着多层次、多目标的方向发展与完善。

（三）水资源信息管理系统

为了适应水资源系统分析与系统管理的需要，目前已初步建立了水资源信息分析与管理系统，主要涉及信息查询系统、数据和图形库系统、水资源状况评价系统、水资源管理与优化调度系统等。水资源信息管理系统的建立和运行，提高了水资源研究的层次和水平，加速了水资源合理开发利用与科学管理的进程，成为水资源研究与管理的重要技术支柱。

（四）水环境理论与技术的先进性

人类大规模的经济和社会活动对环境和生态的变化产生了极为深远的影响。环境、生态的变异又反过来引起自然界水资源的变化，部分或全部地改变原来水资源的变化规律。人们通过对水资源变化规律的研究，寻找这种变化规律与社会发展和经济建设之间的内在关系，以便有效地利用水资源，使环境质量向着有利于人类当今和长远利益的方向发展。与此同时，节水、污水再生回用、水体污染控制与修复的现代理论与技术的研究取得了显著进展。

四、水资源利用与水环境保护工程的任务和内容

国民经济的发展和人类生活水平的提高受水资源状态的制约。水资源的合理开发利用、有效保护与管理是维持水资源可持续利用、良性循环的重要保证，也是维持社会进步、国民经济可持续发展的关键所在。近十几年来，世界范围内水资源状况不断恶化，水资源短缺严重，供需矛盾日益突出，产生的直接原因是盲目和无序地开发利用水资源，开发利用工程布置不合理，尤其也是无节制地扩大开采利用量、

管理不善、保护措施不力。如何有效合理地利用水资源、保护与管理水资源成为世界水资源研究领域的重要研究课题。

第二节 水资源形成

水循环是地球上最重要、最活跃的物质循环之一，它实现了地球系统水量、能量和地球生物化学物质的迁移与转换，构成了全球性的连续有序的动态大系统。水循环把海陆有机地连接起来，塑造着地表形态，制约着地球生态环境的平衡与协调，不断提供再生的淡水资源。因此，水循环对于地球表层结构的演化和人类可持续发展都具有重大意义。

由于在水循环过程中，海陆间的水汽交换以及大气水、地表水、地下水之间的相互转换，形成了陆地上的地表径流和地下径流。由于地表径流和地下径流的特殊运动，塑造了陆地的一种特殊形态、河流与流域。一个流域或特定区域的地表径流和地下径流的时空分布既与降水的时空分布有关，亦与流域的形态特征、自然地理特征有关。因此，不同流域或区域的地表水资源和地下水资源具有不同的形成过程及时空分布特性。

一、地表水资源的形成与特点

地表水分为广义地表水和狭义地表水，前者指的是以液态或固态形式覆盖在地球表面上、暴露在大气的自然水体，包括河流、湖泊、水库、沼泽、海洋、冰川和永久积雪等，后者则是陆地上各种液态、固态水体的总称，包括静态水和动态水，主要有河流、湖泊、水库、沼泽、冰川和永久积雪等，其中，动态水指河流径流量和冰川径流量，静态水指各种水体的储水量。

地表水资源是指在人们生产生活中具有使用价值和经济价值的地表水，包括冰雪水、河川水和湖沼水等，一般用河川径流量表示。

在多年平均情况下，水资源量的收支项主要为降水、蒸发和径流。水量平衡时，收支在数量上是相等的。降水作为水资源的收入项，决定着地表水资源的数量、时空分布和可开发利用程度。由于地表水资源所能利用的是河流径流量，所以在讨论地表水资源的形成与分布时，重点讨论构成地表水资源的河流资源的形成与分布问题。

降水、蒸发和径流是决定区域水资源状态的三要素，三者数量及其之间的变化关系决定着区域水资源的数量和可利用量。

（一）降水

1. 降雨的形成

降水是指液态或固态的水汽凝结物从云中降落到地表的现象，如雨、雪、雾、雹、露、霜等，其中以雨、雪为主。我国大部分地区，一年内降水以雨水为主，雪仅占少部分。所以，通常说的降水主要指降雨。

当水平方向温度、湿度比较均匀的大块空气即气团受到某种外力的作用向上抬升时，气压降低，空气膨胀，为克服分子间引力需消耗自身的能量，在上升过程中发生动力冷却，使气团降温。当温度下降到使原来未饱和的空气达到过饱和状态时，大量多余的水汽便凝结成云。云中水滴不断增大，直到不能被上升气流所托时，便在重力作用下形成降雨。因此，空气的垂直上升运动和空气中水汽含量超过饱和水汽含量是产生降雨的基本条件。

2. 降雨的分类

按空气上升的原因，降雨可分为锋面雨、地形雨、对流雨和气旋雨。

（1）锋面雨

冷暖气团相遇，其交界面叫锋面，锋面与地面的相交地带叫锋，锋面随冷暖气团的移动而移动。锋面上的暖气团被抬升到冷气团上面去。在抬升的过程中，空气中的水汽冷却凝结，形成的降水叫锋面雨。

根据冷、暖气团运动情况，锋面雨又可分为冷锋雨和暖锋雨。当冷气团向暖气团推进时，因冷空气较重，冷气团楔进暖气团下方，把暖气团挤向上方，发生动力冷却而致雨，称为冷锋雨。当暖气团向冷气团移动时，由于地面的摩擦作用，上层移动较快，底层较慢，使锋面坡度较小，暖空气沿着这个平缓的坡面在冷气团上爬升，在锋面上形成了一系列云系并冷却致雨，称为暖锋雨。我国大部分地区在温带，属南北气流交汇区域，因此，锋面雨的影响很大，常造成河流的洪水。我国夏季受季风影响，东南地区多暖锋雨，如长江中下游的梅雨；北方地区多冷锋雨。

（2）地形雨

暖湿气流在运移过程中，遇到丘陵、高原、山脉等阻挡而沿坡面上升而冷却致雨，称为地形雨。地形雨大部分降落在山地的迎风坡。在背风坡，气流下降增温，且大部分水汽已在迎风坡降落，故降雨稀少。

（3）对流雨

在暖湿空气笼罩一个地区时，因下垫面局部受热增温，并与上层温度较低的空气产生强烈对流作用，使暖空气上升冷却致雨，称为对流雨。对流雨一般强度大，但雨区小，历时也较短，并常伴有雷电，又称雷阵雨。

（4）气旋雨

气旋是中心气压低于四周的大气涡旋。涡旋运动引起暖湿气团大规模的上升运动，水汽因动力冷却而致雨，称为气旋雨。按热力学性质分类，气旋可分为温带气旋和热带气旋。我国气象部门把中心地区附近地面最大风速达到12级的热带气旋称为台风。

3. 降雨的特征

降雨特征常用降水量、降水历时、降水强度、降水面积以及暴雨中心等基本因素表示。降水量是指在一定时段内降落在某一点或某一面积上的总水量，用深度表示，以 mm 计。降水的持续时间称为降水历时，以 min、h、d 计。降水笼罩的平面面积称为降水面积，以 km^2 计。暴雨集中的较小局部地区，称为暴雨中心。降水历时和降水强度反映了降水的时程分配，降水面积和暴雨中心反映了降水空间分配。

（二）径流

径流是指由降水所形成的，沿着流域地表和地下向河川、湖泊、水库、洼地等流动的水流。其中，沿着地面流动的水流称为地表径流；沿着土壤岩石孔隙流动的水流称为地下径流；汇集到河流后，在重力作用下沿河床流动的水流称为河川径流。径流因降水形式和补给来源的不同，可分为降雨径流和融雪径流，我国大部分以降雨径流为主。

径流过程是地球上水循环中重要的一环。在水循环过程中，陆地上的降水 34% 转化为地表径流和地下径流汇入海洋。径流过程又是一个复杂多变的过程，与水资源的开发利用、水环境保护、人类同洪旱灾害的斗争等生产经济活动密切相关。

1. 径流形成过程及影响因素

由降水到达地面时起，到水流流经出口断面的整个过程，称为径流形成过程。降水的形式不同，径流的形成过程也各不相同。大气降水的多变性和流域自然地理条件的复杂性决定了径流形成过程是一个错综复杂的物理过程。降水落到流域面上后，首先向土壤内下渗，一部分水以壤中流形式汇入沟渠，形成上层壤中流；一部分水继续下渗，补给地下水；还有一部分以土壤水形式保持在土壤内，其中一部分消耗于蒸发。当土壤含水量达到饱和或降水强度大于入渗强度时，降水扣除入渗后还有剩余，余水开始流动充填坑洼，继而形成坡面流，汇入河槽和壤中流一起形成出口流量过程。故整个径流形成过程往往涉及大气降水、土壤下渗、壤中流、地下水、蒸发、填洼、坡面流和河槽汇流，是气象因素和流域自然地理条件综合作用的过程，难以用数学模型描述。为便于分析，一般把它概化为产流阶段和汇流阶段。产流是降水扣除损失后的净雨产生径流的过程。汇流指净雨沿坡面从地面和地下汇入河网，然后再沿着河网汇集到流域出口断面的整个过程；前者称为坡地汇流，后者则称为河网汇流。两部分过程合称为流域汇流过程。

影响径流形成的因素有气候因素、地理因素和人类活动因素。

（1）气候因素

气候因素主要是降水和蒸发。降水是径流形成的必要条件，是决定区域地表水资源丰富程度、时空分布及可利用程度与数量的最重要的因素。其他条件相同时，降雨强度大、历时长、降雨笼罩面积大，则产生的径流也大。同一流域，雨型不同，形成的径流过程也不同。蒸发直接影响径流量的大小。蒸发量大，降水损失量就大，形成的径流量就小。对于一次暴雨形成的径流来说，虽然在径流形成的过程中蒸发量的数值相对不大，甚至可忽略不计，但流域在降雨开始时土壤含水量直接影响着本次降雨的损失量，即影响着径流量，而土壤含水量与流域蒸发有密切关系。

（2）地理因素

地理因素包括流域地形、流域的大小和形状、河道特性、土壤、岩石与地质构造、植被、湖泊和沼泽等。

流域地形特征包括地面高程、坡面倾斜方向及流域坡度等。流域地形通过影响气候因素间接影响径流的特性，如山地迎风坡降雨量较大，背风坡降雨量小；地面高程较高时，气温低，蒸发量小，降雨损失量小。流域地形还直接影响汇流条件，从而影响径流过程。如地形陡峭，河道比降大，则水流速度快，河槽汇流时间较短，洪水陡涨陡落，流量过程线多呈尖瘦形；反之，则较平缓。

流域大小不同，对调节径流的作用也不同。流域面积越大，地表与地下蓄水容积越大，调节能力也越强。流域面积较大的河流，河槽下切较深，得到的地下水补给就较多。流域面积小的河流，河槽下切往往较浅，因此，地下水补给也较少。

流域长度决定径流到达出口断面所需要的汇流时间。汇流时间越长，流量过程线越平缓。流域形状与河系排列有密切关系。扇形排列的河系，各支流洪水较集中地汇入干流，流量过程线往往较陡峻；羽形排列的河系，各支流洪水可顺序而下，遭遇的机会少，流量过程线较矮平；平行状排列的河系，其影响与扇形排列的河系类似。

河道特性包括：河道长度、坡度和糙率。河道短、坡度大、糙率小，则水流流速大，河道输送水流能力大，流量过程线尖瘦；反之，则较平缓。

流域土壤、岩石性质和地质构造与下渗量的大小有直接关系，从而影响产流量和径流过程特性，以及地表径流和地下径流的产流比例关系。

植被能阻滞地表水流，增加下渗。森林地区表层土壤容易透水，有利于雨水渗入地下，从而增大地下径流，减少地表径流，使径流趋于均匀。对于融雪补给的河流，由于森林内温度较低，能延长融雪时间，使春汛径流历时增长。

湖泊（包括水库和沼泽）对径流有一定的调节作用，能拦蓄洪水，削减洪峰，使径流过程变得平缓。因水面蒸发较陆面蒸发大，湖泊、沼泽增加蒸发量，使径流量减少。

（3）人类活动因素

影响径流的人类活动是指人们为了开发利用与保护水资源，达到除害兴利的目的而修建的水利工程及采用的农林措施等。这些工程和措施改变了流域的自然面貌，从而也就改变了径流的形成和变化条件，影响了蒸发量、径流量及其时空分布、地表和地下径流的比例、水体水质等。例如，蓄、引水工程改变了径流时空分布；水土保持措施能增加下渗水量，改变地表和地下水的比例及径流时程分布，影响蒸发；水库和灌溉设施增加了蒸发，减少了径流。

2. 河流径流补给

河流径流补给又称河流水源补给。河流补给的类型及其变化决定着河流的水文特性。我国大多数河流的补给主要是流域上的降水。根据降水形式及其向河流运动的路径，河流的补给可分为雨水补给、地下水补给、冰雪融水补给以及湖泊、沼泽补给等。

（1）雨水补给

雨水是我国河流补给的最主要水源。当降雨强度大于土壤入渗强度后，产生地表径流，雨水汇入溪流和江河之中，从而使河水径流得以补充。以雨水补给为主的河流的水情特点是水位与流量变化快，在时程上与降雨有较好对应关系，河流径流的年内分配不均匀，年际变化大，丰、枯悬殊。

（2）地下水补给

地下水补给是我国河流补给的一种普遍形式。特别是在冬季和少雨、无雨季节，大部分河流水量基本上来自地下水。地下水是雨水和冰雪融水渗入地下转化而成的，它的基本来源仍然是降水，因其经过地下“水库”的调节，对河流径流量及其在时间上的变化产生影响。以地下水补给为主的河流，其年内分配和年际变化都较均匀。

（3）冰雪融水补给

冬季在流域表面的积雪、冰川，至次年春季随着气候的变暖而融化成液态的水，补给河流而形成春汛。此种补给类型在全国河流中所占比例不大，水量有限。但冰雪融水补给主要发生在春季，这时正是我国农业生产上需水的季节，因此，对于我国北方地区春季农业用水有着重要的意义。冰雪融水补给具有明显的日变化和年变化，补给水量的年际变化幅度要小于雨水补给。这是因为融水量主要与太阳辐射、气温变化一致，而气温的年际变化比降雨量年际变化小。

（4）湖泊、沼泽水补给

流域内山地的湖泊常成为河流的源头。位于河流中下游地区的湖泊，接纳湖区河流来水，又转而补给干流水量。这类湖泊由于湖面广阔，深度较大，对河流径流有调节作用。河流流量较大时，部分洪水进大湖内，削减了洪峰流量；河流流量较小时，湖水流入干流，补充径流量，使河流水量年内变化趋于均匀。沼泽水补给量小，对河流径流调节作用不明显。

我国河流主要靠降雨补给。在华北、西北及东北的河流虽也有冰雪融水补给，但仍以降雨补给为主，为混合补给。只有新疆、青海等地的部分河流是靠冰川、积雪融水补给，该地区的其他河流仍然是混合补给。由于各地气候条件的差异，上述四种补给在不同地区河流中所占比例差别较大。

3. 径流时空分布

（1）径流的区域分布

受降水量影响，以及地形地质条件的综合影响，年径流区域分布，既有地域性的变化，又有局部的变化。我国年径流深度分布的总体趋势与降水量分布一样，由东南向西北递减。

（2）径流的年际变化

径流的年际变化包括径流的年际变化幅度和径流的多年变化过程两方面，年际变化幅度常用年径流量变差系数和年径流极值比表示。

年径流变差系数表示年径流在年际间的相对变化程度，计算公式类同于式。

$$C_v=\frac{\sigma}{Q_{均}}=\frac{1}{Q}=\sqrt{\frac{\sum_{i=1}^{n}\left(Q_i-Q_{均}\right)}{n-1}}=\sqrt{\frac{\sum_{i=1}^{n}(K_i-1)^2}{n-1}}$$

式中 $Q_{均}$ —— 反映水文序列整体（或平均）水平，如多年平均径流量等；

n —— 为实测资料的统计年数；

Q_i —— 每年实测年径流量；

σ —— 均方差，反映水文现象的离散（或离异）程度；

K_i —— 模比系数。

年径流变差系数大，年径流的年际变化就大，不利于水资源的开发利用，也容易发生洪涝灾害；反之，年径流的年际变化小，有利于水资源开发利用。

影响年径流变差系数的主要因素是年降水量、径流补给类型和流域面积。降水量丰富地区，其降水量的年际变化小，植被茂盛，蒸发稳定，地表径流较丰沛，因此年径流变差系数小；反之，则年径流变差系数大。相比较而言，降水补给的年径流变差系数大于冰川、积雪融水和降水混合补给的年径流变差系数，而后者又大于地下水补给的年径流变差系数。流域面积越大，径流成分越复杂，各支流之间、干支流之间的径流丰枯变化可以互相调节；另外，面积越大，因河川切割很深，地下水的补给丰富而稳定。因此，流域面积越大，其年径流变差系数越小。

年径流的极值比是指最大径流量与最小径流量的比值。极值比越大，径流的年际变化越大；反之，年际变化越小。极值比的大小变化规律与变差系数同步。

径流的年际变化过程是指径流具有丰枯交替、出现连续丰水和连续枯水的周期变化，但周期的长度和变幅存在随机性。

（3）径流的季节变化

河流径流一年内有规律的变化，叫作径流的季节变化，取决于河流径流补给来源的类型及变化规律。以雨水补给为主的河流，主要随降雨量的季节变化而变化。以冰雪融水补给为主的河流，则随气温的变化而变化。径流季节变化大的河流，容易发生干旱和洪涝灾害。

我国绝大部分地区为季风区，雨量主要集中在夏季，径流也是如此。而西部内陆河流主要靠冰雪融水补给，夏季气温高，径流集中在夏季，由此形成我国绝大部分地区夏季径流占优势的基本布局。

4. 径流的表示方法

（1）流量

流量 Q 是指单位时间内通过某一过水断面的水量，单位为 m^3/s。流量过程线表示流量随时间变化的过程。时段平均流量等于该时段的径流总量除以时间。

（2）径流总量

径流总量 W 为一定时段内，可通过某一过水断面的水量，单位为 m^3/s。某一时段的径流总量等于该时段内流量过程线下的面积：

$$W=\int_{t_1}^{t_2}Q(t)\mathrm{d}t=\bar{Q}T$$

式中 $Q(t)$ —— 时刻流量；

$\bar{Q}$ —— 计算时段平均流量；

t_1、t_2 时段始、末时刻；

T —— 时段长。

（3）径流深

某一时段径流总量平铺在整个流域上所得的水深称为径流深 R，单位为 mm。计算公式为：

$$R=\frac{W}{1000F}$$

式中 F —— 流域面积，km^2。

（4）径流模数

流域单位面积上所产生的流量称为径流模数M，单位为$m^3/(s\cdot Km^2)$。计算公式为：

$$M=\frac{Q}{F}$$

（5）径流系数

径流系数 α 是指同一时段内径流深 R 与降雨量 P 的比值，并以小数或百分数计。计算公式为：

$$\alpha=\frac{R}{P}$$

对于闭合流域，$R<P$，故 $\alpha<1$。

（三）蒸发

蒸发是地表或地下的水由液态或固态转化为水汽，并进入大气的物理过程，是水文循环中的基本环节之一，也是重要的水量平衡要素，对径流有直接影响。蒸发主要取决于暴露表面的面积与状况，与温度、阳光辐射、风、大气压力和水中的杂质质量有关，其大小可用蒸发量或蒸发率表示。蒸发量是指某一时段如日、月、年内总蒸发掉的水层深度，以 mm 计；蒸发率是指单位时间内的蒸发量，并以 mm/min 或 mm/h 计。流域或区域上的蒸发包括水面蒸发和陆面蒸发，后者包括土壤蒸发和植物蒸腾。

1. 水面蒸发

水面蒸发是指江、河、湖泊、水库和沼泽等地表水体水面上的蒸发现象。水面蒸发是最简单的蒸发方式，属饱和蒸发。影响水面蒸发的主要因素是温度、湿度、辐射、风速和气压等气象条件。因此，在地域分布上，一般冷湿地区水面蒸发量小，干燥、气温高的地区水面蒸发量大；高山地区水面蒸发量小，平原区水面蒸发量大。我国水面蒸发强度的地区分布如下。

600 ～ 800：大小兴安岭，长白山，千山山脉。

800 ～ 1000：长江以南的广大地区。

1200 ～ 1600：青藏高原，西北内陆地区，华北平原中部、西辽河上游区，广东省，广西壮族自治区南部沿海和台湾省西部，海南省和云南省大部。

＞ 2000：塔里木盆地，柴达木盆地沙漠区。

从年蒸发量分区状况可以看出，水面蒸发的地区分布呈现出如下特点：①低温湿润地区水面蒸发量小，高温干燥地区水面蒸发量大；②蒸发低值区一般多在山区，而高值区多在平原区和高原区，平原区的水面蒸发大于山区；③水面蒸发的年内分配与气温、降水有关，年际变化不大。

我国多年平均水面蒸发量最低值为 400mm，最高可达 2600mm，相差悬殊。暴雨中心地区水面蒸发可能是低值中心，例如四川雅安天漏暴雨区，其水面蒸发为长江流域最小地区，其中荥经站的年水面蒸发量仅为 564mm。

2. 陆面蒸发

（1）土壤蒸发

土壤蒸发是指水分从土壤中以水汽形式逸出地面的现象。它比水面蒸发要复杂得多，除了受上述气象条件的影响外，还与土壤性质、土壤结构、土壤含水量、地下水位的高低、地势和植被状况等因素密切相关。

对于完全饱和、无后继水量加入的土壤，其蒸发过程大体上可分为三个阶段：第一阶段，土壤完全饱和，供水充分，蒸发在表层土壤进行，此时蒸发率等于或接近于土壤蒸发能力，蒸发量大而稳定；第二阶段，由于水分逐渐蒸发消耗，土壤含水量转化为非饱和状态，局部表土开始干化，土壤蒸发一部分仍在地表进行，另一部分发生在土壤内部。此阶段中，随着土壤含水量的减少，供水条件越来越差，故其蒸发率随时间逐渐减小；第三阶段，表层土壤干涸，向深层扩展，土壤水分蒸发主要发生在土壤内部。蒸发形成的水汽由分子扩散作用通过表面干涸层逸入大气，其速度极为缓慢，蒸发量小而稳定，直至基本终止。由此可见，土壤蒸发影响土壤含水量的变化，是土壤失水的干化过程，是水文循环的重要环节。

（2）植物蒸腾

土壤中水分经植物根系吸收，输送到叶面，散发到大气中去，称为植物蒸腾或植物散发。由于植物本身参与了这个过程，并能利用叶面气孔进行调节，故是一种生物物理过程，比水面蒸发和土壤蒸发更为复杂，其与土壤环境、植物的生理结构以及大气状况有密切的关系。由于植物生长于土壤中，故植物蒸腾与植物覆盖下土壤的蒸发实际上是并存的。因此，研究植物蒸腾往往与土壤蒸发合并进行。

目前陆面蒸发量一般采用水量平衡法估算，对多年平均陆面蒸发来讲，它由流域内年降水量减去年径流量而得，陆面蒸发等值线即以此方法绘制而得；除此，陆面蒸发量还可以利用经验公式来估算。

我国根据蒸发量为300mm的等值线自东北向西南将中国陆地蒸发量分布划分为两个区。

①陆面蒸发量低值区（300mm等值线以西）

一般属于干旱半干旱地区，雨量少、温度低，如塔里木盆地、柴达木盆地其多年平均陆面蒸发量小于25mm。

②陆面蒸发量高值区（300mm等值线以东）

一般属于湿润与半湿润地区，我国广大的南方湿润地区雨量大，蒸发能力可充分发挥。海南省东部多年平均陆面蒸发量可达1000mm以上。

说明陆面蒸发量的大小不仅取决于热能条件，还取决于陆面蒸发能力和陆面供水条件；陆面蒸发能力可近似的由实测水面蒸发量综合反映，而陆面供水条件则与降水量大小及其分配是否均匀有关。我国蒸发量的地区分布与降水、径流的地区分布有着密切关系，呈现东南向西北有明显递减趋势，供水条件是陆面蒸发的主要制约因素。

一般说来，降水量年内分配比较均匀的湿润地区，陆面蒸发量与陆面蒸发能力相差不大，如长江中下游地区，供水条件充分，陆面蒸发量的地区变化和年际变化都不是很大，年陆面蒸发量仅在550～750mm间变化，陆面蒸发量主要由热能条件控制。但在干旱地区，陆面蒸发量则远小于陆面蒸发能力，其陆面蒸发量的大小主要取决于供水条件。

3. 流域总蒸发

流域总蒸发是流域内所有的水面蒸发、土壤蒸发和植物蒸腾的总和。因为流域内气象条件和下垫面条件复杂，要直接测出流域的总蒸发几乎不可能，实用的方法是先对流域进行综合研究，再用水量平衡法或模型计算方法求出流域的总蒸发，用下式可算出流域多年平均蒸发量。

$$\overline{P_0}=\overline{R_0}+\overline{E_0}$$

式中$\overline{P_0}$、$\overline{R_0}$、$\overline{E_0}$——分别为流域多年平均降水量、径流量与蒸散发量。

4. 干旱指数

干旱指数γ是表示气候干旱程度的指标，为年水面蒸发量E_0与年降水量P的比值：

$$\gamma=\frac{E_0}{P}$$

当$\gamma<1.0$时，表示该区域蒸发量小于降水量，该地区为湿润气候；当$\gamma>1.0$时，即蒸发量大于降水量，说明该地区偏于干旱。γ越大，干旱程度就越严重；反之，气候就越湿润。

我国干旱指数在地区上的变化范围很大，最小值出现在长江以南、东南沿海，$\gamma<0.5$，最大值发生在西北干旱地区，例如吐鲁番盆地的干旱指数高达318.9。

二、地下水资源的形成与特点

地下水是指存在于地表以下岩石和土壤的孔隙、裂隙、溶洞中的各种状态的水体，由渗透和凝结作用形成，主要来源为大气降水。广义的地下水是指赋存于地面以下岩土孔隙中的水，包括包气带及饱水带中的孔隙水。狭义的地下水则指赋存于饱水带岩土孔隙中的水。地下水资源是指能被人类利用、逐年可以恢复更新的各种状态的地下水。地下水由于水量稳定，水质较好，是工农业生产和人们生活的重要水源。

（一）岩石孔隙中水的存在形式

岩石孔隙中水的存在形式主要为气态水、结合水、重力水、毛细水与固态水。

1. 气态水

以水蒸气状态储存和运动于未饱和的岩石孔隙之中，来源于地表大气中的水汽移入或岩石中其他水分蒸发，气态水可以随空气的流动而运动。空气不运动时，气态水也可以由绝对湿度大的地方向绝对湿度小的地方运动。当岩石孔隙中水汽增多达到饱和时，或是当周围温度降低至露点时，气态水开始凝结成液态水而补给地下水。由于气态水的凝结不一定在蒸发地区进行，因此会影响地下水的重新分布。气态水本身不能直接开采利用，也不能被植物吸收。

2. 结合水

松散岩石颗粒表面和坚硬岩石孔隙壁面，因分子引力和静电引力作用产生使水分子被牢固地吸附在岩石颗粒表面，并在颗粒周围形成很薄的第一层水膜，称为吸着水。吸着水被牢牢地吸附在颗粒表面，不能在重力作用下运动，故又称为强结合水。其特征为：不能流动，但可转化为气态水而移动；冰点降低至-78℃以下；不能溶解盐类、无导电性；具有极大的黏滞性和弹性；平均密度为$2g/m^3$。

吸着水的外层，还有许多水分子亦受到岩石颗粒引力的影响，吸附着第二层水膜，称为薄膜水。薄膜水的水分子距颗粒表面较远，吸引力较弱，故又称为弱结合水。薄膜水的特点是：因引力不等，两个质点的薄膜水可以相互移动，由薄膜厚的地方向薄处转移；薄膜水的密度虽与普通水差不多，然黏滞性仍然较大；有较低的溶解盐的能力。

吸着水与薄膜水统称为结合水，都是受颗粒表面的静电引力作用而被吸附在颗粒表面，它们的含水量主要取决于岩石颗粒的表面积大小，可与表面积大小成正比。在包气带中，因结合水的分布是不连续的，所以不能传递静水压力；而处在地下水面以下的饱水带时，当外力大于结合水的抗剪强度时，则结合水便能传递静水压力。

3. 重力水

岩石颗粒表面的水分子增厚到一定程度，水分子的重力大于颗粒表面对其吸引力，产生向下的自由运动，在孔隙中形成重力水。重力水具有液态水的一般特性，能传递静水压力，有冲刷、侵蚀和溶解能力。从井中吸出或从泉中流出的水都是重力水。重力才是研究的主要对象。

4. 毛细水

地下水面以上岩石细小孔隙中具有毛细管现象，形成一定上升高度的毛细水带。毛细水不受固体表面静电引力的作用，而受表面张力和重力的作用，称为半自由水。当两力作用达到平衡时，便保持一定高度滞留在毛细管孔隙或小裂隙中，在地下水面以上形成毛细水带。由地下水面支撑的毛细水带，称为支持毛细水。其毛细管水面可以随着地下水位的升降和补给、蒸发作用而发生变化，但其毛细管上升高度保持不变，它只能进行垂直运动，可以传递静水压力。

5. 固态水

以固态形式存在于岩石孔隙中的水称为固态水，在多年冻结区或季节性冻结区可以见到这种水。

（二）地下水形成的条件

1. 岩层中有地下水的储存空间

岩层的空隙性是构成具有储水与给水功能的含水层的先决条件。岩层要构成含水层，首先要有能储存地下水的孔隙、裂隙或溶隙等空间，使外部的水能进入岩层形成含水层。然而，有空隙存在不一定就能构成含水层，例如黏土层的孔隙度可达50%以上，但其空隙几乎全被结合水或毛细水所占据，重力水很少，所以它是隔水层。透水性好的砾石层、砂石层的孔隙度较大，孔隙也大，水在重力作用下可以自由出入，所以往往形成储存重力水的含水层。坚硬的岩石，只有发育有未被填充的张性裂隙、张扭性裂隙和溶隙时，才可能构成含水层。

空隙的多少、大小、形状、连通情况与分布规律，对地下水的分布与运动有着重要影响。按空隙特性可将其分类为：松散岩石中的孔隙、坚硬岩石中的裂隙和可溶岩石中的溶隙，分别用孔隙度、裂隙度和溶隙度表示空隙的大小，依次定义为岩石孔隙体积与岩石体体积之比、岩石裂隙体积与岩石总体积之比、可溶岩石孔隙体积与可溶岩石总体积之比。

2. 岩层中有储存、聚集地下水的地质条件

含水层的构成还必须具有一定的地质条件，方能使具有空隙的岩层含水，并把地下水储存起来。有利于储存和聚集地下水的地质条件虽有各种形式，但概括起来

不外乎是：空隙岩层下有隔水层，使水不能向下渗漏；水平方向有隔水层阻挡，以免水全部流空。只有这样的地质条件才能使运动在岩层空隙中的地下水长期储存下来，并充满岩层空隙而形成含水层。如果岩层只具有空隙而无有利于储存地下水的构造条件，这样的岩层就只能作为过水通道而构成透水层。

3. 有足够的补给来源

当岩层空隙性好，并具有储存、聚集地下水的地质条件时，还必须有充足的补给来源，才能使岩层充满重力水而构成含水层。

地下水补给量的变化，能使含水层与透水层之间相互转化。在补给来源不足、消耗量大的枯水季节里，地下水在含水层中可能被疏干，这样含水层就变成了透水层；而在补给充足的丰水季节，岩层的空隙又被地下水充满，重新构成含水层。由此可见，补给来源不仅是形成含水层的一个重要条件，而且是决定含水层水量多少和保证程度的一个主要因素。

综上所述，只有当岩层具有地下水自由出入的空间，适当的地质构造条件和充足的补给来源时，才能构成含水层。这三个条件缺一不可，但有利于储水的地质构造条件是主要的。因为空隙岩层存在于该地质构造中，岩层空隙的发生、发展及分布都脱离不开这样的地质环境，特别是坚硬岩层的空隙，受构造控制更为明显；岩层空隙的储水和补给过程取决于地质构造条件。

（三）地下水的类型

按埋藏条件，地下水可划分为四个基本类型：土壤水（包气带水）、上层滞水、潜水和承压水。

土壤水是指吸附于土壤颗粒和存在于土壤空隙中的水。

上层滞水是指包气带中局部隔水层或弱透水层上积聚的具有自由水面的重力水，是在大气降水或地表水下渗时，受包气带中局部隔水层的阻托滞留聚集而成。上层滞水埋藏的共同特点是：在透水性较好的岩层中央有不透水岩层。上层滞水因完全靠大气降水或地表水体直接入渗补给，水量受季节控制特别显著，一些范围较小的上层滞水旱季往往干枯无水，当隔水层分布较广时可作为小型生活水源和季节性水源。上层滞水的矿化度一般较低，因接近地表，水质易受到污染。

潜水是指饱水带中第一个具有自由表面的含水层中的水。潜水的埋藏条件决定了潜水具有以下特征。

第一，具有自由表面。由于潜水的上部没有连续完整的隔水顶板，因此具有自由水面，称为潜水面。有时潜水面上有局部的隔水层，且潜水充满两隔水层之间，在此范围内的潜水将承受静水压力，呈现局部承压现象。

第二，潜水通过包气带与地表相连通，大气降水、凝结水、地表水通过包气带的空隙通道直接渗入补给潜水，所以在一般情况下，潜水的分布区与补给区是一致的。

第三，潜水在重力作用下，因潜水位较高处向较低处流动，其流速取决于含水层的渗透性能和水力坡度。潜水向排泄处流动时，其水位逐渐下降，形成曲线形表面。

第四，潜水的水量、水位和化学成分随时间的变化而变化，受气候影响大，具有明显的季节性变化特征。

第五，潜水较易受到污染。潜水水质变化较大，在气候湿润、补给量充足及地下水流畅通地区，往往形成矿化度低的淡水；在气候干旱与地形低洼地带或补给量贫乏及地下水径流缓慢地区，往往形成矿化度很高的咸水。

潜水分布范围大，埋藏较浅，易被人工开采。当潜水补给充足，特别是河谷地带和山间盆地中的潜水，水量比较丰富，可作为工业、农业生产和生活用水的良好水源。

承压水是指充满于上下两个稳定隔水层之间的含水层中的重力水。承压水的主要特点是有稳定的隔水顶板存在，没有自由水面，水体承受静水压力，与有压管道中的水流相似。承压水的上部隔水层称为隔水顶板，下部隔水层称为隔水底板；两隔水层之间的含水层称为承压含水层；隔水顶板到底板的垂直距离称为含水层厚度。

承压水由于有稳定的隔水顶板和底板，因而与外界联系较差，与地表的直接联系大部分被隔绝，所以其埋藏区与补给区不一致。承压含水层在出露地表部分可以接受大气降水及地表水补给，上部潜水也可越流补给承压含水层。承压水的排泄方式多种多样，可以通过标高较低的含水层出露区或断裂带排泄到地表水、潜水含水层或另外的承压含水层，也可直接排泄到地表成为上升泉。承压含水层的埋藏深度一般都较潜水为大，在水位、水量、水温、水质等方面受水文气象因素、人为因素及季节变化的影响较小，因此富水性较好的承压含水层是理想的供水水源。虽然承压含水层的埋藏深度较大，其稳定水位都常常接近或高于地表，这为开采利用创造了有利条件。

（四）地下水循环

地下水循环是指地下水的补给、径流和排泄过程，是自然界水循环的重要组成部分，不论是全球的大循环还是陆地的小循环，地下水的补给、径流、排泄都是其中的一部分。大气降水或地表水渗入地下补给地下水，地下水在地下形成径流，又通过潜水蒸发、流入地表水体及泉水涌出等形式排泄。这种补给、径流、排泄无限往复的过程即为地下水的循环。

1. 地下水补给

含水层自外界获得水量的过程称为补给。地下水的补给来源主要有大气降水、地表水、凝结水、其他含水层的补给及人工补给等。

（1）大气降水入渗补给

当大气降水降落到地表后，一部分蒸发重新回到大气，一部分变为地表径流，剩余一部分达到地面以后，向岩石、土壤的空隙渗入，如果降雨以前土层湿度不大，则入渗的降水首先形成薄膜水。达到最大薄膜水量之后，继续入渗的水则充填颗粒之间的毛细孔隙，形成毛细水。到包气带的毛细孔隙完全被水充满时，形成重力水的连续下渗而不断地补给地下水。

在很多情况下，大气降水也是地下水的主要补给方式。大气降水补给地下水的水量受到很多因素的影响，与降水强度、降水形式、植被、包气带岩性、地下水埋深等有关。一般当降水量大、降水过程长、地形平坦、植被茂盛、上部岩层透水性好、地下水埋藏深度不大时，大气降水才能大量入渗补给地下水。

（2）地表水入渗补给

地表水和大气降水一样，也是地下水的主要补给来源，但时空分布特点不同。在空间分布上，大气降水入渗补给地下水呈面状补给，范围广且较均匀；而地表入渗补给一般为线状补给或呈点状补给，补给范围仅限地表水体周边。在时间分布上，大气降水补给的时间有限，具有随机性，而地表水补给的持续时间一般较长，甚至是经常性的。

地表水对地下水的补给强度主要受岩层透水性的影响，还与地表水水位与地下水水位的高差、洪水延续时间、河水流量、河水含沙量、地表水体以及地下水联系范围的大小等因素有关。

（3）凝结水入渗补给

凝结水的补给是指大气中过饱和水分凝结成液态水渗入地下补给地下水。沙漠地区和干旱地区昼夜温差大，白天气温较高，空气中含水量一般不足，但夜间温度下降，空气中的水蒸气含量过于饱和，则会凝结于地表，然后入渗补给地下水。

在沙漠地区及干旱地区，大气降水和地表水很少，补给地下水的部分微乎其微，因此，凝结水的补给就成为这些地区地下水的主要补给来源。

（4）含水层之间的补给

两个含水层之间具有联系通道、存在水头差并有水力联系时，水头较高的含水层将水补给水头较低的含水层。其补给途径可以通过含水层之间的“天窗”发生水力联系，也可以通过含水层之间的越流方式补给。

（5）人工补给

地下水的人工补给是借助某些工程措施，人为地使地表水自流或用压力将其引入含水层，以增加地下水的渗入量。人工补给地下水具有占地少、造价低、管理易、蒸发少等优点，不仅可以增加地下水资源，还可以改善地下水水质，调节地下水温度，阻拦海水入侵，减小地面沉降。

2. 地下水径流

地下水在岩石空隙中流动的过程称为径流。地下水径流过程是整个地球水循环的一部分。大气降水或地表水通过包气带向下渗漏，补给含水层成为地下水，地下水又在重力作用下，由水位高处向水位低处流动，最后在地形低洼处以泉的形式排出地表或直接排入地表水体，如此反复循环过程就是地下水的径流过程。天然状态（除了某些盆地外）和开采状态下的地下水都是流动的。

影响地下水径流的方向、速度、类型、径流量的主要因素有：含水层的空隙特性、地下水的埋藏条件、补给量、地形状况、地下水化学成分、人类活动等。

地下径流量常用地下径流率 M 来表示，其含义为 1km。含水层面积上地下水流量 [$m^3/(s \cdot Km^2)$]，也称为地下径流模数。年平均地下径流模数用下式计算：

$$M=\frac{Q}{365\times86400\times A}$$

式中 A —— 地下水径流面积，km^2；

Q —— 年内在面积 A 上的地下径流量，

地下径流模数是反映地下水径流量的一种特征值，受到补给、径流条件的控制，其数值大小随地区和季节而变化。因此，只要确定某径流面积在不同季节的径流量，就可计算出该地区在不同时期的地下径流模数。

3. 地下水排泄

含水层失去水量的作用过程称为地下水的排泄。在排泄过程之中，地下水水量、水质及水位都会随之发生变化。

地下水通过泉（点状排泄）、向河流泄流（线状排泄）及蒸发（面状排泄）等形式向外界排泄。此外，一个含水层中的水可向另一个含水层排泄，也可以由人工进行排泄，如用井开发地下水，或用钻孔、渠道排泄地下水等。人工开采是地下水排泄的最主要途径之一。当过量开采地下水，使地下水排泄量远大于补给量时，地下水的均衡就遭到破坏，造成地下水水位长期下降。只有合理开采地下水，即开采量小于或等于地下水总补给量与总排泄量之差时，才能保证地下水的动态平衡，使地下水一直处于良性循环状态。

在地下水的排泄方式中，蒸发排泄仅耗失水量，盐分仍留在地下水中。其他类型的排泄属于径流排泄，盐分随水分同时排走。

地下水的循环可以促使地下水与地表水的相互转化。天然状态下的河流在枯水期的水位低于地下水位，河道成为地下水排泄通道，地下水转化成地表水；在洪水期的水位高于地下水位，河道中的地表水渗入地下补给地下水。平原区浅层地下水通过蒸发并入大气，再降水形成地表水，并渗入地下形成地下水。在人类活动影响下，这种转化往往会更加频繁和深入。

从多年平均来看，地下水循环具有较强的调节能力，存在着年际间的排一补一排一补的周期变化。只要不超量开采地下水，在枯水年可以允许地下水有较大幅度的下降，待到丰水年地下水可得到补充，恢复到原来的平衡状态。这体现了地下水资源的可恢复性。

第三节　水资源的特征

水一直处于不停地运动着的状态，积极参与到自然环境中一系列物理的、化学的和生物的作用过程，在改造自然的同时不断地改造自身。因此表现出水作为自然资源所独有的性质特征。水资源是一种特殊的自然资源，是具有自然属性和社会属性的综合体。

一、水资源的自然属性

（一）储量的有限性

全球淡水资源并非取之不尽用之不竭的，它的储量十分有限。全球的淡水资源仅占全球总水量的2.5%，这其中又有很大的部分储存在极地冰帽和冰川中而很难被利用，真正能够被人类直接利用的淡水资源非常少。

尽管水资源是可再生的，但在一定区域、一定时段内可利用的水资源总量总是有限的。以前人们错误地认为“世界上的水是无限的”而大肆开发利用水资源，事实说明，人类必须要有一个正确的认识，保护有限的水资源。

（二）资源的循环性

水资源是不断流动循环的，并且在循环中形成一种动态资源。地表水、地下水、大气水之间通过水的这种循环，永无止境地进行着互相转化，没有开始也没有结束。

水循环系统是一个庞大的天然水资源系统，由于水资源这一不断循环、不断流动的特性，从而可以再生和恢复，为水资源的可持续利用奠定物质基础。

（三）可更新性

自然界中的水处于不断流动、不断循环的过程之中，使得水资源得以不断地更新，这就是水资源的可更新性，也称可再生性。

水资源的可再生性是水资源可供永续开发利用的本质特性。源于两个方面。

第一、水资源在水量上损失（如蒸发、流失、取用等）后，通过大气降水可以得到恢复。

第二、水体被污染后，通过水体自净（或其他途径）可以得以更新。

不同水体更新一次所需要的时间不同，如大气水平均每8d可更新一次，而极地冰川的更新速度则更为缓慢，更替周期可长达万年。

（四）时空分布的不均匀性

水资源在自然界中具有一定的时间和空间分布。受气候与地理条件的影响，全球水资源的分布表现为极不均匀性，最高的和最低的相差数倍或是数十倍。

我国水资源在区域上分布不均匀这一特性也特别明显。由于受地形及季风气候的影响，总体上表现为东南多，西北少；沿海多，内陆少；山区多，平原少。在同一地区中，不同时间分布差异性很大，一般夏多冬少。

（五）多态性

自然界的水资源呈现出液态、气态和固态等不同的形态。它们之间是可以相互转化的，形成水循环的过程，也使得水出现了多种存在形式，在自然界中无处不在，最终在地表形成了一个大体连续的圈层——水圈。

（六）环境资源属性

自然界中的水并不是化学上的纯水，而是含有很多溶解性物质和非溶解性物质的一个极其复杂的综合体，这一综合体实质上就是一个完整的生态系统，使得水不仅可以满足生物生存及人类经济社会发展的需要，同时也为很多生物提供赖以生存的环境，是一种不可或缺的环境资源。

二、水资源的社会属性

（一）利用的多样性

水资源是人类生产和生活不可缺少的，在工农业、生活，及发电、水运、水产、旅游和环境改造等方面都发挥着重要作用。用水目的不同，对水质的要求也表现出差异，使得水资源表现出一水多用的特征。

现如今，人们对水资源的依赖性逐渐增强，也越来越发现其用途的多样性。特别是在缺水地区，人们因为水而发生矛盾或冲突也不是稀奇的事情。对水资源一定要充分地开发利用，尽量减少浪费，满足人类对水资源的各种需求，又不会对水资源造成严重的破坏和影响。

（二）公共性

水是自然界赋予人类的一种宝贵资源，它不是属于任何一个国家或个人的，而是属于全人类的。水资源养活了人类，推动着人类社会的进步、经济的发展。获得水的权利是人的一项基本权利，表现出水资源具有的公共性。

（三）利、害的两重性

水资源具有两重性，它既可造福于人类，又可危害人类生存。这也就是为什么人们常说，水是一把双刃剑，比金珍贵，又凶猛于虎。

关于水资源给人类带来的利益这里不再多说，人类的生存、社会的发展、经济的进步就是最好的证明。下面说说人类在开发利用水资源的过程中受到的危害。如垮坝事故、土壤次生盐碱化、洪水泛滥、干旱等。这些人们并不陌生，正是水资源利用开发不当造成的。它可以制约国民经济发展，破坏人类的生存环境。

既然知道水的利、害两重性，在利用的过程中就要多加注意。要注意适量开采地下水，满足生产、生活需求。反之，如果无节制、不合理地抽取地下水，往往引起水位持续下降、水质恶化、水量减少、地面沉降，其不仅影响生产发展，而且严重威胁人类生存。

（四）商品性

长久以来，人们都错误地认为水是无穷无尽的，而大肆地开采浪费。但是，人口的增多，经济社会的不断发展，使得人们对水资源的需求日益增加，水对人类生存、经济发展的制约作用逐渐显露出来。水成了一种商品，人们在使用时需要支付一定的费用。水资源在一定情况下表现出了消费的竞争性和排他性（如生产用水），具有私人商品的特性。但是当水资源作为水源地、生态用水时，仍具有公共商品的特点，所以它是一种混合商品。

第四节　全球水资源概况

水是地球上分布最广的物质，是人类环境的一个重要组成部分，它以各种不同的形式广泛分布于海洋、陆地与大气之中，并构成一个大体连续、相互作用，又相互不断交换的圈层——水圈。

从表面上看，地球上的水量是非常丰富的。地球表面积约 5.1 亿 km^2，据水文地理学家的估算，全球总储水量约为 13.86×108km3. 主要由海洋水、陆地水和大气水三部分构成。

海洋面积 3.61 亿 km^2，占地球表面积的 70.8%。海洋水量为 13.5×108km^3，占地球总水量的 97.41%。但这部分巨大的水体属于高盐量的咸水，除了极少量水体被利用（作为冷却水、海水淡化等）外，绝大多数是不能被利用的。

地球上陆地面积为 1.49 亿 km^2，占地球表面积的 29.2%。陆地上湖泊、河流、冰川与地下水等水体的总量约 0.36×105km^3，占地球总水量的 2.59%。就是陆面上的有限水体也并不全是淡水，再加上分布于冰川、多年积雪、两极和多年冻土中在现有的技术条件下很难被利用，因此，虽然地球上水量丰富，但水资源总量极其有限。大气水量约 1.3×104km^3 占地球总水量的 0.001%。

前面还提到，由于受地理位置和地形地貌的影响，水资源的空间分布是极不均衡的。即使在同一个洲内，由于空间跨度大，再加上自然条件的差异，水资源的分布也是很不均匀的。

第五章　水资源规划

第一节　水资源规划概述

一、水资源规划的概念

水资源规划是我国水利规划的主要组成部分，对水资源的合理评价、供需分析、优化配置和有效保护具有重要的指导意义。水资源规划的概念是人类长期从事水事活动的产物，是人类在漫长历史过程中在防洪、抗旱、灌溉等一系列的水利活动中逐步形成的，并随着人类生活及生产力的提高而不断发展变化。

水资源规划就是在开发利用水资源过程中，对水资源的开发目标及其功能在相互协调的前提下做出总体安排。水资源规划是指在统一的方针、任务和目标的约束下，对有关水资源的评价、分配和供需平衡分析及对策，以及方案实施后可能对经济、社会和环境的影响方面而制定的总体安排。水资源规划是以水资源利用、调配为对象，在一定区域内为开发水资源、防治水患、保护生态环境、提高水资源综合利用效益而制定的总体措施、计划与安排。

二、水资源规划的编制原则

水资源规划是为适应社会和经济发展的需而制定的对水资源开发利用和保护工

作的战略性布局。其作用是协调各用水部门和地区间的用水要求，使有限的可用水资源在不同用户和地区间合理分配，减少用水矛盾，以达到社会、经济和环境效益的优化组合，并充分估计规划中拟定的水资源开发利用可能引发对生态环境不利影响，并提出对策，实现水资源可持续利用的目的。

（一）全局统筹，兼顾社会经济发展与生态环境保护的原则

水资源规划是一个系统工程，必须从整体、全局的观点来分析评价水资源系统，以整体最优为目标，避免片面追求某一方面、某一区域作用的水资源规划。水资源规划不仅要有全局统筹的要求，在当前生态环境变化的背景下，还要兼顾社会经济发展与生态环境保护之间的平衡。区域社会经济发展要以不破坏区域生态环境为前提，同时要与水资源承载力和生态环境承载力相适应，在充分考虑生态环境用水需求的前提下，制定合理的国民经济发展的可供水量，并最终实现社会经济与生态环境的可持续协调发展。

（二）水资源优化配置原则

从水循环角度分析，考虑水资源利用的供用耗排过程，水资源配置的核心实际是关于流域耗水的分配和平衡。具体来讲，水资源合理配置是指依据社会经济与生态环境可持续发展的需要，以有效、公平和可持续发展的原则，对有限的、不同形式的水资源，通过工程和非工程措施，调节水资源的时空分布等，在社会经济与生态环境用水，以及社会经济构成中各类用水户之间进行科学合理的分配。由于水资源的有限性，在水资源分配利用中存在供需矛盾，如各类用水户竞争，流域协调、经济与生态环境用水效益、当前用水与未来用水等一系列的复杂关系。水资源的优化配置就是要在上述一系列复杂关系中寻求一个各个方面都可接受的水资源分配方案。一般而言，要以实现总体效益最大为目标，避免对某一个体的效益或利益的片面追求。而优化配置则是人们在寻找合理配置方案中所利用的方法和手段。

（三）可持续发展原则

从传统发展模式向可持续发展模式转变，必然要求传统发展模式下的水利工作方针向可持续发展模式下的水利工作方针实现相应的转变。因此，水资源规划的指导思想，要从传统的偏于对自然规律和工程规律的认识，向更多认识经济规律和管理作用过渡；从注重单一工程的建设，向发挥工程系统的整体作用并注意水资源的整体性努力；从以工程措施为主，逐步转向工程措施与非工程措施并重；由主要依靠外延增加供水，逐步向提高利用效率和挖潜配套改造等内涵发展方式过渡；从单纯注重经济用水，逐步转向社会经济用水与生态环境用水并重；从单纯依靠工程手段进行资源配置，向更多依靠经济、法律、管理手段逐步过渡。

（四）系统分析和综合利用原则

水资源规划涉及多个方面、多个部门及众多行业，同时在各用水户竞争、水资源时空分布、优化配置等一系列的复杂关系中很难完全实现水资源供需要完全平衡。

这就需要在制定水资源规划时，既要对问题进行系统分析，又要采取综合措施，开源与节流并举，最大可能地满足各方面的需求，让有限的水资源创造更多的效益，实现其效用价值的最大化。同时进行水资源的再循环利用，提高污水的处理率，实现污水再处理后用于清洗、绿化灌溉等领域。

三、水资源规划的指导思想

①水资源规划需要综合考虑社会效益、经济效益和环境效益，确保社会经济发展与水资源利用、生态环境保护相协调。②需考虑水资源的可承载能力或可再生性，使水资源利用在可持续利用的允许范围内，确保当代人与后代人之间的协调。③需要考虑水资源规划的实施与社会经济发展水平相适应，确保水资源规划方案在现有条件下是可行的。④需要从区域或流域整体的角度来看待问题，考虑流域上下游以及不同区域用水间的平衡，确保区域社会经济持续协调发展。⑤需要与社会经济发展密切结合，注重全社会公众的广泛参与，注重从社会发展根源上来寻找解决水问题的途径，也配合采取一些经济手段，确保“人”与“自然”的协调。

四、水资源规划的内容与任务

（一）水资源规划的内容

水资源规划涉及面比较广，涉及的内容包括水文学、水资源学、经济学、管理学、生态学、地理学等众多学科，涉及区域内一切与水资源有关的相关部分，以及工农业生产活动，如何制定合理的水资源规划方案，协调满足各行业及各类水资源使用者的利益，是水资源规划要解决的关键性基础问题，也是衡量水资源规划科学合理性的标准。

水资源规划的主要内容包括：①水资源量与质的计算与评估、水资源功能的划分与协调。②水资源的供需平衡分析与水量优化配置。③水环境保护与灾害防治规划以及相应的水利工程规划方案设计及论证等。

水资源规划的核心问题，是水资源合理配置，即水资源与其他自然资源、生态环境及经济社会发展的优化配置，以便达到效用的最大化。

（二）水资源规划的任务

水资源系统规划是从系统整体出发，依据系统范围内的社会发展和国民经济部门用水的需求，制定流域或地区的水资源开发和河流治理的总体策划工作。其基本任务就是根据国家或地区的社会经济发展现状及计划，在满足生态环境保护以及国民经济各部门发展对水资源需求的前提下，针对区域内水资源条件及特点，按预定的规划目标，制定区域水资源的开发利用方案，提出具体的工程开发方案及开发次序方案等。区域水资源规划的制定不仅仅要考虑区域社会经济发展的要求，同时区域水资源条件和规划的制定对区域国民经济发展速度、结构、模式，生态环境保护标准等都具有一定的约束。区域水资源规划成果也对区域制定各项水利工程设施建设提供了依据。

水资源规划的具体任务是：①评价区域内水资源开发利用现状。②分析流域或区域条件和特点。③预测经济社会发展趋势与用水前景。④探索规划区内水与宏观经济活动间的相互关系，并根据国家建设方针政策和规定的目标要求，拟定区域在一定时间内应采取的方针、任务，提出主要措施方向、关键工程布局、水资源合理配置、水资源保护对策，以及实施步骤和对区域水资源管理意见等。

五、水资源规划的类型

水资源系统规划根据不同范围和要求，主要分为以下几种类型。

（一）江河流域水资源规划

流域水资源规划的对象是整个江河流域。它包括大型江河流域的水资源规划和中小型河流流域的水资源规划。其研究区域一般是按照地表水系空间地理位置划分的，以流域分水岭为系统边界的水资源系统。内容涉及国民经济发展、地区开发、自然资源与环境保护、社会福利以及其他与水资源有关的问题。

（二）跨流域水资源规划

它是以一个以上的流域为对象，以跨流域调水为目标的水资源规划。跨流域调水涉及多个流域的社会经济发展、水资源利用和生态环境保护等问题。因此，规划中考虑的问题要比单个流域水资源规划更加广泛、复杂，需探讨水资源分配可能对各个流域带来的社会经济影响。

（三）地区水资源规划

地区水资源规划一般是以行政区域或经济区、工程影响区为对象的水资源系统规划。研究内容基本与流域水资源规划相近，规划的重点因具体的区域和水资源功能的不同而有所侧重。

（四）专门水资源规划

专门水资源规划是以流域或地区某一专门任务为对象或某一行业所作的水资源规划。如防洪规划、水力发电规划、灌溉规划、水资源保护规划、航运规划及重大水利工程规划等。

六、水资源规划的一般程序

水资源规划的步骤，因研究区域、水资源功能侧重点的不同、所属行业的不同以及规划目标的差异而有所区别，但基本程序步骤一致，主要概括起来主要有以下几个步骤。

（一）现场勘探，收集资料

现场勘探、收集资料是最重要的基础工作。基础资料掌握的情况越详细越具体，越有利于规划工作的顺利进行。水资源规划需要收集的基础数据，主要包括相关的社会经济发展资料、水文气象资料、地质资料、水资源开发利用资料以及地形资料等。资料的精度和详细程度主要是根据规划工作所采用的方法和规划目标要求决定的。

（二）整理资料、分析问题、确定规划目标

对资料进行整理，包括资料的归并、分类、可靠性检出及资料的合理插补等。通过整理、分析资料，明确规划区内的问题和开发要求，选定规划目标，作为制定规划方案的依据。

（三）水资源评价及供需分析

水资源评价的内容包括规划区水文要素的规律研究和降水量、地表水资源量、地下水资源量以及水资源总量的计算。在进行水资源评价之后，需要进一步对水资源供需关系进行分析。其实质是针对不同时期的需水量，计算相应的水资源工程可供水量，进而分析需水的供应满足程度。

（四）拟定和选定规划方案

根据规划问题和目标，拟定若干规划方案，进行系统分析。拟订方案是在前面工作基础之上，根据规划目标、要求和资源的情况，人为拟定的。方案的选择要尽可能地反映各方面的意见和需求，防止片面的规划方案。优选方案是通过建立数学模型，采用计算机模拟技术，对拟选方案进行检验评价。

（五）实施的具体措施及综合评价

根据优选方案得到的规划方案，制定相应的具体措施，并进行社会、经济和环境等多准则综合评价，最终确定水资源规划方案。方案实施之后，对国民经济、社会发展、生态与环境保护均会产生不同程度的影响，通过综合评价法，多方面、多指标进行综合分析，全面权衡利弊得失，最后确定方案。

（六）成果审查与实施

成果审查是把规划成果按程序上报，通过一定程序审查。如果审查通过，进入到规划安排实施阶段；如果提出修改意见，就要进一步修改。

水资源规划是一项复杂、涉及面广的系统工程，在规划实际制定过程中很难一次性完成让各个部门和个人都满意的规划。规划需要经过多次的反馈、协调，直至规划成果对各个部门都较满意为止。此外，由于外部条件的改变以及人们对水资源规划认识的深入，要对规划方案进行适当的修改、补充与完善。

第二节　水资源规划的基础理论

水资源规划涉及面广，问题往往比较复杂，不仅涉及自然科学领域知识，例如水资源学、生态学、环境学等众多学科，以及水利工程建设等工程技术领域，同时还涉及经济学、社会学、管理学等社会科学领域。因此，水资源规划是建立在自然科学和社会科学两大基础之上的综合应用学科。水资源规划简化为三个层次的权衡。①哲学层次：即基本价值观问题，如何看待自然状态下的水资源价值、生态环境价值，以及以人类自身利益为标准的水资源价值、生态环境价值，两者之间权衡的问题等。②经济学层次：识别各类规划活动的边际成本，率定水利活动的社会效益、经济效益及生态环境效益。③工程学层次：认识自然规律、工程规律和管理规律，通过工程措施和非工程措施保证规划预期实现。

一、水资源学基础

水资源学是水资源规划的基础，是研究地球水资源形成、循环、演化过程规律的科学。随着水资源科学的不断发展完善，在其成长过程中，其主要研究对象可以归结为三个方面：研究自然界水资源的形成、演化、运动的机理，水资源在地球上的空间分布及其变化的规律，以及在不同区域上的数量；研究在人类社会及其经济发展中为满足对水资源的需要而开发利用水资源的科学途径；研究在人类开发利用水资源过程中引起的环境变化以及水循环自身变化对自然水资源规律的影响，探求在变化环境中如何保持水资源的可持续利用途径等。从水资源学的三个主要研究内容就可以看出，水资源学本身的研究内容涉及众多相关领域的基础科学，如水文学、水力学、水动力学等。以水的三相转化以及全球、区域水循环过程为基础，通过对水循环过程的深入研究，实现水资源规划优化提高。

二、经济学基础

水资源规划的经济学基础主要表现在两个方面：一方面是水资源规划作为具体工程与管理项目本身对经济与财务核算的需要；另一方面是水资源规划作为区域国民宏观经济规划的重要组成部分，需要在国家经济体制条件下在国家政府层面进行宏观经济分析。在微观层面，水利工程项目的建设，需要进行投资效益、益本比、内部同收率以及边际成本等分析，具体工程的投资建设都需要进行工程投资财务核算，要求达到工程建设实施的财务计算净盈利。在宏观层面，仅以市场经济学的价值规律作为水资源规划的基础，必然使水资源的社会价值、生态环境效益、生态服务效益得不到充分的体现。因此，水资源规划既要在微观层面考虑具体水利工程的收益问题，更要考虑区域宏观经济可持续发展的需要。根据社会净福利最大和边际成本替代两个准则确定合理的水资源供需平衡水平，二者间的平衡水平应以更大范围内的全社会总代价最小为准则（即社会净福利最大），也为区域国民经济发展提供合理科学持续的水资源保障。

三、工程技术基础

水资源的开发利用模式多种多样，其涉及社会经济的各个方面，因此与之相关的科学基础均可看作水资源规划的学科基础，如工程力学、结构力学、材料力学、水能利用学、水工建筑物学、农田水利、给排水工程学、水利经济学等，也包括有关的应用基础科学，如水文学、水力学、工程力学、土力学、岩石力学、河流动力学、工程地质学等，还包括现代信息科学，如计算机技术、通信、网络、遥感、自动控制等。此外，还涉及相关的地球科学，如气象学、地质学、地理学、测绘学、农学、林学、生态学、管理学等学科。

四、环境工程、环境科学基础

水资源规划中涉及的“环境”是一个广义的环境，包括环境保护意义下的环境，即环境的污染问题；另一个是生态环境，即普遍性的生态环境问题。水资源的开发利用不可避免地会影响到自然生态环境中水循环的改变，引起水环境、水化学性质、水生态等诸多方面发生相应的改变。从自然规律看，各种自然地理要素作用下形成的流域水循环，是流域复合生态系统的主要控制性因素，对人为产生的物理与化学干扰极为敏感。流域的水循环规律改变可能引起在资源、环境、生态方面的一系列不利效应：流域产流机制改变，在同等降水条件下，水资源总量会发生相应的改变；径流减少则导致河床泥沙淤积规律改变，在多沙河流上泥沙淤积又使河床抬高、河势重塑；径流减少还会导致水环境容量减少而水质等级降低等。

第三节　水资源供需平衡分析

水资源供需平衡分析就是在综合考虑社会、经济、环境和水资源的相互关系基础上，分析不同发展时期、各种规划方案的水资源供需状况。水资源供需平衡分析就是采取各种措施使水资源供水量与需水量处于平衡状态。水资源供需平衡的基本思想就是“开源节流”。开源就是增加水源，包括各类新的水源，海水利用、非常规水资源的开发利用、虚拟水等，而节流就是通过各种手段抑制水资源的需求，包括通过技术手段提高水资源利用率和利用效率，例如进行产业结构调整、改革管理制度等。

一、需求预测分析

需水预测是水资源长期规划的基础，也是水资源管理的重要依据。区域或流域的需水预测是制定区域未来发展规划的重要参考依据。需水预测是水资源供需平衡分析的重要环节。需水预测与供水预测及供需分析有密切的联系，需水预测要根据供需分析反馈的结果，对需水方案及预测成果进行反复和互动式的调整。

需水预测是在现状用水调出与用水水平分析的基础上，依据水资源高效利用和统筹安排生活、生产、生态用水的原则，根据经济社会发展趋势的预测成果，进行不同水平年、不同保证率和不同方案的需水量预测。需水量预测是一个动态预测过程，与利用效率、节约用水及水资源配置不断循环反馈，同时需水量变化与社会经济发展速度、结构、模式、工农业生产布局等诸多因素相关。如我国改革开放后，社会经济的迅速发展，人口的增长，城市化进程加速及生活水平的提高，都导致了我国水资源需求量的急剧增长。

（一）需水预测原则

需水预测应以各地不同水平年的社会经济发展指标为依据，在有条件时应以投入产出表为基础建立宏观经济模型。从人口与经济驱动增长的两大因素入手，结合具体的水资源状况，水利工程条件以及过去长期多年来各部门需水量增长的实际过程，分析其发展趋势，采用多种方法进行计算比对，并论证所采用的指标和数据的合理性。需水预测应着重分析评价各项用水定额的变化特点、用水结构和用水量的变化趋势，并分析计算各项耗水量的指标。

此外，预测中应遵循以下主要原则：①以各规划水平年社会经济发展指标为依据，贯彻可持续发展的原则，统筹兼顾社会、经济、生态、环境等各部门发展对需水的要求。②全面贯彻节水方针，研究节水措施推广对需水的影响。③研究工、农业结构变化和工艺改革对需水的影响。④需水预测要符合区域特点和用水习惯。

（二）需水预测内容

按照水资源的用途和对象，可将需水类型分为生产需水、生活需水和生态环境需水，其中生产需水包括第一产业需水（农业需水）和第二产业需水。

1. 工业需水

工业需水是指在整个工业生产过程中所需水量，包括制造、加工、冷却、空调、净化、洗涤等各方面用水。一个地区的工业需水量大小，与该地区的产业结构、行业生产性质及产品结构、用水效率，企业生产规模、生产工艺、生产设备以及技术水平，用水管理与水价水平，自然因素与取水条件有关。

2. 农业需水

农业需水是指农业生产过程中所需水量，按产业类型又可细化为种植业、林业、牧业、渔业。农业需水量与灌溉面积、方式、作物构成、田间配套、灌溉方式、渠系渗漏、有效降雨、土壤性质和管理水平等因素密切相关。

3. 生活需水

生活需水包括居民用水和公共用水两部分，根据地域又可分为城市生活用水和农村生活用水。居民生活用水是指居民维持日常生活的家庭和个人用水，包括饮用、洗涤等用水；公共用水包括机关办公、商业、服务业、医疗、文化体育、学校等设施用水，以及市政用水（绿化、道路清洁）。一个地区的生活用水与该地区人均收入水平、水价水平、节水器具推广与普及情况、生活用水习惯、城市规划、供水条件和现状用水水平等多方面因素有关。

4. 生态环境需水

生态环境需水是维持生态系统最基本的生存条件及最基本的生态服务价值功能所需要的水量，包括森林、草地等天然生态系统用水，湿地、绿洲保护需水，维持河道基流用水等。它与区域的气候、植被、土壤等自然因素和水资源条件、开发程度、环境意识等多种因素有关。

（三）需水预测方法

1. 指标量值的预测方法

按是否采用统计方法分为统计方法与非统计方法。

按预测时期长短分为即期预测、短期预测、中期预测和长期预测。

按是否采用数学模型方法分为定量预测法和定性预测法。

常用的定量预测方法有趋势外推法、多元回归法与经济计量模型。

（1）趋势外推法

根据预测指标时间序列数据的趋势变化规律建立模型，用以推断未来值。这种方法从时间序列的总体进行考察，体现出各种影响因素的综合作用，当预测指标的影响因素错综复杂或有关数据无法得到时，可直接选用时间 / 作为自变量，综合替代各种影响因素，建立时间序列模型，对未来的发展变化做出大致的判断和估计。该方法只需要预测指标历年的数据资料，工作量较小，应用也较方便。该方法根据原理的不同又可分为多种方法，如平均增减趋势预测、周期叠加外延预测（随机理论）与灰色预测等。

（2）多元回归法

该方法通过建立预测指标（因变量）与多个主相关变量的因果关系来推断指标的未来值，所采用的回归方程为单一方程。其优点是能简单定量地表示因变量与多个自变量间的关系，只要知道各自变量的数值就可简单地计算出因变量的大小，方法简单，应用也比较多。

（3）经济计量模型

该模型不是一个简单的回归方程，而是两个或多个回归方程组成的回归方程组。这种方法揭示了多种因素相互之间的复杂关系，因而对实际情况的描述更加准确。

2. 用水定额的预测方法

通常情况下，需要预测的用水定额有各行业的净用水定额和毛用水定额，可采用定量预测法，包括趋势外推法、多元回归法与参考对比取值法等，其中参考对比取值法可以结合节水分析成果，考虑产业结构及其布局调整的影响，并可参考有关省市相关部门和行业制定的用水定额标准，再经综合分析后确定用水定额，因此该方法较为常用。

二、供给预测分析

供水预测是在规划分区内，对现有供水设施的工程布局、供水能力、运行状况，以及水资源开发程度与存在问题等综合调出分析的基础上，开展对水资源开发利用前景和潜力分析，以及不同水平年、不同保证率的可供水量预测。

可供水量包括地表水可供水量、浅层地下水可供水量、其他水源可供水量。可供水量估算要充分考虑技术经济因素、水质状况、对生态环境的影响以及开发不同水源的有利和不利条件，预测不同水资源开发利用模式下可能的供水量，并进行技术经济比较，拟定供水方案。供水预测中新增水源工程包括现有工程的挖潜配套、新建水源、污水处理回用、雨水利用工程等。

（一）相关概念的界定

供水能力是指区域供水系统能够提供给用户的供水量大小。它主要反映了区域内所有供水工程组成的供水系统，依据系统的来水条件、工程状况、需水要求及相应的运行调度方式和规则，提供给用户不同保证率下的供水量大小。

可供水量是指在不同水平年、不同保证率情况下，通过各项工程设施，在合理开发利用的前提下，可提供的能满足一定水质要求的水量。可供水量的概念包括以下内涵：可供水量并不是实际供水量，而是通过对不同保证率情况下的水资源供需情况进行分析计算后，得出的“可能”提供的水量；可供水量既要考虑到当前情况下工程的供水能力，又要对未来经济发展水平下的供水情况进行预测；可供水量计算时，要考虑丰、平、枯不同来水情况下，工程能提供的水量；可供水量是通过工程设施为用户提供的，没有通过工程设施而为用户利用的水量不能算作可供水量；可供水量的水质必须达到一定使用标准。

可供水量与可利用量的区别：水资源可利用量与可供水量也是两个不同的概念。一般情况下，由于兴建供水工程的实际供水能力同水资源丰、平、枯水量在时间分配上存在矛盾，这大大降低了水资源的利用水平，因此可供水量总是小于可利用量。现状条件下的可供水量是根据用水需要能提供的水量，它是水资源开发利用程度和能力的现实状况，并不能代表水资源的可利用量。

（二）影响可供水量的因素

1. 来水特点

受季风影响，我国大部分地区水资源的年际、年内变化较大，存在“南多北少”的趋势。南方地区，最大年径流量与最小年径流量的比值在 2 ～ 4 之间，汛期径流量占年总径流量的 60% ～ 70%。北方地区，最大年径流量与最小年径流量的比值在 3 ～ 8 之间，干旱地区甚至超过 100 倍，汛期径流量占年总径流量的 80% 以上。可供水量的计算与年来水量及其年内变化有着密切的关系，年际间以及年内不同时间和空间上的来水变化都会影响可供水量的计算结果。

2. 供水工程

我国水资源年际、年内变化较大，同时与用水需求的变化不匹配。因此，需要建设各类供水工程来调节天然水资源的时空分布，蓄丰补枯，以满足用户的需水要求。供水量总是与供水工程相联系，各类供水工程的改变，如工程参数的变化，不同的调度方案以及不同发展时期新增水源工程等情况，其都会使计算的可供水量有所不同。

3. 用水条件及水质状况

不同规划水平年的用水结构、用水要求、用水分布与用水规模等特性以及节约用水、合理用水、水资源利用效率的变化，都会导致计算出的可供水量不同。不同用水条件之间也相互影响制约，如河道生态用水，有时会影响到河道外直接用水户的可供水量。此外，不同规划水平年供水水源的水质状况、水源的污染程度等都会影响可供水量的大小。

（三）可供水量计算方法

1. 地表水可供水量计算

地表水可供水量大小取决于地表水的可引水量和工程的引提水能力。假如地表水有足够的可引用量，但引提水工程能力不足，则可供水量也不大；相反，假如地表水可引水量小，再大能力的引提水工程也不能保证有足够的可供水量。地表水可供水量的计算公式为：

$$W_{\text{地表可供}}=\sum_{i=1}^{t}\min\left(Q_i,Y_i\right) \tag{5-1}$$

式中：

Q_i、Y_i——为i段满足水质要求的可引水量、工程的引提水能力。

t——计算时段数。地表水的可引水量Q_i应不大于地表水的可利用量。

可供水量预测，应预计工程状况在不同规划水平年的变化情况，应充分考虑工程老化失修、泥沙淤积、地表水水位下降等原因造成的实际供水能力的减少。

2. 地下水可供水量计算

地下水规划供水量以其相应水平年可开采量为极限，在地下水超采地区要采取措施减少开采量使其与开采量接近，在规划中不应大于基准年的开采量；在未超采地区可以根据现有工程和新建工程的供水能力确定规划供水量。而地下水可供水量采用公式计算：

$$W_{\text{地下可供}}=\sum_{i=1}^{t}\min\left(Q_i,W_i,X_i\right) \tag{5-2}$$

式中：

X_i —— 第 i 段需水量，m³。

W_i —— 第 i 时段当地地下水可开采量，m³。

Q_i —— 第 i 时段机井提水量，m³。

t —— 计算时段数。

（四）其他水源的可供水量

在一定条件下，雨水集蓄利用、污水处理利用、海水、深层地下水、跨流域调水等都可作为供水水源，参与到水资源供需分析中。

第一，雨水集蓄利用主要指收集储存屋顶、场院、道路等场所的降雨或径流的微型蓄水工程，包括水窖、水池、水柜、水塘等。通过调查、分析现有集雨工程的供水量以及对当地河川径流的影响，提出各地区不同水平年集雨工程的可供水量。

第二，微咸水（矿化度 2 ～ 3 g/L）一般可补充农业灌溉用水，某些地区矿化度超过 3 g/L 的咸水也可与淡水混合利用。通过对微咸水的分布及其可利用地域范围和需求的调查分析，综合评价微咸水的开发利用潜力，提出各地区不同水平年微咸水的可利用量。

第三，城市污水经集中处理后，在满足一定水质要求的情况下，多可用于农田灌溉及生态环境用水。对缺水较严重城市，污水处理再利用对象可扩及水质要求不高的工业冷却用水，以及改善生态环境和市政用水，如城市绿化、冲洗道路、河湖补水等。①污水处理再利用于农田灌溉，要通过调出，分析后再利用水量的需求、时间要求和使用范围，落实再利用水的数量和用途。部分地区存在直接引用污水灌溉的现象，在供水预测中，不能将未经处理、未达到水质要求的污水量计入可供水量中。②有些污水处理再利用需要新建供水管路和管网设施，实行分质供水，有些需要建设深度处理或特殊污水处理厂，以满足特殊用户对水质的目标要求。③估算污水处理后的入河排污水量，分析对改善河道水质的作用。④调查分析污水处理再利用现状及存在的问题，落实用户对再利用的需求，制定各规划水平年再利用方案。

第四，海水利用包括海水淡化和海水直接利用两种方式。对沿海城市海水利用现状情况进行调查。海水淡化和海水直接利用要分别统计，其中海水直接利用量要求折算成淡水替代量。

第五，严格控制深层承压水的开采。深层承压水利用应详细分析其分布、补给和循环规律，做出深层承压水的可开发利用潜力的综合评价。在严格控制不超过其可开采数量和范围的基础上，提出各规划水平年深层承压水的可供水量计算成果。

第六，跨流域跨省的调水工程的水资源配置，应由流域管理机构和上级主管部门负责协调。跨流域调水工程的水量分配原则上按已有的分水协议执行，也可与规划调水工程一样采用水资源系统模型方法计算出更优的分水方案，在征求有关部门和单位后采用。

三、水资源供需平衡分析

（一）概念及内容

水资源供需平衡分析是指在综合考虑社会、经济、环境和水资源的相互关系基础上，分析不同发展时期、各种规划方案的水资源供需状况。水资源供需平衡分析就是采取各种措施使水资源供水量和需水量处于平衡状态。

水资源供需平衡分析的核心思想就是开源节流。一方面增加水源，包括开辟各类新的水源，如海水利用；另一方面就是减少用水需求，可以通过各种手段减少对水资源的需求，如提高水资源利用效率、改革管理机制等。

水资源供需分析以流域或区域的水量平衡为基本原理，对流域或区域内的水资源的供用、耗、排等进行长系列的调算或典型年分析，得出不同水平年各流域的相关指标。供需分析计算一般采取 2 ～ 3 次供需分析方法。

水资源供需分析的内容包括：①分析水资源供需现状，出找当前存在的各类水问题。②针对不同水平年，进行水资源供需状况分析，寻求在将来实现水资源供需平衡的目标和问题。③最终找出实现水资源可持续利用的方法和措施。

（二）基本原则与要求

第一，水资源供需分析是在现状供需分析的基础上，并分析规划水平年各种合理抑制需求、有效增加供水、积极保护生态环境的可能措施（包括工程措施与非工程措施），组合成规划水平年的多种方案，结合需水预测与供水预测，进行规划水平年各种组合方案的供需水量平衡分析，并对这些方案进行评价与比选，提出推荐方案。

第二，水资源供需分析应在多次供需反馈和协调平衡的基础上进行。一般进行两至三次平衡分析，一次平衡分析是考虑人口的自然增长，经济的发展，城市化程度和人民生活水平的提高，在现状水资源开发利用格局和发挥现有供水工程潜力情况下的水资源供需分析；若一次平衡有缺口，则在此基础上进行二次平衡分析，在进一步强化节水、治污与污水处理回用、挖潜等工程措施，以及合理提高水价、调整产业结构、合理抑制需求和改善生态环境等措施的基础上进行水资源供需分析；若二次平衡仍有较大缺口，应进一步加大调整经济布局和产业结构及节水的力度，具有跨流域调水可能的，应增加外流域调水，进行三次供需平衡分析。

第三，选择经济、社会、环境、技术方面的指标，也对不同组合方案进行分析、比较和综合评价。评价各种方案对合理抑制需求、有效增加供水和保护生态环境的作用与效果，以及相应的投入和代价。

第四，水资源供需分析要满足不同用户对水量和水质的要求。根据不同水源的水质状况，安排不同水质要求用户的供水。水质不能满足要求者，其水量不能列入供水方案中参加供需平衡分析。

（三）平衡计算方法

进行水资源供需平衡计算时可以采用以下公式：

可供水量 - 需水量 - 损失的水量 = 余水（缺水量）　　（5-3）

第一，在进行水资源供需平衡计算时，首先要进行水资源平衡计算区域的划分，一般采用分流域分地区进行划分计算。在流域或省级行政区内以计算分区进行，在分区内时城镇与乡村要单独划分，并对建制市城市进行单独计算。其次，要进行平衡计算时段的划分，计算时段可以采用月或旬。一般可以采用长系列月调节计算方法，能正确反映计算区域水资源供需的特点和规律。主要水利工程、控制节点、计算分区的月流量系列应根据水资源调出评价和供水量预测分析的结果进行分析计算。

第二，在供需平衡计算出现余水时，即可供水量大于需水量时，如果蓄水工程尚未蓄满，余水可以在蓄水工程中滞留，把余水作为调蓄水量参加下一时段的供需平衡；如果蓄水工程已经蓄满水，则余水可以作为下游计算分区的入境水量，参加下游分区的供需平衡计算；可以通过减少供水（增加需水）来实现平衡。

第三，在供需平衡计算出现缺水时，即可供水量小于需水量时，要根据需水方反馈信息要求的供水增加量与需水调整的可能性与合理性，进行综合分析及合理调整。在条件允许的前提下，可以通过减少用水方的用水量（主要通过提高用水效率来实现）；或者通过从外流域调水实现供需水的平衡。

总的原则是不留供需缺口，在出现不平衡的情况下，可按以上意见进行二次、三次水资源供需平衡以达到平衡的目的。

（四）解决供需平衡矛盾的主要措施

水资源供需平衡矛盾的解决，应从供给与需求两个方面入手，即供需平衡分析的核心思想“开源节流”，增加供给量，减少需求量。

1. 建设节约型社会，促进水资源的可持续利用

节约型社会是一种全新的社会发展模式。建设节约型社会不仅是由我国的基本国情决定的，更是实现可持续发展战略的要求。节约型社会是解决我国地区性缺水问题的战略性对策，需在水资源可持续利用的前提下，因地制宜地建立起全国各地节水型的城市与工农业系统，尤其是用水大户的工农业生产系统，改进农业灌溉技术、推广农业节水技术、提高农业水资源利用效率，这也是搞好农业节水的关键；在工业生产中，加快对现有经济和产业的结构调整，加快对现有生产工艺的改进，提高水资源的循环利用效率，完善企业节水管理，促进企业向高效利用节水型转变。此外，增加国民经济中水源工程建设与供水设施的投资比例进一步控制洪水，预防干旱，提高水资源的利用效率，控制和治理水污染，发挥工程，管理内涵的作用。

建设节约型社会是调整治水，实现人与自然和谐可持续发展的重要措施。一要突出抓好节水法规的制定；二要启动节水型社会建设的试点工作，试点先行，逐步推进；三要以水权市场理论为指导，充分发挥市场配置水资源的基础作用，积极探索运用市场机制，建立用水户主动自愿节水意识及行为的建设。

2. 加强水资源的权属管理

水资源的权属包括水资源的所有权和使用权两方面。水资源的权属管理相应地包括：水资源的所有权管理和水资源的使用权管理。水资源在国民经济和社会生活中具有重要的地位，具有公共资源的特性，强化政府对水资源的调控和管理。长期以来，由于各种原因，低价使用水资源造成了水资源的大量浪费，使水资源处于一种无序状态。随着水资源需求量的迅猛增长，水资源供需矛盾尖锐，加强对水资源权属进行管理迫在眉睫，如现行的取水许可制度。

3. 采取经济手段调控水资源供需矛盾

水价是调节用水量的一个强有力的经济杠杆，是最有效的节水措施之一。水价格的变化关系到每一个家庭、每个用水企业、每个单位的经费支出，是他们经济核算的指标。如果水价按市场经济的价格规律运作，可按供水成本、市场的供需矛盾决定水价，水价必定会提高，水价的提高，用水大户势必因用水成本升高，趋于对自身利益最优化的要求而进行节约用水，达到节水的目的。科学的水资源价值体系及合理的水价，能够使各方面的利益得到协调，促进水资源配置处于最优化状态。

4. 加强南水北调与发展多途径开源

中国水资源时空分布极其不均，南方水多地少，北方水少地多。通过对水资源的调配，缩小地区上水分布差异，是具有长远性的战略，是缓解我国水资源时空分布不均衡的根本措施。开源的内容包括增加调蓄和提高水资源利用率，挖掘现有水利工程供水能力，调配以及扩大新的水源等方面。控制洪水，增加水源调蓄水利工程兴建的主要任务是发电和防洪。因此，对已建的大中型水库增加其汛期与丰水年来水的调蓄量，进行科学合理的水库调度十分重要。增加河道基流以及地下水的合理利用；发展集雨、海水及微咸水利用等。

第四节　水资源规划的制定

一、规划方案制定的一般步骤

（一）基本要求

第一，依据水资源配置提出的推荐方案，统筹考虑水资源的开发、利用、治理、配置、节约和保护，研究提出水资源开发利用总体布局、实施方案与管理方式，总体布局要求，工程措施与非工程措施紧密结合。

第二，制定总体布局要根据不同地区自然特点和经济社会发展目标要求，努力提高用水效率，合理利用地表水与地下水资源；有效保护水资源，积极治理，利用废污水、微咸水和海水等其他水源；统筹考虑开源、节流、治污的工程措施。在充分发挥现有工程效益的基础上，兴建综合利用的骨干水利枢纽，增强和提高水资源开发利用程度与调控能力。

第三，水资源总体布局要与国土整治、防洪减灾、生态环境保护与建设相协调，与有关规划相互衔接。

第四，实施方案要统筹考虑投资规模、资金来源与发展机制等，做到协调可行。

（二）水资源规划决策的一般步骤

水资源规划是一个系统分析过程，同时也是一个宏观决策过程，同一般问题的决策程序一样，具有五个主要的内容，即问题的提出、目标选定、制定对策、方案比选和方案决策。

1. 问题的提出

水资源规划中问题的提出，实际上是对规划区域水资源问题的诊断，这就要求规划者弄清楚水资源工程的实际问题：问题的由来及背景；问题的性质；问题的条件；收集资料、数据的情况。

2. 目标选定

正确提出问题后，就可以开始解决问题。目标选定就是要拟定一个解决问题的宏观策略，提出解决问题的方向。目标的选定通常是由决策者决定的，往往由规划者具体提出。在大多数情况下，决策者很难用清晰周密的语言描述他们的真正目标，而规划者又很难站在决策者的高度提出解决方案。即使决策者在开始分析阶段就能明确地提出目标，规划者也不能不加分析地加以应用，而要分析目标的层次结构，选择适当的目标。如何适当地选定目标，还需要规划者根据决策者的意愿，进行综合分析并结合实际经验，方能正确选定。

3. 制定对策

制定对策就是针对问题的具体条件和规划的期望目标而制定解决问题、实现目标的对策。水资源规划中，为使规划决策定量化，一般都从决策问题的系统设计开始，建立针对决策问题的模型。模型一般分为物理模型和数学模型两大类，其中数学模型又可分为优化模型和模拟模型两种。不同的问题选定与其相适应的模型类型。

4. 方案比选

在模型建立后，根据实测或人工生成的水文系列作为输入，在计算机上对各用水部门的供需过程进行对比，求出若干可行方案的相应效益，通过对主次目标的评价．筛选出若干可行方案，并提供给决策者评价。决策者则可根据自己的经验和意愿，对系统分析的成果进行对比分析，在总体权衡利弊得失后，进行决策。

5. 方案决策及其检验

决策是对一种或几种值得采用的或可供进一步参考的方案进行选定；在通过初选方案后，还需对入选方案获得的结论做进一步检验，即方案在通过正确性检验后才能进入到实施阶段。

6. 规划实施

根据决策制定出的具体行动计划，即将最后选定的规划方案在系统内有计划地具体实施。如果在工程实施中遇到的新问题不多，可对方案略加调整后继续实施，直到完成整个计划。如果在方案实施过程中遇到的新问题较多，就要返回到前面相应步骤中，重新进行计算。以上仅是逻辑过程，并不是很严格，且在运算过程中需进行不断反馈。

二、规划方案的工作流程

水资源综合规划的工作流程如下：①视研究范围的大小，可先按研究范围的流域进行组织。②流域机构按照各自的职责范围，组织本流域内各分区一起开展流域规划编制，在各分区反复协调的基础上，形成流域或区域规划初步成果。③在流域或区域规划初步成果基础上，进行研究范围总体汇总，在上下多次成果协调的基础上形成总体性的水资源综合规划。④在总体规划的指导下，完成流域水资源综合规划。⑤在流域或区域规划指导下，完成区域水资源综合规划。⑥规划成果的总协调。

总之，流域规划在整个规划过程中起到承上启下的关键性作用，规划工作的关键在于流域规划。

三、规划方案的实施及评价

（一）规划方案的实施

水资源规划的实施，即根据水资源规划方案决策及工程优化开发程序进行水资源工程的建设阶段或管理工程的实施阶段。工程建成后，并按照所确定的优化调度方案，进行实时调度运行。

（二）规划实施效果评价

1. 基本要求

①综合评估规划推荐方案实施后可达到的经济、社会、生态环境的预期效果及效益。②对各类规划措施的投资规模和效果进行分析。③识别对规划实施效果影响较大的主要因素，并提出相应的对策。

2. 评价内容

规划实施效果评价按下列三个层次进行。

第一层次评价规划实施后，建立的水资源安全供给保障系统与经济社会发展和生态环境保护的协调程度，主要包括：①规划实施后水资源开发利用与经济社会发展之间的协调程度。②规划实施后水资源节约、保护与生态保护及环境建设的协调程度。③规划实施后所产生的宏观社会效益、经济效益和生态环境效益。

第二层次评价规划实施后水资源系统的总体效果，主要包括：①规划实施后对提高供水和生态与环境安全的效果，以及对提高水资源承载能力的效果。②规划实施后对水资源配置格局的改善程度，包括水资源供给数量、质量和时空分布的配置与经济社会发展适应和协调程度等。③规划实施之后对缓解重点缺水地区和城市水资源紧缺状况和改善生态环境的效果。④规划实施后流域、区域及城市供用水系统的保障程度、抗风险能力以及抗御特枯水及连续枯水年的能力与效果。⑤工程措施和非工程措施的总体效益分析。

第三层次评价各类规划实施方案的经济效益，主要包括：①评价节水措施实施后节水量和效益。②评价水资源保护措施实施后所产生的社会效益、经济效益和生态环境效益。③评价增加供水方案实施后由于供水能力和供水保证率的提高，所产生的社会效益、经济效益和生态环境效益。④评价非工程措施的实施效果：包括对提出的抑制不合理需求、有效增加供水和保护生态环境的各类管理制度、监督、监测及有关政策的实施效果进行检验。⑤有条件的地区可对总体布局中起重大作用的骨干水利工程的实施效果进行评价。⑥对综合规划的近期实施方案进行环境影响总体评价，对可能产生的负面影响提出补偿改善措施。规划实施效果按水资源一级分区和省级行政区进行评价，评价采取定性与定量相结合的方法，以定量为主。

第六章　水资源开发与利用

第一节　水资源开发利用形式

一、水资源可持续利用评价

水资源可持续利用指标体系及评价方法作为目前水资源可持续利用研究的核心，是进行区域水资源宏观调控的主要依据。目前，还尚未形成水资源可持续利用指标体系及评价方法的统一观点；因此，本节针对现行国内外水资源可持续利用指标体系建立评价中存在的主要问题，并对区域水资源可持续利用指标体系及评价方法作简单的介绍。

（一）水资源可持续利用指标体系

1. 水资源可持续利用指标体系研究的基本思路

水资源可持续利用是一个反映区域水资源状况（包括水质、水量、时空变化等），开发利用程度，水资源工程状况，区域社会、经济、环境与水资源协调发展，近期与远期不同水平年对水资源分配竞争；地区之间、城市与农村之间水资源的受益差异等多目标的决策问题。根据可持续发展与水资源可持续利用的思想，水资源可持续利用指标体系的研究思路包括以下方面。

（1）基本原则

区域水资源可持续利用指标体系的建立，应根据区域水资源特点，考虑到区域社会经济发展的不平衡、水资源开发利用程度及当地科技文化水平的差异等，在借鉴国际上对资源可持续利用的基础上，以科学、实用、简明的选取原则，具体考虑以下5个方面。

①全面性和概括性相结合

区域水资源可持续利用系统是一个复杂的复合系统，它具有深刻而丰富的内涵，要求建立的指标体系具有足够的涵盖面，全面反映区域水资源可持续利用内涵，但同时又要求指标简洁、精练，因为要实现指标体系的全面性就极容易造成指标体系之间的信息重叠，从而影响评价结果的精度。为此，应尽可能地选择综合性强、覆盖面广的指标，而避免选择过于具体详细的指标，同时，应考虑地区特点，抓住主要的、关键性指标。

②系统性和层次性相结合

区域以水为主导因素的水资源——社会——经济——环境这一复合系统的内部结构非常复杂，各个系统之间相互影响，相互制约。因此，要求建立的指标体系层次分明，具有系统化和条理化，将复杂的问题用简洁明朗的、层次感较强的指标体系表达出来，充分展示区域水资源可持续利用复合系统可持续发展状况。

③可行性与可操作性相结合

建立的指标体系往往在理论上反映较好，但实践性却不强。因此，在选择指标时，不能脱离指标相关资料信息条件的实际，要考虑指标的数据资料来源，也即选择的每一项指标不但要有代表性，而且应尽可能选用目前统计制度中所包含或通过努力可能达到、对于那些未纳入现行统计制度、数据获得不是很直接的指标，只要它是进行可持续利用评价所必需的，也可将其选择作为建议指标，或者可以选择与其代表意义相近的指标作为代替。

④可比性与灵活性相结合

为了便于区域自己在纵向上或者区域与其他区域在横向上比较，要求指标的选取和计算采用国内外通行口径，同时，指标的选取应具备灵活性，水资源、社会、经济、环境具有明显的时空属性，不同的自然条件，不同的社会经济发展水平，不同的种族和文化背景，导致各个区域对水资源的开发利用和管理都具有不同的侧重点和出发点。指标因地区不同而存在差异，因此，指标体系应具有灵活性，可根据各地区的具体情况进行相应调整。

⑤问题的导向性

指标体系的设置和评价的实施，目的在于引导被评估对象走向可持续发展的目标，因而水资源可持续利用指标应能够体现人、水、自然环境相互作用的各种重要原因和后果，从而为决策者有针对性地适时调整水资源管理政策并提供支持。

（2）理论与方法

借助系统理论、系统协调原理，以水资源、社会、经济、生态、环境、非线性理论、系统分析与评价、现代管理理论与技术等领域的知识为基础，以计算机仿真模拟为工具，采用定性与定量相结合的综合集成方法，研究水资源可持续利用指标体系。

（3）评价与标准

水资源可持续利用指标的评价标准可采用 Bossel 分级制与标准进行评价，将指标分为 4 个级别，并按相对值 0 ～ 4 划分。其中，0 ～ 1 为不可接受级，即指标中任何一个指标值小于 1 时，表示该指标所代表的水资源状况十分不利于可持续利用，为不可接受级 1 ～ 2 为危险级，即指标中任何一个值在 1 ～ 2 时，表示它对可持续利用构成威胁；2 ～ 3 为良好级，表示有利于可持续利用；3 ～ 4 则为优秀级，表示十分有利于可持续利用。

①水资源可持续利用的现状指标体系

现状指标体系分为两大类：基本定向指标和可测指标。

基本定向指标是一组用于确定可持续利用方向的指标，是反映可持续性最基本而又不能直接获得的指标。基本定向指标可选择生存、能效、自由、安全、适应和共存 6 个指标。

生存表示系统与正常环境状况相协调并能在其中生存与发展。能效表示系统能在长期平衡基础上通过有效的努力使稀缺的水资源供给安全可靠，并能消除其对环境的不利影响。自由表示系统具有能力在一定范围内灵活地应付环境变化引起的各种挑战，以保障社会经济的可持续发展。安全表示系统必须能够使自己免受环境易变性的影响，使其可持续发展。适应表示系统应能通过自适应和自组织更好地适应环境改变的挑战，使系统在改变了的环境中持续发展。共存是指系统必须有能力调整其自身行为，考虑其他子系统和周围环境的行为、利益，与之和谐发展。

可测指标即可持续利用的量化指标，按社会、经济、环境 3 个子系统划分，各子系统中的可测指标由系统本身有关指标及其可持续利用涉及的主要水资源指标构成，这些指标又进一步分为驱动力指标、状态指标和响应指标。

②水资源可持续利用指标趋势的动态模型

应用预测技术分析水资源可持续利用指标的动态变化特点，建立适宜的水资源可持续利用指标动态模拟模型和动态指标体系，通过计算机仿真进行预测。根据动态数据的特点，模型主要包括统计模型、时间序列（随机）模型、人工神经网络模型（主要是模糊人工神经网络模型）和混沌模型。

③水资源可持续利用指标的稳定性分析

由于水资源可持续利用系统是一个复杂的非线性系统，在不同区域内，应用非线性理论研究水资源可持续利用系统的作用、机理和外界扰动对系统的敏感性。

④水资源可持续的综合评价

根据上述水资源可持续利用的现状指标体系评价、水资源可持续利用指标趋势的动态模型和水资源可持续利用指标的稳定性分析，应用不确定性分析理论，进行水资源可持续综合评价。

2. 水资源可持续利用指标体系研究进展

（1）水资源可持续利用指标体系的建立方法

现有指标体系建立的方法基本上是基于可持续利用的研究思路，归纳起来主要包括几点：①系统发展协调度模型指标体系由系统指标和协调度指标构成。系统可概括为社会、经济、资源、环境组成的复合系统。协调度指标则是建立区域人一地相互作用和潜力三维指标体系，通过这一潜力空间来综合测度可持续发展水平和水资源可持续利用评价。②资源价值论应用经济学价值观点，选用资源实物变化率、资源价值（或人均资源价值）变化率和资源价值消耗率变化等指标进行评价。③系统层次法基于系统分析法，指标体系由目标层和准则层构成。目标层即水资源可持续利用的目标，目标层下可建立1个或数个较为具体的分目标，即准则层。准则层则由更为具体的指标组成，应用系统综合评判方法进行评价。④压力—状态—反应（PSR）结构模型由压力、状态和反应指标组成。压力指标用以表征造成发展不可持续人类活动和消费模式或经济系统的一些因素，状态指标用以表征可持续发展过程中的系统状态，响应指标用以表征人类为促进可持续发展进程所采取的对策。⑤生态足迹分析法是一组基于土地面积的量化指标对可持续发展的度量方法，它采用生态生产性土地为各类自然资本统一度量基础。⑥归纳法首先把众多指标进行归类，再从不同类别中抽取若干指标构建指标体系。⑦不确定性指标模型认为水资源可持续利用概念具有模糊、灰色特性。应用模糊、灰色识别理论、模型和方法进行系统评价。⑧区间可拓评价方法将待评指标的量值、评价标准均以区间表示，应用区间与区间之间概念和方法进行评价。⑨状态空间度量方法以水资源系统中人类活动、资源、环境为三维向量表示承载状态点，状态空间中不同资源、环境、人类活动组合则可形成区域承载力，构成区域承载力曲面。⑩系统预警方法中的预警是水资源可持续利用过程中偏离状态的警告，它既是一种分析评价方法，其又是一种对水资源可持续利用过程进行监测的手段。预警模型由社会经济子系统和水资源环境子系统组成。⑪属性细分理论系统就是将系统首先进行分解，并进行系统的属性划分，根据系统的细分化指导寻找指标来反映系统的基本属性，最后确定各子系统属性对系统属性的贡献。

（2）水资源可持续利用评价的基本程序

基本程序包括：①建立水资源可持续利用的评价指标体系；②确定指标的评价标准；③确定性评价；④收集资料；⑤指标值计算与规格化处理；⑥评价计算；⑦根据评价结果，提出评价分析意见。

因此，为了准确评定水资源配置方案的科学性，必须建立能评价和衡量各种配置方案的统一尺度，即评价指标体系。评价指标体系是综合评价的基础，指标确定是否合理，对于后续的评价工作起决定性的影响。由此可见，建立科学、客观、合理的评价指标体系，是水资源配置方案评价的关键。

（3）水资源可持续利用指标体系的分类

①国外水资源可持续利用指标体系主要包括国家、地区、流域3种尺度

水资源可持续利用指标体系分为质量指标、受损指标、交互作用指标、水文地质化学指标和动态指标。可持续类别根据生态状况分为可持续、弱不可持续、中等不可持续、不可持续、高度不可持续和灾难性不可持续。

国家水资源可持续利用指标体系，其特点是具有高度的宏观性，指标数目少。主要指标包括：地表水、地下水年提取量，人均用水量，地下水储存量，淡水中肠菌排泄量，水体中生物需氧量，废水处理，水文网络密度等。

地区水资源可持续利用指标体系，其特点是指标种类数目相对较多，强调生态状况。主要指标包括：地表水利用量、地下水利用量，水资源总利用量，家庭用水水质，清洁水、废水价格，水源携带营养量，水流中有害物质数量，人口、濒临物种，居民区和人口稀疏地区废水处理效率，污水利用量，水系统调节、用水分配，防洪、经济和娱乐等。

流域水资源可持续利用指标体系，流域管理强调环境、经济、社会综合管理，其目的在于考虑下一代利益，保护自然资源，特别是水资源，使其对社会、经济、环境负面影响结果最小。指标体系大多为驱动力——压力——状态——反应指标。驱动力为流域中自然条件以及经济活动，压力包括自然、人工供水、用水量和水污染，状态则是反映上述的质量、数量指标，反应包括直接对生态的影响和对流域资源的影响。

②国内水资源可持续利用指标体系

1）按复合系统子系统划分

自然生态指标：水资源总量、水资源质量指标、水文特征值的稳定性指标、水利特征值指标、水源涵养指标、污水排放总量、污水净化能力、海水利用量。

经济指标：工业产值耗水指标，农业产值耗水指标，第三产业耗水指标，水价格。

社会指标：城市居民生活用水动态指标，农村人畜用水动态指标，环境用水动态指标，技术因素、政策因素对水资源利用的影响。

2）按水资源系统特性划分

水资源可供给性：产水系数、产水模数、人均水量、地均水量、水质状况。

水资源利用程度及管理水平：工业用水利用率、农业用水利用率、灌溉率、重复用水率、水资源供水率。

水资源综合效益：单位水资源量的工业产值、单位水资源量的农业产值。

3）按指标的结构划分

综合性指标体系：由反映社会、经济、资源、环境的多项指标综合而成。

层次结构指标体系：由一系列指标组成指标群，在结构上表现为一定的层次结构。

矩阵结构指标体系：这是近年来可持续发展指标体系建立新思路，其特点是在结构上表现为交叉的二维结构。

4）按指标体系建立的途径划分

统计指标：指以统计途径获得的指标。

理论解析模型指标：指通过模型求解获得的指标。

5）按指标体系的量纲划分

有量纲指标：指具有度量单位的指标，例如用水量，其度量单位可用亿 m^3 或万 m^3 表示。

无量纲指标：指没有度量单位的指标，如以百分率或比值表示的指标。

6）按可持续观点划分

外延指标和内在指标：外延指标分为自然资源存量、固定资产存量；内在指标是由外延指标派生出来的指标，分为时间函数（即速率）、状态函数两种。

描述性指标和评估性指标：描述性指标是以各因素基础数据为主的指标；评估性指标是经过计算加工后的指标，实际中多用相对值表示。

7）按评价指标货币属性划分

货币评价指标：指能够按货币估值的指标。

非货币评价指标：指不能够按货币估值的指标，如用水公平性。

8）按认识论和方法论分析划分。

经济学方法指标：按自然资源、环境核算建立的指标。

生态学方法指标：以生态状态为主要指标，其主要包括能值分析和最低安全标准指标。

统计学指标：把水资源可持续利用看作是一个多层次、多领域的决策问题，指标结构为多维、多层次。

9）按评价指标考虑因素的范围划分。

单一性指标：它侧重于描述一系列因素的基本情况，以指标大型列表或菜单表示。

专题性指标：选择有代表性专题领域，制定出相应的指标。

系统化指标：它是在一个确定的研究框架内，为了综合和集成大量的相关信息，制定出具有明确含义的指标。

（二）水资源可持续利用评价方法

水资源开发利用保护是一项十分复杂的活动，至今未有一套相对完整、简单而又为大多数人所接受的评价指标体系和评价方法。一般认为指标体系要能体现所评价对象在时间尺度的可持续性、空间尺度上的相对平衡性、对社会分配方面的公平性、对水资源的控制能力、对与水有关的生态环境质量的特异性、具有预测和综合能力，并相对易于采集数据并相对易于应用。

水资源可持续利用评价包括水资源基础评价、水资源开发利用评价、与水相关的生态环境质量评价、水资源合理配置评价、水资源承载能力评价以及水资源管理评价6个方面。水资源基础评价突出资源本身的状况及其对开发利用保护而言所具有的特点；开发利用评价则侧重于开发利用程度、供水水源结构、用水结构、开发利用工程状况和缺水状况等方面；与水有关的生态环境质量评价要能反映天然生态与人工生态的相对变化、河湖水体的变化趋势、土地沙化与水土流失状况、用水不当导致的耕地盐渍化状况以及水体污染状况等；水资源合理配置评价不是侧重于开发利用活动本身，而是侧重于开发利用对可持续发展目标的影响，主要包括水资源配置方案的经济合理性、生态环境合理性、社会分配合理性及三方面的协调程度，同时还要反映开发利用活动对水文循环的影响程度、开发利用本身经济代价及生态代价，以及所开发利用水资源的总体使用效率；水资源承载能力评价要反映极限性、被承载发展模式的多样性和动态性，以及从现状到极限的潜力等；水资源管理评价包括需水、供水、水质、法规、机构等五方面的管理状态。

水资源可持续利用评价指标体系是区域与国家可持续发展指标体系的重要组成部分，也是综合国力中资源部分的重要环节，“走可持续发展之路，是中国在未来发展的自身需要和必然选择”。为此，对水资源可持续利用进行评价具有重要意义。

1. 水资源可持续利用评价的含义

水资源可持续利用评价是按照现行的水资源利用方式、水平、管理与政策对其能否满足社会经济持续发展所要求的水资源可持续利用做出的评估。

进行水资源可持续利用评价的目的在于认清水资源利用现状和存在问题，调整其利用方式与水平，实施有利于可持续利用的水资源管理政策，其有助于国家和地区社会经济可持续发展战略目标的实现。

2. 水资源可持续利用指标体系的评价方法

综合许多文献，目前，水资源可持续利用指标体系的评价方法主要有以下几种：①综合评分法其基本方法是通过建立若干层次的指标体系，采用聚类分析、判别分析和主观权重确定的方法，最后给出评判结果。它的特点是方法直观，计算简单。②不确定性评判法主要包括模糊与灰色评判。模糊评判采用模糊联系合成原理进行综合评价，多以多级模糊综合评价方法为主。该方法的特点是能够将定性、定量指标进行量化。③多元统计法主要包括主成分分析和因子分析法。该方法的优点是把涉及经济、社会、资源和环境等方面的众多因素组合为量纲统一的指标，解决了不同量纲的指标之间可综合性问题，把难以用货币术语描述的现象引入了环境和社会的总体结构中，信息丰富，资料易懂，针对性强。④协调度法利用系统协调理论，以发展度、资源环境承载力和环境容量为综合指标来反映社会、经济、资源（包括水资源）与环境的协调关系，能够从深层次上反映水资源可持续利用所涉及的因果关系。

3. 水资源可持续利用评价指标

（1）水资源可持续利用的影响因素

水资源可持续利用的影响因素主要有：区域水资源数量、质量及其可利用量；区域社会人口经济发展水平及需水量；水资源开发利用的水平；水资源管理水平；区域外水资源调用的可能性等。

（2）选择水资源可持续利用评价指标

选择水资源可持续利用评价指标主要考虑：对水资源可持续利用有较大影响；指标值便于计算；资料便于收集，便于进行纵向和横向比较。

三、水资源承载能力

（一）水资源承载能力的概念及内涵

1. 水资源承载能力的概念

目前，关于水资源承载能力的定义并无统一明确界定，国内有两种不大相同的说法：一种是水资源开发规模论；另一种是水资源支持持续发展能力论。

前者认为，“在一定社会技术经济阶段，在水资源总量的基础上，通过合理分配和有效利用所获得的最合理的社会、经济与环境协调发展的水资源开发利用的最大规模”或“在一定技术经济水平和社会生产条件下，水资源可供给工农业生产、人民生活和生态环境保护等用水的最大能力，即水资源开发容量”。后者认为，水资源的最大开发规模或容量比起水资源作为一种社会发展的“支撑能力”而言，范围要小得多，含义也不尽相同。因此，将水资源承载能力定义为：“经济和环境的支撑能力。”前者的观点适于缺水地区，而后者的观点更有普遍的意义。

考虑到水资源承载能力研究的现实与长远意义，对它的理解和界定，要遵循下列原则：第一、必须把它置于可持续发展战略构架下进行讨论，离开或偏离社会持续发展模式是没有意义的；第二、要把它作为生态经济系统的一员，综合考虑水资源对地区人口、资源、环境和经济协调发展的支撑力；第三、要识别水资源与其他资源不同的特点，它既是生命、环境系统不可缺少的要素，又是经济、社会发展的物质基础，既是可再生、流动的、不可浓缩的资源，又是可耗竭、可污染、利害并存和不确定性的资源。水资源承载能力除受自然因素影响外，还受许多社会因素影响和制约，如受社会经济状况、国家方针政策（包括水政策）、管理水平和社会协调发展机制等影响。因此，水资源承载能力的大小是随空间、时间和条件变化而变化的，且具有一定的动态性、可调性和伸缩性。

根据上述认识，水资源承载能力的定义为：某一流域或地区的水资源在某一具体历史发展阶段下，以可预见的技术、经济和社会发展水平为依据，以可持续发展为原则，以维护生态环境良性循环发展为条件，经过合理优化配置，对该流域或地区社会经济发展的最大支撑能力。

可以看出，有关水资源承载能力研究面对的则是包括社会、经济、环境、生态、资源在内的错综复杂的大系统。在这个系统内，既有自然因素的影响，又有社会、经济、文化等因素的影响。为此，开展有关水资源承载能力研究工作的学术指导思想，应是建立在社会经济、生态环境、水资源系统的基础上，在资源一资源生态一资源经济科学原理指导下，立足于资源可能性，以系统工程方法为依据进行的综合动态平衡研究。着重从资源可能性出发，回答：一个地区的水资源数量多少，质量如何，在不同时期的可利用水量、可供水量是多少，用这些可利用的水量能够生产出多少工农业产品，人均占有工农业产品的数量是多少，生活水平可以达到什么程度，合理的人口承载量是多少。

2. 水资源承载能力的内涵

从水资源承载能力的含义来分析，至少有如下几点内涵。

在水资源承载能力的概念中，主体是水资源，客体是人类及其生存的社会经济系统和环境系统，或更广泛的生物群体及其生存需求。水资源承载能力就是要满足客体对主体的需求或压力，也就是水资源对社会经济发展的支撑规模。

水资源承载能力具有空间属性。它是针对某一区域来说的，因为不同区域的水资源量、水资源可利用量、需水量以及社会发展水平、经济结构与条件、生态环境问题等方面可能不同，水资源承载能力也可能不同。因此，在定义或计算水资源承载能力时，首先要圈定研究区范围。

水资源承载能力具有时间属性。在众多定义中均强调“在某一阶段”，这是因为在不同时段内，社会发展水平、科技水平、水资源利用率、污水处理率、用水定额以及人均对水资源的需求量等均有可能不同。因此，在水资源承载能力定义或计算时，也要指明研究时段，并注意不同阶段的水资源承载能力可能有变化。

水资源承载能力对社会经济发展的支撑标准应该以“可承载”为准则。在水资源承载能力概念和计算中，必须要回答：水资源对社会经济发展支撑到什么标准时才算是最大限度的支撑。也只有在定义了这个标准后，才能进一步计算水资源承载能力。一般把“维系生态系统良性循环”作为水资源、承载能力的基本准则。

必须承认水资源系统与社会经济系统、生态环境系统之间是相互依赖、相互影响的复杂关系。不能孤立地计算水资源系统对某一方面的支撑作用，而是要把水资源系统与社会经济系统、生态环境系统联合起来进行研究，在水资源一社会经济一生态环境复合大系统中，寻求满足水资源可承载条件的最大发展规模，这才是水资源承载能力。

“满足水资源承载能力”仅仅是可持续发展量化研究可承载准则（可承载准则包括资源可承载、环境可承载。资源可承载又包括水资源可承载、土地资源可承载等）的一部分，它还必须配合其他准则（有效益、可持续），才能保证区域可持续发展。因此，在研究水资源合理配置时，要以水资源承载能力为基础，以可持续发展为准则（包括可承载、有效益、可持续），并建立水资源优化配置模型。

3. 水资源承载能力衡量指标

根据水资源承载能力的概念及内涵的认识，对水资源承载能力可以用 3 个指标来衡量。

（1）可供水量的数量

地区（或流域）水资源的天然生产力有最大、最小界限，一般以多年平均产出量（水量）表示，其量基本上是个常数，也是区域水资源承载能力的理论极限值，可用总水量、单位水量表示。可供水量是指地区天然的和人工可控的地表与地下径流的一次性可利用的水量，其中包括人民生活用水、工农业生产用水、保护生态环境用水和其他用水等。可供水量的最大值将是供水增长率为零时的相应水量。一些专家认为，经济合理的水资源可利用量约为水资源量 60% ～ 70%。

（2）区域人口数量限度

在一定生活水平和生态环境质量下，合理分配给人口生活用水、环卫用水所能供养的人口数量的限度，或计划生育政策下，人口增长率为零时的水资源供给能力，也就是水资源能够养活人口数量的限度。

（3）经济增长的限度

在合理分配给国民经济的生产用水增长率为零时，或经济增长率因受水资源供应限制为“零增长”时，国民经济增长将达到最大限度或规模，这就是单项水资源对社会经济发展的最大支持能力。

应该说明，一个地区的人口数量限度和国民经济增长限度，并不完全取决于水资源供应能力。但是，在一定的空间和时间，由于水资源紧缺和匮乏，它很可能是该地区持续发展的“瓶颈”资源，不得不早做研究，寻求对策。

（二）水资源承载能力研究的主要内容、特性及影响因素

1. 水资源承载能力的主要研究内容

水资源承载能力研究是属于评价、规划与预测一体化性质的综合研究，它以水资源评价为基础，以水资源合理配置为前提，以水资源潜力和开发前景为核心，以系统分析和动态分析为手段，以人口、资源、经济和环境协调发展为目标，由于受水资源总量、社会经济发展水平和技术条件以及水环境质量的影响，在研究过程中，必须充分考虑水资源系统、宏观经济系统、社会系统以及水环境系统间的相互协调与制约关系。水资源承载能力的主要研究内容包括：①水资源与其他资源之间的平衡关系：在国民经济发展过程中，水资源与国土资源、矿藏资源、森林资源、人口资源、生物资源、能源等之间的平衡匹配关系。②水资源的组成结构与开发利用方式：包括水资源的数量与质量、来源与组成，水资源的开发利用方式及开发利用潜力，水利工程可控制的面积、水量，水利工程的可供水量、供水保证率。③国民经济发展规模及内部结构：国民经济内部结构包括工农业发展比例、农林牧副渔发展比例、轻工重工发展比例、基础产业与服务业的发展比例等等。④水资源的开发利用与国民经济发展之间的平衡关系：使有限的水资源在国民经济各部门中达到合理配置，充分发挥水资源的配置效率，使国民经济发展趋于和谐。⑤人口发展与社会经济发展的平衡关系：通过分析人口增长变化趋势、消费水平变化趋势，研究预期人口对工农业产品的需求与未来工农业生产能力之间平衡关系。

2. 水资源承载能力的特性

随着科学技术的不断发展，人类适应自然、改造自然的能力逐渐增强，人类生存的环境正在发生重大变化，尤其是近年来，变化的速度渐趋迅速，变化本身也更为复杂。与此同时，人类对于物资生活的各种需求不断增长，因此水资源承载能力在概念上具有动态性、跳跃性、相对极限性、不确定性、模糊性和被承载模式的多样性。

（1）动态性

动态性是指水资源承载能力的主体（水资源系统）和客体（社会经济系统）都随着具体历史的不同发展阶段呈动态变化。水资源系统本身量和质的不断变化，导致其支持能力也相应发生变化，而社会体系的运动使得社会对水资源的需求也是不断变化的。这使得水资源承载能力与具体的历史发展阶段有直接的联系，不同的发展阶段有不同的承载能力，体现在两个方面：一是不同的发展阶段人类开发水资源的能力不同；二是不同的发展阶段人类利用水资源的水平也不尽相同。

（2）跳跃性

跳跃性是指承载能力的变化不仅仅是缓慢的和渐进的，而且在一定的条件下会发生突变。突变可能是由于科学技术的提高、社会结构的改变或者其他外界资源的引入，使系统突破原来的限制，形成新格局。另一种是出于系统环境破坏的日积月累或在外界的极大干扰下引起的系统突然崩溃。跳跃性其实属于动态性的一种表现，但由于其引起的系统状态的变化是巨大的，甚至是突变的，因此有必要专门指出。

（3）相对极限性

相对极限性是指在某一具体的历史发展阶段，水资源承载能力具有最大的特性，即可能的最大承载指标。如果历史阶段改变了，那么水资源的承载能力也会发生一定的变化，因此，水资源承载能力的研究必须指明相应的时间断面。相对极限性还体现在水资源开发利用程度是绝对有限的，水资源利用效率是相对有限的，不可能无限制地提高和增加。当社会经济和技术条件发展到较高阶段时，人类采取最合理的配置方式，使区域水资源对经济发展和生态保护达到最大支撑能力，此时的水资源承载能力达到极限理论值。

（4）不确定性

不确定性的原因既可能来自承载能力的主体也可能来自承载能力客体。水资源系统本身受天文、气象、下垫面以及人类活动的影响，造成水文系列的变异，使人们对它的预测目前无法达到确定的范围。区域社会和经济发展及环境变化，是一个更为复杂的系统，决定着需水系统的复杂性及不确定性。两方面的因素加上人类对客观世界和自然规律认识的局限性，决定了水资源承载能力的不确定性，同时决定了它在具体的承载指标上存在着一定的模糊性。

（5）模糊性

模糊性是指由于系统的复杂性和不确定因素的客观存在以及人类认识的局限性，决定了水资源承载能力在具体的承载指标上存在着一定模糊性。

（6）被承载模式的多样性

被承载模式的多样性也就是社会发展模式的多样性。人类消费结构不是固定不变的，而是随着生产力的发展而变化的，尤其是在现代社会中，国与国、地区与地区之间的经贸关系弥补了一个地区生产能力的不足，使得一个地区可以不必完全靠自己的生产能力生产自己的消费产品，因此社会发展模式不是唯一的。如何利用有限的水资源支持适合自己条件的社会发展模式则是水资源承载能力研究不可回避的决策问题。

3. 水资源承载能力的影响因素

通过水资源承载能力的概念和内涵分析看出，水资源承载能力研究多涉及社会、经济、环境、生态、资源等在内的纷繁复杂的大系统，在这个大系统中的每个子系统既有各自独特的运作规律，又相互联系、相互依赖，因此涉及的问题和因素比较多，但影响水资源承载能力的主要因素可以总结为7个方面。

（1）水资源的数量、质量及开发利用程度

由于自然地理条件的不同，水资源在数量上都有其独特的时空分布规律，在质量上也有差异，如地下水的矿化度、埋深条件，水资源的开发利用程度及方式也会影响可以用来进行社会生产的可利用水资源的数量。

（2）生产力水平

在不同的生产力水平下利用单方水可生产不同数量和不同质量的工农业产品，因此在研究某一地区的水资源承载能力时必须估测现状与未来的生产力水平。

（3）消费水平与结构

在社会生产能力确定的条件下，消费水平及结构将决定水资源承载能力的大小。

（4）科学技术

科学技术是生产力，高新技术将对提高工农业生产水平具有不可低估的作用，进而对提高水资源承载能力产生重要影响。

（5）人口数量

社会生产的主体是人，水资源承载能力的对象也是人，因此人口与水资源承载能力具有互相影响的关系。

（6）其他资源潜力

社会生产不仅需要水资源，还需要其他诸如矿藏、森林、土地等资源支持。

（7）政策、法规、市场、宗教、传统、心理等因素

一方面，政府的政策法规、商品市场的运作规律及人文关系等因素会影响水资源承载能力的大小；另一方面，水资源承载能力的研究成果又会对它们产生反作用。

（三）水资源承载能力与相关研究领域之间的关系

1. 与土地资源承载能力的关系

水资源承载能力主要用于研究缺水地区特别是干旱、半干旱地区的工农业生产乃至整个社会经济发展时，对水资源供需平衡与环境的分析评价。到目前为止，国际上很少有专门以水资源承载能力为专题的研究报道，大都将其纳入可持续发展的范畴，进行水资源可持续利用与管理的研究。我国面临巨大的人口和水资源短缺压力，因此专门提出“水资源承载能力”的问题，并正成为水资源领域的一个新的研究热点。

土地资源承载能力研究的核心是土地生产能力，水资源承载能力研究的核心是水资源生产能力，土地资源生产能力与水资源生产能力也有所不同。可以这样认为，土地资源生产能力研究的重点是农产品的生产量，由此土地资源承载能力是在温饱

水平上的承载能力；由于水资源不仅涉及农业生产，而且还涉及工业生产、环境保护等方面，因此，水资源承载能力对承载入口的生活水平有更全面的把握。

应该说，研究一个地区的水土资源承载能力才是比较客观、比较全面的，对于制定社会经济发展策略具有更加现实的意义。但是，不同地区则具有不同的自然地理条件，制约社会经济发展的因素也有不同的体现。我国江南地区水资源丰富，但人口密集，缺乏耕地，相对来说土地资源承载能力研究具有更重要的意义。当然，水资源承载能力与土地资源承载能力也是相辅相成的，二者不能完全割裂开来，即研究土地资源承载能力时不能忽略水的供需平衡问题，研究水资源承载能力时也不能不考虑耕地的发展问题。

2. 与水资源合理配置和生态环境保护的关系

水资源是人类生产与生活活动的重要物质基础。随着社会的不断进步和生产的不断发展，人们对水的质量和数量的需求也会越来越高。另外，自然界所能提供的可用水资源量是有一定限度的，需求与供给间的矛盾将日趋尖锐，国民经济内部有用水矛盾，国民经济发展与生态环境保护之间也有用水矛盾。如何充分开发利用有限的水资源，最大限度地为国民经济发展和生态环境保护服务则成为各级政府部门所关心的问题，也是水资源合理配置研究的主题。

对于我国，特别是华北地区和西北地区，实施水资源合理配置具有更大的紧迫性。其主要原因：一是水资源的天然时空分布与生产力布局严重不相适应；二是在地区间和各用水部门间存在着很大的用水竞争性；三是近年来的水资源开发利用方式已经导致产生许多生态环境问题。上述原因不仅是实施水资源合理配置的必要条件，更是保证合理配置收到较好经济、生态、环境与社会效益的客观基础。

水资源合理配置研究和水资源承载能力研究互为前提。水资源配置方案的合理性应体现 3 个方面，即国民经济发展的合理性、生态环境保护目标的合理性以及水资源开发利用方式的合理性。在得出合理的水资源配置方案之后，方可进行水资源承载能力研究，继而按照承载能力研究的结论修正水资源的配置方案，这样周而复始，多次反馈迭代之后，才能得出真正意义下的水资源合理配置方案和承载能力。

3. 与可持续发展的关系

水资源合理配置概念是在 20 世纪 90 年代初提出的，并开始逐步应用于水资源规划与管理之中；水资源承载能力概念是在 20 世纪 80 年代末提出的，虽然在我国北方部分地区进行了探索性研究，但水资源承载能力概念与理论还只是处于萌芽阶段。严格地说，承载能力概念提出略早，合理配置略迟，可持续发展最后。这几个概念几乎同时被提出来不是历史的偶然，而历史的必然，是人类通过近 1 个世纪以来的社会实践总结出来的，这说明人类已经认识到环境资源是有价值的，而且是有限的。

这几个概念本质上是相辅相成的，都是针对当代人类所面临的人口、资源、环境方面的现实问题，都强调发展与人口、资源、环境之间的关系，但是侧重点有所不同，可持续观念强调了发展的公平性、可持续性以及环境资源的价值观，合理配置强调了环境资源的有效利用，承载能力强调了发展的极限性。

可持续发展是一种哲学观，关于自然界和人类社会发展的哲学观。可持续发展是水资源合理配置与承载能力理论研究的指导思想。水资源合理配置与承载能力理论研究是可持续发展理论在水资源领域中的具体体现和具体应用，其中合理配置是可持续发展理论的技术手段，承载能力是可持续发展理论的结论。也就是说，水资源开发利用只有在进行了合理配置和承载能力研究之后才是可持续的，反之，要想使水资源开发利用达到可持续，必须合理配置和承载能力研究。

第二节　水资源供需平衡

随着城市化及社会经济的进一步发展，各行各业对水资源的总需求量正逐年增加，出现了工农业争水现象，某些原来为农业服务的综合水库功能转而以城市生活和工业供水为主，农业、工业、生活，环境、旅游等方面的水资源分配缺乏统筹安排。在农业领域，由于缺乏统一协调和有效管理，某些地方农林牧副渔片面发展，区域地表水、地下水、当地水资源和入境水量之间没有合理统一使用。

而对于一个区域来说，天然状态的水资源在时间和空间的分布是不均匀的，与人类社会发展用水和生态环境用水的要求往往不相一致，这就促使人们建设各种供水工程，对天然状态下的水资源进行调节，以满足社会经济发展和生态环境用水的需要。在特定的水资源条件和需水要求下，充分发挥供水工程的作用，通过供水工程的调节计算，可得到供水工程供水和需水之间的盈亏关系，并为进一步进行水资源的合理调控和科学管理提供有效依据。

一、供需平衡分析的目的和意义

供需平衡分析的目标是揭示一定范围内（行政，经济区域或流域）不同时期区域内可供水量和需水量的内在规律和主要矛盾，探讨水资源开发利用的途径与潜力，为加速工农业生产的发展和水利建设提供科学依据。它是区域水资源分析计算的最终目标。

水资源供需平衡分析的结果，帮助弄清楚水资源总量的供需现状和存在的问题；通过不同时期不同部门的供需平衡分析，预测未来，了解水资源的时空分布；同时，针对水资源供需矛盾，进行开源节流的总体规划，明确水资源综合开发利用保护的主要目标和方向，以期实现水资源的长期供求计划，可使有限的水资源发挥更大的社会经济效益。

二、供需平衡分析的内容和原则

供需分析的主要内容包括：供需平衡分析的原则和方法，可利用水量及可供水量的估算，水资源开发利用现状分析，不同代表年、不同发展阶段的需水量预测和水资源供需平衡分析等。

水资源供需平衡分析涉及社会、经济、环境、生态等方面，不管是从可供水量还是需水量方面分析，牵涉面广且关系复杂。因此，供需平衡应遵循以下原则：

（一）近期和远期相结合

水资源供需关系，不仅与自然条件密切相关，而且受人类活动的影响，即和社会经济发展的阶段有关。同是一个地区，在经济不发达阶段，水资源往往供大于求，随着经济的不断发展，特别是城市的经济发展，水资源的供需矛盾逐渐突出，有的城市在供水不足时不得不采取应急措施和修建应急工程。水资源的供需必须有中长期的规划，需要做到未雨绸缪，不能临渴掘井。正是因为国民经济发展的阶段性，每一阶段都反映了一定的国民经济水平，同时也反映了一定的水资源供需条件和开发利用水平，因此水资源供需平衡分析需要分为现状，中期和远期几个阶段，即要把现阶段的供需情况弄清楚，又要充分分析未来的供需变化，把近期和远期结合起来。

（二）流域和区域相结合

水资源具有按流域分布的规律，然而用水部门有明显的地区分布特点，经济或行政区域和河流流域往往是不一致的，因此，在进行水资源供需平衡分析时，要认真考虑这些因素，划好分区，把小区和大区，区域和流域结合起来。尽量以流域，水系和供水系统作为分区单元，综合考虑水资源计算分区，地形条件、行政区划、干支流汇合点以及重要水利工程控制点等因素，力求反映研究区域内水资源供需特点和矛盾。在牵涉上、下游分水和跨地区跨流域调水时，更要注意大、小区域的结合。

（三）综合利用和保护相结合

水资源是具有多种用途的资源，其开发利用应做到综合考虑，尽量做到一水多用。水资源又是一种易污染的流动资源，在供需分析中，对有条件的地方供水系统应多种水源联合调度，用水系统考虑各部门交叉重复使用，排水系统注意各用水部门的排水特点和排污、排洪要求。更值得注意的是，在发挥最大经济效益而开发利用水资源的同时，应充分重视水资源的保护。例如，地下水的开采要做到采补平衡，不应盲目超采；作为生活用水的水源地则不宜开发水上旅游点和航运；在布置工业区时，对其排放的有毒有害物质，应作妥善处理，避免污染水源。

三、区域水资源供需分析方法

（一）水平年

区域水资源供需分析是为了掌握未来一段时期区域需水能够满足的程度。通常并不针对未来每一年去分析，而是选择几个代表年去分析，通过对代表年的分析，基本掌握区域水资源供给和需求的态势。选择出的代表年，要能够反映区域发展不同阶段社会经济达到的水平以及相应的需水水平和水资源开发水平，所以通常称其为水平年。

一般来说，需要研究三个阶段的供需情况，即现状情况、近期情况、远期情况，也即三个水平年情况。现状水平年又称基准年，是指现状供需情况以过去的某一年为代表来分析，反映现状阶段的水资源基本情况。近期或远期水平年则是按照未来某一年为基本现状来进行设计规划，是规划的时间坐标，类似建筑等专业的设计水平年。近期水平年为从基准年以后的 5 ～ 10 年，远期水平年一般为从基准年以后的 15 ～ 20 年。供水的目的是为了促进区域社会经济的持续发展，使供需分析的水平年尽可能与区域国民经济和社会发展规划的水平年相一致。

现状情况是未来发展的基础，因此要做多方面的调查和分析研究，力求反映实际情况，近期供需情况将直接为有关单位之年度计划、五年计划提供依据。因此要求一定的精度，例如要求需水作合理性论证，增加的供水量要有工程规划为依据，还要作必要的投入产出分析等。远期供需情况将对未来发展态势做出展望，要求精度可低一些。

对将来不同水平年的水资源供需状况进行分析，包括两部分内容：一是分析在不同来水保证率情况下的供需情况，计算出水资源供需缺口和各项供水，用水指标，并作出相应的评价；二是在供需不平衡的条件下，通过采取提高水价、强化节水，外流域调水，污水处理再利用、调整产业结构以拟制需求等措施，进行适于重复调整试算，以便找出实现供需平衡的可行方案。

（二）系列法

在水平年确定后，要预测区域内各分区各部门不同水平年的需水量，综合考虑区域内水资源条件、需水要求，经济实力、技术水平等因素，做出近期和远期水平年水利工程建设方案的初步安排。根据预测的需水量和相应的水利工程安排情况，按照可供水量计算方法，作水资源长系列的逐年分析计算，以掌握未来不同来水条件下区域水资源供需状态。

一般来说，区域内各概化用户要求的供水保证率是不同的。生活、工业用户的保证率高，农业用户的保证率可低一些等。在计算中要予以考虑。通过对长系列调节计算结果的统计分析，可得到不同来水频率下各分区各部门的余缺水量。

（三）典型年法

按历史长系列逐年进行分析计算，往往分析计算工作量大，而且在系列资料缺乏时，这种分析计算还难以进行。所以，在一般的区域水资源供需分析时，亦可采用典型年的方法。

与单项工程选择典型年不同的是，区域供需分析中所要选择的典型年是面上的典型年，其范围包括整个区域或区域中的一大部分。由于不同地区不同年份不同季节的降雨、径流及用水状况差异很大，即使同一年，区域内各分区的降水频率也不一定相同，这样就给典型年的选择带来了一定的困难。所以，在选择一个流域或一个区域的典型年时应考虑河流上、中、下游的协调与衔接，从面上分析旱情的特点及其分布规律，找出有代表性的年。

四、影响可供水量的因素

影响可供水量的因素有很多，主要包括以下几点。

（一）来水条件

来水条件对可供水量的影响较大，不同年份的来水变化以及年内来水随季节的变化，都会直接影响到可供水量的大小。由于水文现象的随机性，将来的来水是不能预知的，直接导致水源供水能力的变化，因而将来的可供水量是随不同水平年的来水变化及其年内的时空变化而变化。

（二）用水条件

用水条件是多方面的，包括产业结构，规模以及用水性质、节水意识和节水水平等。对于不同区域，由于用水条件不同，算出的可供水量也可能不同。例如只有农业用户的河流引水工程，虽然可以长年引水，但非农业用水季节所引水量则没有用户，不能算为可供水量；又如河道的冲淤用水，河道的生态用水，都会直接影响到河道外的直接供水的可供水量；河道上游的用水要求也直接影响到下游的可供水量。因此，可供水量是随用水特性及合理用水节约用水等条件不同变化。

（三）水质条件

可供水量是指符合一定使用标准的水量，不同用户有不同的标准。如工业用水水质要求达到Ⅳ类水，生活用水要求达到Ⅲ类水以上；从多沙河流引水，高含沙量河水就不宜引用；高矿化度地下水不宜开采用于灌溉；水源地的水质状况会直接影响到可供水量的大小；对于城市的被污染的水，废污水在未经处理和论证时也不能算作可供水量。

（四）工程条件

工程条件决定了供水系统的供水能力，现有工程参数的变化，不同的工程调度运行条件以及不同发展时期新增工程设施，都会导致可供水量的变化。但供水设施的供水能力也不等于可供水量，还要从来水，用水和工程等条件统一考虑，才能确定可供水量。

总之，可供水量不同于天然水资源量，也不等于可利用水资源量，一般情况下，可供水量是小于天然水资源量，其也小于可利用水资源量。

第七章 水资源的综合利用

第一节 水资源综合利用

水资源是一种特殊的资源，其对人类的生存和发展来讲是不可替代的物质。所以，对于水资源的利用，一定要注意水资源的综合性和永续性，也就是人们常说的水资源的综合利用和水资源的可持续利用。

水资源有多种用途和功能，如灌溉、发电、航运、供水、水产和旅游等，所以水资源的综合利用应考虑以下几个方面的内容：

第一，要从功能和用途方面考虑综合利用。

第二，单项工程的综合利用。例如，典型水利工程，几乎都是综合利用水利工程。水利工程要实现综合利用，必须有不同功能的建筑物，这些建筑物群体就像一个枢纽，故称为水利枢纽。

第三，一个流域或一个地区，水资源的利用也应讲求综合利用。

第四，从水资源的重复利用角度来讲，体现一水多用的思想。例如，水电站发电以后的水放到河道可供航运，并引到农田可供灌溉等。

水资源利用的基本原则：

水是大气循环过程中可再生和动态的自然资源。应该对水资源进行多功能的综合利用和重复利用，以更好地取得社会、经济和环境的综合效益。

综合利用的基本原则是：

第一，开发利用水资源要兼顾防洪、除涝、供水、灌溉、水力发电、水运、竹木流放、水产、水上娱乐及生态环境等方面的需要，但要根据具体情况，对其中一种或数种有所侧重。

第二，兼顾上下游、地区和部门之间的利益，综合协调，合理分配水资源。

第三，生活用水优先于其他一切目的的用水，水质较好的地下水、地表水优先用于饮用水。合理安排工业用水，安排必要农业用水，兼顾环境用水，以适应社会经济稳步增长。

第四，合理引用地表水和开采地下水，以保护水资源的持续利用，防止水源枯竭和地下水超采，防止灌水过量引起土壤盐渍化，防止对生态环境产生不利影响。

第五，有效保护和节约使用水资源，厉行计划用水，以便实行节约用水。

第二节 水力发电

一、河川水能资源的基本开发方式

（一）坝式

这类水电站的特点是上、下游水位差主要靠大坝形成，坝式水电站又有坝后式水电站和河床式水电站两种形式。

（二）引水式

这类水电站的特点是上下游水位差主要靠引水形成。引水式水电站又有无压引水式水电站和有压引水式水电站两种形式。

（三）混合式

在一个河段上，同时用坝和有压引水道结合起来共同集中落差的开发方式，叫混合式开发。水电站所利用的河流落差一部分由拦河坝提高；另一部分由引水建筑物来集中以增加水头，坝所形成的水库，又可调节水量，所以兼有坝式开发和引水式开发的优点。

（四）特殊式

这类水电站的特点是上、下游水位差靠特殊方法形成。当前，特殊水电站主要包括抽水蓄能水电站和潮汐水电站两种形式。

1. 抽水蓄能水电站

抽水蓄能发电是水能利用的另一种形式，它不是开发水力资源向电力系统提供电能，而是以水体作为能量储存和释放的介质，对电网的电能供给起到重新分配和调节作用。

电网中火电厂和核电厂的机组带满负荷运行时效率高、安全性好，例如大型火电厂机组出力不宜低于80%，核电厂机组出力不宜低于80%～90%，频繁地开机停机及增减负荷不利于火电厂和核电厂机组的经济性和安全性；因此在凌晨电网用电低谷时，由于火电厂和核电厂机组不宜停机或减负荷，电网上会出现电能供大于求的情况，这时可启动抽水蓄能水电站中的可逆式机组接受电网的电能作为电动机一水泵运行，正方向旋转将下水库的水抽到上水库中，将电能以水能的形式储存起来；在白天电网用电高峰时，电网上会出现电能供不应求的情况，这时可用上水库推动可逆式机组反方向旋转，可逆式机组作为发电机一水轮机运行，这样可大大改善电网的电能质量。

2. 潮汐水电站

在海湾与大海的狭窄处筑坝，隔离海湾与大海，涨潮时水库蓄水，落潮时海洋水位降低，水库放水，以驱动水轮发电机组发电。这种机组的特点是水头低、流量大。

潮汐电站一般有3种类型，即单库单向型（一个水库，落潮时放水发电）、单库双向型（一个水库，涨潮、落潮时都能发电）和双库单向型（利用两个始终保持不同水位的水库发电）。德国建成世界第一座实验性小型潮汐电站——布苏姆潮汐电站。中国浙江江厦潮汐电站装机容量3200kw，居世界第三位。世界上最大的潮汐电站是法国的朗斯潮汐电站，总装机容量为342MW。

第三节　防洪与治涝

一、防洪

（一）洪水与洪水灾害

洪水是一种峰高量大、水位急剧上涨的自然现象。洪水包括江河洪水、城市暴雨洪水、海滨河口的风暴潮洪水、山洪、凌汛等。就发生的范围、强度、频次、对人类的威胁性而言，中国大部分地区以暴雨洪水为主。天气系统的变化是造成暴雨进而引发洪水的直接原因，而流域下垫面特征和兴修水利工程可间接或直接地影响洪水特征及其特性。洪水的变化具有周期性和随机性。洪水对环境系统产生了有利或不利影响，即洪水与其存在的环境系统相互作用着。河道适时行洪可以延缓某些地区植被过快地侵占河槽，抑制某些水生植物过度有害生长，并为鱼类提供很好的产卵基地；洪水周期性地淹没河流两岸的岸边地带和洪泛区，为陆生植物群落生长提供水源和养料；为动物群落提供很好的觅食、隐蔽和繁衍栖息场所和生活环境；洪水携带泥沙淤积在下游河滩地，可造就富饶的冲积平原。

洪水所产生的不利后果是会对自然环境系统和社会经济系统产生严重冲击，破坏自然生态系统的完整性和稳定性。洪水淹没河滩，突破堤防，淹没农田、房屋，毁坏社会基础设施，造成财产损失和人畜伤亡，对人群健康、文化环境造成破坏性影响，甚至干扰社会的正常运行。由于社会经济的发展，洪水的不利作用或危害已远远超过其有益的一面，洪水灾害成为社会关注的焦点之一。

洪水给人类正常生活、生产活动和发展带来的损失和祸患称为洪灾。

（二）洪水防治

洪水是否成灾，取决于河床及堤防的状况。若河床泄洪能力强，堤防坚固，即使洪水坪较大，也不会泛滥成灾；反之，若河床浅窄、曲折，泥沙淤塞、堤防残破等，使安全泄量（即在河水不发生漫溢或堤防不发生溃决的前提下，河床所能安全通过的最大流量）变得较小，则遇到一般洪水也有可能漫溢或决堤。所以，洪水成灾是由于洪峰流量超过河床的安全泄量，因而泛滥（或决堤）成灾。由此可见，防洪的主要任务是按照规定的防洪标准，因地制宜地采用恰当的工程措施，以削减洪峰流量，或者加大河床的过水能力，保证安全度汛。防洪措施主要可分为工程措施和非工程措施两大类。

1. 工程措施

防洪工程措施或工程防洪系统，一般包括以下几个方面：

（1）增大河道泄洪能力

包括沿河筑堤、整治河道、加宽河床断面、人工截弯取直和消除河滩障碍等措施。当防御的洪水标准不高时，这些措施是历史上迄今仍常用的防洪措施，也是流域防洪措施中常常不可缺少的组成部分。这些措施旨在增大河道排泄能力（如加大泄洪流量），但无法控制洪量并加以利用。

（2）拦蓄洪水控制泄量

主要是依靠在防护区上游筑坝建库而形成的多水库防洪工程系统，也是当前流域防洪系统的重要组成部分。水库拦洪蓄水，一可削减下游洪峰洪量，免受洪水威胁；二可蓄洪补枯，提高水资源综合利用水平，将防洪和兴利相结合的有效工程措施。

（3）分洪、滞洪与蓄洪

分洪、滞洪与蓄洪三种措施的目的都是为了减少某一河段的洪峰流量，使其控制在河床安全泄量以下。分洪是在过水能力不足的河段上游适当修建分洪闸，开挖分洪水道（又称减河），将超过本河段安全泄量的那部分洪水引走。分洪水道有时可兼做航运或灌溉的渠道。滞洪是利用水库、湖泊、洼地等，暂时滞留一部分洪水，以削减洪峰流量。待洪峰一过，再腾空滞洪容积迎接下次洪峰。蓄洪则是蓄留一部分或全部洪水水量，待枯水期供给兴利部门使用。

2. 非工程措施

（1）蓄滞洪（行洪）区的土地合理利用

根据自然地理条件，对蓄滞洪（行洪）区土地、生产、产业结构、人民生活居住条件进行全面规划，合理布局，不仅可以直接减轻当地的洪灾损失，而且可取得行洪通畅，减缓下游洪水灾害之利。

（2）建立洪水预报和报警系统

洪水预报是根据前期和现时的水文、气象等信息，揭示与预测洪水的发生及其变化过程的应用科学技术。它是防洪非工程措施的重要内容之一，直接为防汛抢险、水资源合理利用与保护、水利工程建设和调度运用管理及工农业的安全生产服务。

设立预报和报警系统，是防御洪水、减少洪灾损失的前哨工作。根据预报可在洪水来临前疏散人口、财物，做好抗洪抢险准备，以避免或减少重大洪灾损失。

（3）洪水保险

洪水保险不能减少洪水泛滥而造成的洪灾损失，但可将可能的一次性大洪水损失转化为平时缴纳保险金，从而减缓因洪灾引起的经济波动和社会不安等现象。

（4）抗洪抢险

抗洪抢险也是为了减轻洪泛区灾害损失的一种防洪措施。其中包括洪水来临前采取的紧急措施，洪水期中险工抢修和堤防监护，洪水后的清理和救灾（如发生时）善后工作。这项措施要与预报、报警和抢险材料的准备工作等联系在一起。

（5）修建村台、躲水楼、安全台等设施

在低洼的居民区修建村台、躲水楼、安全台等设施，作为居民临时躲水的安全场所，从而保证人身安全和减少财物损失。

（6）水土保持

在河流流域内，开展水土保持工作，增强浅层土壤的蓄水能力，可以延缓地面径流，减轻水土流失，削减河道洪峰洪量和含沙量。这种措施减缓中等雨洪型洪水的作用非常显著；对于高强度的暴雨洪水，虽作用减弱，但仍有减缓洪峰过分集中之效。

（三）现代防洪保障体系

工程措施和非工程措施是人们减少洪水灾害的两类不同途径，有时这两类也很难区分。过去，人们将消除洪水灾害寄托于防洪工程，但实践证明，仅仅依靠工程手段不能完全解决洪水灾害问题。非工程措施是工程措施不可缺少的辅助措施。防洪工程措施、非工程措施、生态措施、社会保障措施相协调的防洪体系即现代防洪保障体系，具有明显的综合效果。因此，需建立现代防洪减灾保障体系，以减少洪灾损失、降低洪水风险。具体地说，必须做好以下几方面的工作：

做好全流域的防洪规划，加强防洪工程建设。流域的防洪应从整体出发，做好全流域的防洪规划，正确处理流域干支流、上下游、中心城市以及防洪的局部利益与整体利益的关系；正确处理需要与可能、近期与远景、防洪与兴利等各方面的关系。在整体规划的基础上，加强防洪工程建设，根据国力分期实施，逐步提高防洪标准；

做好防洪预报调度，充分发挥现有防洪措施的作用，加强防洪调度指挥系统建设；

重视水土保持等生态措施，加强生态环境治理；

重视洪灾保险及社会保障体系的建设；

加强防洪法规建设；

加强宣传教育，提高全民的环境意识以及防洪减灾意识。

二、治涝

形成涝灾的因素有以下两点：

第一，因降水集中，地面径流集聚在盆地、平原或沿江沿湖洼地，积水过多或地下水位过高。

第二，积水区排水系统不健全，或因外河外湖洪水顶托倒灌，使积水不能及时排出，或者地下水位不能及时降低。

上述两方面合并起来，就会妨碍农作物的正常生长，以致减产或失收，或者使工矿区、城市淹水而妨碍正常生产和人民正常生活，这就成为涝灾。因此必须治涝。治涝的任务是尽量阻止易涝地区以外的山洪、坡水等向本区汇集，并防御外河、外湖洪水倒灌；健全排水系统，使能及时排除暴雨范围内的雨水，并及时降低地下水位；治涝的工程措施主要有修筑围堤和堵支联圩、开渠撇洪与整修排水系统。

第四节　灌　溉

一、作物的灌溉制度

灌溉是人工补充土壤水分，以改善作物生长条件的技术措施。作物灌溉制度，是指在一定的气候、土壤、地下水位、农业技术、灌水技术等条件下，对作物播种（或插秧）前至全生育期内所制订的一整套田间灌水方案。它是使作物生育期保持最好的生长状态，达到高产、稳产及节约用水的保证条件，是进行灌区规划、设计、管理、编制和执行灌区用水计划的重要依据及基本资料。灌溉制度包括灌水次数、每次灌水时间、灌水定额、灌溉定额等内容。灌水定额是指作物在生育期间单位面积上的一次灌水量。作物全生育期，需要多次灌水，单位面积上各次灌水定额的总和为灌溉定额。两者单位皆用 m3/m2 或用灌溉水深 mm 表示。灌水时间指每次灌水比较合适的起讫日期。

不同作物有不同的灌溉制度。例如：水稻一般采用淹灌，田面持有一定的水层，水不断向深层渗漏，蒸发蒸腾量大，需要灌水的次数多，灌溉定额大；旱作物只需在土壤中有适宜的水分，土壤含水量低，一般不产生深层渗漏，蒸发耗水少，灌水次数也少，灌溉定额小。

同一作物在不同地区和不同的自然条件下，有不同的灌溉制度，如稻田在土质黏重、地势低洼地区，渗漏量小，耗水少；在土质轻、地势高的地区，渗漏量、耗水量都较大。

对于某一灌区来说，气候是灌溉制度差异的决定因素。因此，不同年份，灌溉制度也不同。干旱年份，降水少，耗水大，需要灌溉次数也多，灌溉定额大；湿润年份相反，甚至不需要人工灌溉。为满足作物不同年份用水需要，一般根据群众丰产经验及灌溉试验资料，分析总结制订出几个典型年（特殊干旱年、干旱年、一般年、湿润年等）的灌溉制度，用以指导灌区的计划用水工作。灌溉方法不同，灌溉制度也不同。如喷灌、滴灌的水量损失小，渗漏小，灌溉定额小。

制订灌溉制度时，必须从当地、当年的具体情况出发进行分析研究，统筹考虑。因此，灌水定额、灌水时间并不能完全由事先拟定的灌溉制度决定。如雨期前缺水，可取用小定额灌水；霜冻或干热危害时应提前灌水；大风时可推迟灌水，避免引起作物倒伏等。作物生长需水关键时期要及时灌水，其他时期可据水源等情况灵活执行灌溉制度。我国制订灌溉制度的途径和方法有以下几种：第一种是根据当地群众丰产灌溉实践经验进行分析总结制订，群众的宝贵经验对确定灌水时间、灌水次数、稻田的灌水深度等都有很大参考价值，但对确定旱作物的灌水定额，尤其是在考虑水文年份对灌溉的影响等方面，只能提供大致的范围；第二种是根据灌溉试验资料制订灌溉制度，灌溉试验成果虽然具有一定的局限性，但在地下水利用量、稻田渗漏量、作物日需水量、降雨有效利用系数等方面，可以提供准确的资料；第三种是按农田水量平衡原理通过分析计算制订灌溉制度，这种方法有一定的理论依据和比较清楚的概念，但也必须在前两种方法提供资料的基础上，才能得到比较可靠的成果。生产实践中，通常将三种方法同时并用，相互参照，并最后确定出切实可行的灌溉制度，作为灌区规划、设计、用水管理工作的依据。

二、灌溉技术及灌溉措施

灌溉技术是在一定的灌溉措施条件下，能适时、适量、均匀灌水，并能省水、省工、节能，使农作物达到增产目的而采取的一系列技术措施。灌溉技术的内容很多，除各种灌溉措施有各种相应的灌溉技术外，还可分为节水节能技术、增产技术。在节水节能技术中，有工程方面和非工程方面的技术，其中非工程技术又包括灌溉管理技术和作物改良方面的技术等。

灌溉措施是指向田间灌水的方式，即灌水方法，有地面灌溉、地下灌溉、喷灌、滴灌等。

（一）地面灌洗

地面灌溉是水由高向低沿着田面流动，借水的重力及土壤毛细管作用，湿润土壤的灌水方法，是世界上最早、最普通的灌水方法。按田间工程及湿润土壤方式的不同，地面灌溉又分畦灌、沟灌、淹灌、漫灌等。漫灌即田面不修畦、沟、填，任水漫流，是一种不科学的灌水方法。主要缺点是灌地不匀，严重破坏土壤结构，浪费水量，抬高地下水位，易使土壤盐碱化、沼泽化。非特殊情况应尽量少用。

地面灌溉具有投资少、技术简单、节省能源等优点，目前世界上许多国家仍然很重视地面灌溉技术的研究。我国 98% 以上的灌溉面积采用地面灌溉。

（二）地下灌溉

地下灌溉又叫渗灌、浸润灌溉，是将灌溉水引入埋设在耕作层下的暗管，可通过管壁孔隙渗入土壤，借毛细管作用由下而上湿润耕作层。

地下灌溉具有以下优点：能使土壤基本处于非饱和状态，使土壤湿润均匀，湿度适宜，因此土壤结构疏松，通气良好，不产生土壤板结，并且能经常保持良好的水、肥、气、热状态，使作物处于良好的生育环境；能减少地面蒸发，节约用水；便于灌水与田间作业同时进行，灌水工作简单等。其缺点是：表层土壤湿润较差，造价较高，易淤塞，检修维护工作不便。因此，此法适用于干旱缺水地区的作物灌溉。

（三）喷灌

喷灌是利用专门设备，把水流喷射到空中，散成水滴洒落到地面，如降雨般地湿润土壤的灌水方法。一般由水源工程、动力机械、水泵、管道系统、喷头等组成，统称喷灌系统。

喷灌具有以下优点：可灵活控制喷洒水量；不会破坏土壤结构，还能冲洗作物茎、叶上的尘土，利于光合作用；能节水、增产、省劳力、省土地，可防霜冻、降温；可结合化肥、农药等同时使用。其主要缺点是：设备投资较高，需要消耗动力；喷灌时受风力影响，喷洒不均。喷灌适用于各种地形、各种作物。

（四）满淮

滴灌是利用低压管道系统将水或含有化肥的水溶液一滴一滴地、均匀地、缓慢地滴入作物根部土壤，是维持作物主要根系分布区最适宜的土壤水分状况的灌水方法。滴灌系统一般由水源工程、动力机、水泵、管道、滴头及过滤器、肥料等组成。

滴灌的主要优点是节水性能很好。灌溉时用管道输水，洒水时只湿润作物根部附近土壤，既避免了输水损失，又减少了深层渗漏，还消除了喷灌中水流的漂移损失，蒸发损失也很小。据统计，滴灌的用水量为地面灌溉用水量的1/6～1/8，为喷灌用水量的2/3。因此，滴灌是现代各种灌溉方法中最省水的一种，在缺水干旱地区、炎热的季节、透水性强的土壤、丘陵山区、沙漠绿洲尤为适用。其主要缺点是滴头易堵塞，对水质要求较高。其他优缺点与喷灌相同。

第八章　节水理论与技术

第一节　节水内涵及潜力分析

随着城市化进程，我国许多城市均存在不同程度的水资源短缺现象。城市日益严重的水资源短缺和水环境污染问题不但严重困扰着国计民生，而且已经成为制约社会经济发展的主要因素。解决水资源供需矛盾重要途径就是合理开发和利用水资源，开源节流，探索各种节水方法，让有限的水资源获得最大的利用效益，实现水资源利用与环境、社会经济的可持续发展。

一、节水的含义

节水，即节约用水。其最初含义是“节省”和“尽量少用水”概念。随着节水研究和节水工作的开展，节水概念增添了新的含义。

20 世纪 70 ～ 80 年代，美国内务部、水资源委员会、土木工程师协会从不同角度对节水予以解释和说明。我国对节水内涵具有代表性的定义是：在合理的生产力布局与生产组织前提下，为最佳实现一定的社会经济目标和社会经济可持续发展，通过采用多种措施，对有限的水资源进行合理分配与可持续利用。

节约用水不是简单消极的少用水概念，它是指通过行政、法律、技术、经济、管理等综合手段，应用必要的、可行的工程措施和非工程措施，加强用水的管理，调整用水结构，改进用水工艺，实行计划用水，降低水的损失和浪费。运用先进的科学技术建立科学用水体系，有效使用水资源，保护水资源，保证环境、生态、社会和经济的可持续发展。综上所述，节约用水涵义已经超出节省水量概念，它包括水资源的保护、控制和开发，保证其可获得最大水量并合理利用、精心管理和文明使用自然资源的意义。

按行业划分，节水可分为农业节水、工业节水、城市生活及服务业节水等。节水途径包括节约用水、杜绝浪费、提高水的利用率和开辟新水源等。

二、节水现状与潜力

用水量增大，水资源短缺，已成为制约世界大多数国家和地区发展的重要因素。我国随着国民经济的发展和城市生活水平的提高，很多地区特别在北方和某些沿海城市发生水资源短缺和水污染问题。水资源不足和水源的污染已经严重影响了国民经济的可持续发展。节水是解决水资源短缺促进社会经济发展的一项重要措施。加强节水的科学管理，总结节水经验，全面开展节水工作，通过多种途径开辟新水源，保护生态环境，促进社会经济的可持续发展。

（一）国外节水

近几十年以来，国外许多国家不仅制定一系列节水法规，其一直注重提高公众的节水意识。无论在水资源贫乏国家还是在水资源丰沛国家，节水已成为各国水资源管理的一项重要内容，挖掘节水潜力，在工业、农业、城市生活等方面都施行了各种节水技术和措施，取得了成功的节水经验。

1. 工业用水循环使用，提高工业用水重复率

为了解决水资源不足的问题，许多国家和城市把节约工业用水作为节水的重点。主要措施是重复利用工业内部已使用过的水，即提倡水的循环使用和循序使用。

2. 农业节水，潜力巨大

世界各国，特别是发达国家都把发展节水高效农业作为农业可持续发展的重要措施。农业用水量占世界总用水量比例最大。发达国家在生产实践中，始终把提高灌溉水的利用率、作物水分生产率、水资源的再生利用率和单方水的农业生产效益作为研究重点和主要目标，在研究农业节水基础理论和农业节水应用技术的基础上，将高新技术、新材料和新设备与传统农业节水技术相结合，加大了农业节水技术和产品中的高科技含量，加快了传统粗放农业向现代节水高效农业的转变。仅以改变灌溉方式为例，其节水量就相当可观。

在世界范围内，农业节水因不同国家的经济发展水平与缺水的程度不同而存在不同的发展模式。埃及、巴基斯坦、印度等经济欠发达国家，由于受其经济条件和技术水平的限制，农业节水主要采用以渠道防渗技术和地面灌水技术为主，配合相应的农业措施以及天然降水资源利用技术的模式。而以色列、美国、日本等经济发达国家，农业节水主要采用以高标准的固化渠道和管道输水技术、现代喷灌、微灌技术和改进后的地面灌水技术为主，并与天然降水资源利用技术，生物节水技术、农业节水技术与用水系统的现代化管理技术相结合的模式。

3. 推广节水工艺，减少用水浪费

依靠科技进步，推广节水工艺。国外很重视节水技术和节水设备的开发与改进。开发应用节水型卫生器具，减少用水浪费。改进卫生设施，采用节水型卫生器具是生活节约用水的重点。节水产品的使用，既节约了水资源，又减少了污、废水的排放量，是非常有效的节水措施。

4. 加强管道检漏工作，减少城市供水漏损

城市供水最大的漏损途径是管网输水。降低供水管网系统漏损水量是供水设计、供水施工和供水管理中重要的节水环节。

5. 革新工艺，使用非传统水源

采用空气冷却器、干法空气洗涤法、原材料的无水制备等工艺，不仅可节省工业用水量，而且减少废水的排放量。海水、雨水以及再生水等非传统水源均可作为城市新水源，其中以城市污水处理后的再生水是最稳定的城市第二水源。目前，国外很多城市将污水和废水经适当处理后回用，已成为替代城市水源的一个重要途径。城市污水经二级或深度处理后，可用于冲厕、浇灌绿地、景观水体、洗车，作为工业和商业设施的冷却水，补给地下水或补充地表水。再生水的利用，减少了城市淡水取用量，提高了水的利用率。

6. 利用经济杠杆，促进节约用水

目前，世界各国均已颁布了众多法律法规，严格实行限制供水和用水，对违者进行不同程度的罚款处理。许多城市通过制订水价政策来促进高效率用水，偿还投资和支付维护管理费用。国外比较流行的是采用累进制水价和高峰用水价。

（二）国内节水潜力分析

我国的节水运动始于20世纪80年代，经过多年的努力，取得了较大的进展。目前，在我国相当多的城市已建立节约用水办公室和节约用水机构，并且有组织有计划地开展节水工作。

我国目前的节水阶段仍处于从水资源的“自由”开发松弛管理阶段向合理开发与科学管理阶段转化的过渡时期，即限制开发与强化管理阶段。同时，我国的工业生产及相应的节水水平与国外发达国家相比还比较落后，其特点是新水量的节约主要来源于增加重复利用水量取得，在保持较高再用率的前提下大量的水在重复循环，其结果是徒耗许多能量。我国的节水进程表明，今后单靠提高水系统的用水效率即再用率以节约新水的潜力越来越小，应转向依靠工业生产技术进步去减少单位产品需水量，也即以工艺节水为主。

节水与不同社会发展时期的经济、技术条件以及人们的水资源意识密切相关。目前，中国的水资源节水潜力主要是农业节水、工业节水及生活节水三个方面。

1. 我国农业节水现状与潜力

农业节水指采用节水灌溉方式和节水技术对农业蓄水、输水工程采取必要的防渗漏措施，对农田进行必要的整理，提高农业用水效率。

农业用水主要是指种植业灌溉、林业、牧业、渔业以及农村人畜饮水等方面的用水，通过节水工程措施、管理措施以及农艺措施，有效缓解了全国水资源的供需矛盾。

输水损失是农业灌溉用水损失中的主要部分，绝大部分消耗于渠系渗漏。尽管我国农业用水所占比重近年来明显下降，但农业仍是我国第一用水大户。我国的2/3的灌溉面积上灌水方法十分粗放，灌溉水利用率低，浪费了大量水资源。因此，推广农业科学灌溉和节水技术是当前我国农业节水的潜力所在。

2. 我国工业节水现状与节水潜力

工业用水主要包括冷却用水、热力和工艺用水、洗涤用水、锅炉用水、空调用水等。工业节水指采用先进技术、工艺设备，降低单位产品耗水量，增加循环用水次数，提高水的重复利用率，提高工业用水效率。

工业节水是城市节水的重点。从整体分析不难看出，万元工业增加值用水量呈下降趋势与近年来我国大力推行节水政策、有效落实节能减排工作有关，但与发达国家相比还有很大差距。我国浪费水的现象仍然存在，就工业产品单位耗水量而言；我国与国外先进指标差距很大。

3. 城市生活节水现状与节水潜力

随着社会的进步，生活用水量在逐年提高，城市生活节水已势在必行。城市生活节水指因地制宜地采取有效措施，推广节水型生活器具，降低管网漏损率，杜绝浪费，提高生活用水效率。目前，普通器具耗水量大，浪费严重，节水器具普及率低，海水淡化、再生水处理回用率低。我国近三分之二的城市存在不同程度的缺水，有相当多的座城市严重缺水。

城镇生活用水包括城镇居民生活用水和市政公共用水。我国城镇供水管网中的“跑、冒、滴、漏”现象严重。其中每年因城镇供水管网漏损的水量为最大。

生活节水器具的使用可以节约用水。节水器具包括节水便器、节水淋浴器和节水龙头等。与普通用水器具相比，节水便器及节水淋浴器可节水 20% ～ 35%；节水龙头可节水 10%。

如采取节水措施，强化推行节水卫生器具，尤其对洗车行、浴场、市政公共用水等大型场所中配合节水器具设备使用，合理利用雨水和再生水资源，同时辅以水价调控，发挥经济杠杆作用，城市节水潜力有望在现有基础上节约城市生活用水量的 1/3 ～ 1/2。

四、节水型社会建设

（一）节水型社会

节水型社会指人们在生活和生产过程中，在水资源开发利用各个环节通过政府调控、市场引导、公众参与，以完备的管理体制、运行机制与法制体系为保障，运用制度管理，通过法律、行政、经济、技术和工程等措施，建立与水资源承载能力相适应的经济结构体系，结合社会经济结构的调整，实现全社会的合理用水和高效益用水，促进经济社会的可持续发展。

我国经济发展迅速，水资源供需矛盾突出，水资源短缺已成为社会经济发展的限制性因素。解决水资源不足的根本方法就是建设节水型社会，应用综合配套措施，提高水资源利用效率和效益，改善水环境，保障经济发展及社会进步。

（二）节水型社会建设

建立节水型社会，重点是建设三大体系：一是建立以水权管理为核心的水资源管理制度体系，这是节水型社会建立的核心；二是建立与区域水资源承载力相协调的经济结构体系；三是建立与水资源优化配置相适应的节水工程和技术体系。

开展节水型社会建设应从以下几方面进行。

1. 节水型社会建设的前期准备

节水型社会工作的前期准备包括：水资源调查评价、编制用水定额、节水型社会建设规划、编制节水型社会建设实施方案等。

2. 明确节水型社会建设指导思想和建设目标

实行最严格水资源管理制度的指导思想、基本原则、目标任务、管理措施和保障措施，即“三条红线”，实施“四项制度”。进一步强调加强用水效率控制红线管理，全面推进节水型社会建设。

“三条红线”：一是确立水资源开发利用控制红线；二是确立用水效率控制红线；三是确立水功能区限制纳污红线。为实现上述红线目标，进一步明确了水资源管理的阶段性目标。

“四项制度”：一是用水总量控制制度。加强水资源开发利用控制红线管理，严格实行用水总量控制，包括严格规划管理和水资源论证，严格控制流域和区域取用水总量，严格实施取水许可，严格水资源有偿使用，严格地下水管理和保护，强化水资源统一调度。二是用水效率控制制度。加强用水效率控制红线管理，全面推进节水型社会建设，包括全面加强节约用水管理，把节约用水贯穿于经济社会发展和群众生活生产全过程，强化用水定额管理，加快推进节水技术改造。三是水功能区限制纳污制度。加强水功能区限制纳污红线管理，严格控制入河湖排污总量，包括严格水功能区监督管理，加强饮用水水源地保护，推进水生态系统保护和修复。四是水资源管理责任和考核制度。将水资源开发利用、节约和保护的主要指标纳入地方经济社会发展综合评价体系，县级以上人民政府主要负责人对本行政区域水资源管理和保护工作负总责。

3. 节水型社会建设内容

节水型社会建设主要包括以下三个方面内容。

（1）全面加强节约用水管理

各级人民政府要切实履行推进节水型社会建设的责任，把节约用水贯穿于经济社会发展和群众生活生产全过程，建立健全有利于节约用水的体制和机制。稳步推

进水价改革。各项引水、调水、取水、供水、用水工程建设必须首先考虑节水要求。水资源短缺、生态脆弱地区要严格控制城市规模过度扩张，限制高耗水工业项目建设和高耗水服务业发展，遏制农业粗放用水。

（2）强化用水定额管理

加快制定高耗水工业和服务业用水定额国家标准。各省、自治区、直辖市人民政府要根据用水效率控制红线确定的目标，及时组织修订本行政区域内各行业用水定额。对纳入取水许可管理的单位和用水大户实行计划用水管理，建立用水单位重点监控名录，强化用水监控管理。新建、扩建和改建建设项目应制订节水措施方案，保证节水设施与主体工程同时设计、同时施工、同时投产（即“三同时”制度）。

（3）加快推进节水技术改造

制定节水强制性标准，逐步实行用水产品的用水效率标识管理，并禁止生产和销售不符合节水强制性标准的产品。加大农业节水力度，完善和落实节水灌溉的产业支持、技术服务、财政补贴等政策措施，大力发展管道输水、喷灌、微灌等高效节水灌溉技术。加大工业节水技术改造，合理确定节水目标，及时公布落后的、耗水量高的用水工艺、设备和产品淘汰名录。加大城市生活节水工作力度，逐步淘汰公共建筑中不符合节水标准的用水设备及产品，大力推广使用生活节水器具，降低供水管网漏损率。鼓励并积极发展污水处理回用、雨水和微咸水开发利用、海水淡化和直接利用等非常规水源开发利用。以此来加快城市再生水回用管网建设，逐步提高城市再生水回用比例。

第二节　城市节水

一、城市节水概述

随着经济发展和城市人口的迅速增长，世界城市化进程不断加快，城市需水量占总用水量的比例越来越大。近年以来，我国城市工业与生活用水比重已经上升到35%以上。由于我国水资源分布极不均衡，致使很多水资源丰富地区城市居民节水观念淡薄，存在很严重的用水浪费现象。此外，由于给水管网漏失严重、节水器具未得到普遍推广及水价制定不合理等原因，城市用水浪费现象仍比较严重。

城市节水是指通过对用水和节水的科学预测及规划，调整用水结构、强化用水管理，合理开发、配置、利用水资源，有效地解决城市用水量的不断增长与水资源短缺的供需矛盾，以此实现城市水的健康社会循环。

二、节水指标及计算

（一）城市节水指标体系

节约用水指标是衡量节水（用水）水平一种尺度参数，但不同的节水指标只能反映其用水（节水）状况的一个侧面。为了全面衡量其节水水平，就需要用若干个指标所组成的节水指标体系进行考核评价。所建立的城市节约用水指标体系，既要能衡量城市节约用水中合理用水、科学用水、计划用水的水平，又要具有高度概括性，便于实际应用。城市节约用水指标体系由城市节约用水水量指标及城市节约用水率指标构成，它们分别反映城市节约用水的总体和分体水平。

（二）城市用水量指标

1. 万元国内生产总值取水量

万元国内生产总值取水量又称万元 GDP 取水量，是综合反映一定经济实力下城市的宏观用水水平的指标。该指标能较好的宏观反映水资源利用效率，是计算水资源利用量和测算未来水资源需求量、水资源规划和节水规划中必不可少的指标，也是世界各国通用的、可比性较强的指标。计算公式为：

$$Q_{GDP}=\frac{Q_T}{C_{GDP}}$$

式中 Q_{GDP} —— 万元国内生产总值取水量，m^3/ 万元；

Q_T —— 报告期取水总量，m^3；

C_{GDP} —— 报告期生产总值，万元。

2. 城市人均综合取水量

某统计年的城市人均综合取水量在数值上就等于该统计年内城市中每个居民的平均综合取水量，此处“综合取水量”系指各种取水量之和，即包括工业取水、居民住宅取水、公共建筑取水、市政取水、环境景观与娱乐取水、供热取水及消防取水等。因此，城市的人均综合取水量与城市的性质、规模、城市化程度、工业结构布局、水资源丰缺状况、地理位置、水文、气象等有关，同时也充分反映了上述各种因素的影响，可以作为城市节水用水宏观指标。计算公式为：

$$Q_Z=\left(K_1+K_2+K_3\right)Q_L$$

式中 Q_Z —— 城市人均综合取水量指标，L/（人・d）；

Q_L —— 城市人均生活用水量指标（综合考虑了城市管网漏失和未预见因素后的指标值），L/（人・d）；

K_1 —— 综合生活用水量与生活用水量的比例系数；

K_2 —— 工业用水量与生活用水量的比例系数；

K_3 —— 其他市政用水量与生活用水量的比例系数。

目前，国内外在进行城市节约用水水平评判、城市需水量预测、城市节水发展规划编制中均有较多的应用。

3. 第二、第三产业万元增加值取水量

第二、三产业是指除农业之外的工业、建筑业和其他各业。显然第二、三产业是城市经济的主体。具体计算过程时，取报告期内（通常为年），城市行政区划（不含市辖县）的取水总量与其第二、三产业增加值之和的比值。计算公式为：

$$Q_A = \frac{Q_T}{C_A}$$

式中 Q_A —— 第二、第三产业万元增加值取水量，m^3/ 万元；

Q_T —— 报告期取水总量，m^3；

C_A —— 报告期第二、第三产业增加值之和，万元。

该指标综合反映城市的用水效率，提高用水效率是节约用水的一个重要方面，以较小的用水量创造出较大的经济效益。

4. 主要用水工业单位产品取水量

工业用水中，常用工业重点行业生产单位产品所消耗的水量进行比较。重点行业包括：石油加工及炼焦业、化学原料及制品制造业、黑色金属冶炼及压延加工业、纺织业、食品饮料制造业、造纸及纸制品业、电力燃气及水的生产和供应业。规定用水量大的主要工业产品（如钢、铜、铝、化肥、纸等产品）的单位产品取水量，作为城市水量指标中的专项指标。具体是指在一定的计算时间（年）内主要工业单位产品的取水量。计算公式为：

$$Q_M = \frac{Q_T}{C_M}$$

式中 Q_M —— 主要用水工业单位产品取水量，m^3/ 单位产品；

Q_T —— 主要用水工业取水总量，m^3；

C_M —— 主要工业年产品总量，单位产品。

该指标可用于城市本身的纵向对比，也可用于同类城市之间的比较。从宏观上看，主要用水工业单位产品取水量，基本上能反映城市用水的主要情况，从而为城市用水管理部门科学地开展节约用水、计划用水提供依据。

5. 城市人均日生活用水取水量

城市人均日生活用水取水量包括城市居民居住用水取水量、城市公共设施用水取水量及城市管网漏失量。其计算公式为：

$$Q_L = \frac{Q_T}{NT}$$

式中Q_L —— 人均生活用水量指标，L/（人·d）；

Q_T —— 报告期生活用水总量，m3；

N —— 报告期用水人数，人；

T —— 报告期天数，d。

城市人均日生活用水取水量是我国城市民用水统计分析的常用指标，也是国外城市用水统计的内容。我国地域辽阔，地理、气候条件差异较大，用水习惯有所不同，不同城市应有不同的生活用水标准，并制定合理的城市生活用水标准对城市节约用水具有重要意义。

（三）城市用水率指标

1. 水资源利用率

水资源利用率是反映水资源合理开发和利用程度的指标。水资源利用率是指某流域或区域内地表水和地下水总供水量占该范围内总水资源量的百分比。计算公式为：

$$R_U = \frac{Q_{PT}}{Q_M} \times 100\%$$

式中R_U —— 水资源利用率；%；

Q_{PT} —— 某流域或区域内地表水和地下水总供水量，m^3；

Q_M —— 某流域或区域内总水资源量，m^3。

供水量和水资源量均指某一特定流域或区域范围内，包括地表水、地下水，但不包含污水处理再利用、集雨工程和海水淡化等水源工程的供水量，也不包含调入该范围内的供水量和水资源量，但包含调出该范围内的供水量和水资源量。根据水资源的分类，可以分为地表水资源利用率、地下水资源利用率。水资源量和水资源利用率计算与频率有关，如75%频率水资源利用率和多年平均水资源利用率。一个城市，在一定技术经济条件下，城市水资源存在着一个极限容量，只要在人口和经济上没有重大突破，极限水资源容量就会在长期内保持相对稳定。城市水资源的开发和利用绝不能超越这个极限，并使城市的供水能力能满足城市用水需求，一方面要控制对水资源的过量开采，保持一定的水资源利用率，做到合理开发利用；另一方面必须调整经济结构并加大节约用水力度，建设节水型城市，否则就会破坏供需平衡，破坏水资源的再生平衡，可使水资源逐步枯竭。

2. 城市自来水供水有效利用率

城市自来水供水有效利用率是评价城市供水利用程度的重要指标，也是城市节约用水指标体系的主要组成部分。城市用水户总取水量与水厂供出的总水量的比值称为自来水供水有效利用率，供水有效利用率大小取决于城市输配水系统实际状况。计算式为：

$$R_E = \frac{Q_{CT}}{Q_{ST}} \times 100\%$$

式中 R_E —— 城市自来水供水有效利用率；%；

Q_{CT} —— 城市用水户总取水量（有效供水量），m^3；

Q_{ST} —— 城市水厂总供水量，m^3。

我国城市供水漏损率相当可观，一般20%左右，特别是部分城市由于管网陈旧失修；使漏损量加大。加强输水管道和供水管网的维护管理，降低漏损率，提高城市供水有效利用率是城市节约用水工作的重要内容之一。

3. 城市工业用水重复利用率

城市工业用水重复利用率是指工业重复用水量与工业总用水量比。计算公式为：

$$R_r = \frac{Q_r}{Q_t} \times 100\%$$

式中 R_r —— 城市工业用水重复利用率，%

Q_r —— 工业重复用水量（指工业内部生产及生活用水中循环及循序使用的水量），m^3；

Q_t —— 工业总用水量（新水量和重复用水量之和），m^3。

城市工业用水重复利用率是从宏观上评价城市用水及节水水平的重要指标。提高工业用水重复利用率是城市节约用水的主要途径之一。值得指出的是，由于火力发电业、矿业及盐业的用水特殊性，为便于城市间的横向对比，可在计算城市工业重复利用率时不包括这三个工业行业部门。

4. 第二、第三产业万元增加值取水量降低率

第二、第三产业万元增加值取水量降低率是指基期与报告期第二、第三产业每万元增加值取水量的差值与基期第二、第三产业每万元增加值取水量之比。计算公式为：

$$R_d = \left(1 - \frac{Q_A}{Q_{AZ}}\right) \times 100\%$$

式中 R_d —— 第二、第三产业万元增加值取水量降低率；%；

Q_A —— 报告期第二、第三产业万元增加值取水量，m^3/万元；

Q_{AZ} —— 基期第二、第三产业万元增加值取水量，m^3/万元。

与第二、第三产业万元增加值取水量指标不同的是该指标排除了城市间产业结

构的影响，具有城市间的可比性。第二、第三产业万元增加值取水量降低率的高低反映城市节水工作的好坏，表明城市节约用水、计划用水的开展程度，多可用于评价节约用水与计划用水的执行情况。

5. 城市污水回用率

城市污水回用率是指报告期内，城市污水处理后直接回收利用总量与城市污水总量之比。计算公式为：

$$R_w = \frac{Q_{wcy}}{Q_{wt}} \times 100\%$$

式中 R_w —— 城市污水回用率；%；

Q_{wcy} —— 城市污水回收利用量，；

Q_{wt} —— 城市污水总量，m^3。

城市污水是城市可靠的第二水源。城市污水的再生和回用，将节省自来水，减少清洁淡水取用量，并能减轻对城市水体的污染，保护环境。城市污水回用率是评价城市污水再生回用的重要指标，应将城市污水回用率作为近、远期规划的实施指标。

6. 节水率

节水率是指城市节约用水总量与城市取水量的比值。计算公式为：

$$R_c = \frac{Q_{et}}{Q_{ct}} \times 100\%$$

式中 R_c —— 节水率；%；

Q_{et} —— 城市实际节约的总水量；m^3；

Q_{ct} —— 城市取水总量，m^3。

节水率指标是体现城市节约用水工作成效，反映城市节约用水水平重要指标之一。

三、城市节水措施

（一）加强城市节水管理

1. 建立节水创新管理体系

各地区应建立统一的水管理机构，负责统筹管理城市（或流域）范围内的给排水循环系统，使得城市水系统能良性循环。健全节约用水法规体系，加强法制管理。建立科学的节水管理模式，制定严格、合理的考核指标，使节水工作得以有效进行。

2. 做好节水教育宣传

通过宣传教育，使全社会均有节水意识，人人参与到节水行动中，养成节约用水的好习惯。节水宣传教育首先要改变传统的用水观念，建立可持续发展的用水理念。充分认识到地球上的水资源是有限的，并非“取之不尽，用之不竭”；水是有价值的资源，维持水的健康社会循环，才能实现水资源的可持续利用。让人们认识到节约用水是解决水资源短缺的有效途径之一，具有十分重要意义。

3. 建立多元化的水价体系

水资源是具有使用价值，能满足人们生产及生活的需要，通过合理开发和利用水资源，能促进社会经济发展。水资源属国家所有，绝大部分水利设施为国有资产。因此水资源对使用者而言是一种特殊商品，应有偿使用。目前我国的水价主要采用行业固定收费法，即相同用水对象水价固定不变，不随用水量而变化，且水价低于制水成本，背离价值。这样就会造成水资源浪费，无法实现水资源可持续利用。所以必须进行水价改革，建立一种科学的、适应市场经济水价管理体系，建立多元化水价体系。

（1）因地制宜，采用丰枯年际浮动水价或季节浮动价格

季节水价即根据需水量调整价格，需水量大的季节水价高，需水量小的季节水价低。年际浮动水价即根据不同年的水资源实际情况调整水价，丰水年水价低，枯水年水价高。一般情况下，居民夏季用水会高于冬季 15% ～ 20%。因此，夏季提高单位水价会促使用户节约用水，缓解用水高峰期供需矛盾。

（2）实行累进递增式水价

以核定的计划用水为基数，计划内实行基本水价，当用水量超过计划指标时，其超过部分水量实行不同等级水价，超出越多水价越高，以价格杠杆促进水资源的优化配置。这种以低价供应的定额水量，保证了用户基本用水需求，但又不会造成很重的负担；而对超量部分实行高价，能够很好地实现节水目的。

（3）不同行业采用不同水费标准，以节制用水

对市政用水、公共建筑用水，取低费率，但实行累进递增收费制；对工业企业，提高其用水的水费基准，以增加水在成本费中的构成比例，促进工业节水；对服务行业用水，取高费率，实行累进递增收费制。

（4）增加工业和生活排污费用

根据水的健康可持续循环理念，在自来水水价之中必须包括污水排放、收集和处理的费用。自来水价格应按照商品经济规律定价，即包括给水工程和相应排水工程的投资和经营成本以及企业盈利部分。这样从经济上保证了水的社会循环呈良性发展，以便保护天然水环境不受污染和水资源的可持续利用。

（二）节水型卫生器具的应用

节水型器具设备是指与同类型器具相比具有显著节水功能的用水器具设备或其他检测控制装置。节水型器具设备具有使用方便、长时间内免除维修、较传统用水器具能明显减少用水量等特征。

节水型器具设备的种类很多，主要包括节水型阀门类，节水型淋浴器类，节水型卫生器具类，水量、水压控制类及节水装置设备类等。据相关统计，节水型器具

设备的应用能够降低城市居民生活用水量的 32% 以上。

1. 节水型阀门

主要包括延时自闭冲洗阀、水位控制阀、表前专用控制阀、防漏密封闸阀、减压阀、疏水阀及恒温混水阀。

2. 节水型水龙头

在各类建筑的盥洗、洗涤节能产品中，水龙头是应用范围最广、数量最多的一种。主要包括延时自闭水龙头、磁控水龙头、充气水龙头（泡沫水龙头）、陶瓷片式水龙头、手压、脚踏、肘动式水龙头、停水自动关闭水龙头及高效节水喷头。

近期，部分高档洁具品牌推出了自动充电感应水龙头，可利用出水解决自身所需电能。这种水龙头内装电脑板和水力发电机，配有红外线感应器，形成一个完整系统。将手伸到水龙头下，感应器将信号传入水龙头内的电脑板，开通水源，水流时经水力发电机发电、充电，提供自身所需电力。这种水龙头还可以自动限制水的流量，达到节水、省电的目的。

3. 节水型卫生器具

节水型卫生器具包括节水型淋浴器具、节水型坐便器、节水型小便器、节水型净身器等。

淋浴器为各种浴室的主要洗浴设施，在生活中淋浴用水量约占生活总用水量的 1/3。节水型淋浴器与传统手持花洒淋浴器比较，可以节省 30% ～ 70% 的水。

坐便器是卫生间的必备设施，用水量占到家庭用水量的 30%；除利用中水外，采用节水器具仍是当前节水的主要努力方向。近些年来，由于提倡节约用水，各类用于冲洗便器的低位冲洗水箱、高位冲洗水箱、延时自闭冲洗阀、定时冲洗装置的形式层出不穷。

（三）城市管网减少漏损量的技术

我国城市普遍管网漏损率较大，降低城市管网的漏损量对节水工作具有重要意义。城市管网的漏损量减少应该从以下两个方面开展工作。

1. 给水管材选择

作为供水管道，应满足卫生、安全、节能、方便的要求。目前使用的给水管材主要有四大类。第一类是金属管，如钢管、球墨铸铁管、不锈钢管等。第二类是混凝土管材，如预应力钢筋混凝土管材。第三类是塑料管，例如高密度聚乙烯管（HDPE）、聚丙烯管（PP）、交联聚丙烯高密度网状工程塑料（PP-R）、玻璃钢管（GPR）。第四类是金属一塑料复合管材，如塑复钢管，铝塑复合管、PE 衬里钢管等。据统计，金属管材中，球墨铸铁管事故率最少，其机械性能高，强度、抗腐蚀性能远高于钢管，承压大，抗压、抗冲击性能好，对较复杂的土质状况适应性较好，是理想的管材。它的重量较轻，很少发生爆管、渗水和漏水现象，可以减少管网漏损率。球墨铸铁管采用推入式楔形胶圈柔性接口，施工安装方便，接口的水密性好，有适应地基变形的能力，只要管道两端沉降差在允许范围内，接口不至于发生渗漏。非金属管材中，预应力钢筋混凝土管事故率较低。给水塑料管，如应用较广 HDPE 管材，PP-R 管具有优良的耐热性及较高的强度，而且制作成本较低，采用热熔连接，施工工艺简单，施工质量容易得到保证，抗震和水密性较好，不易漏水。

2. 加强漏损管理

加强漏损管理，即应进行管网漏损检测和管道漏损控制。目前管道检漏主要有音听检漏法、区域装表法及区域检漏法。

管道漏损的控制一般采用被动检修及压力调整法。

被动检修是发现管道明漏后，再去检修控制漏损的方法。根据管材及接口的不同选择相应的堵塞方法。若漏水处是管道接口，可采用停水检修或不停水检修两种方法。停水检修时，若胶圈损坏，可直接将接口的胶圈更换；灰口接口松动时，将原灰口材料抠出，重新做灰口；非灰口时可灌铅。在不能停水检修时，一般采用钢套筒修漏。当管段出现裂缝而漏水时，可采用水泥砂浆充填法和 PBM 聚合物混凝土等方法堵漏。

管道的漏损量与漏洞大小和水压高低有密切关系，通过降低管内过高的压力以降低漏损量。压力调节法要根据具体水压情况使用。如果整个区域或大多数节点压力偏高，则应考虑降低出厂水压，仅在少数压力不够的用水节点采取局部增压设施以满足用户水压要求；如靠近水厂地区或地势较低地区的压力经常偏高，可设置压力调节装置；实行分时分压供水，在白天的某些用水高峰时段维持较高压力，而在夜间的某些用水低谷时段维持较低的压力；在地形平坦而供水距离较长时，宜用串联分区加装增压泵站的方式供水，在山区或丘陵地带地面高差较大地区，按地区高低分区，可串联供水或并联供水。

（四）建筑节水技术

建筑给水系统是将城镇给水管网或自备水源给水管网的水引入室内，将室内给水管输送至生活、生产和消防的用水设备，并能满足各用水点对水量、水质及水压的要求。

建筑节水工作涉及建筑给水排水系统的各个环节，应从建筑给水系统限制超压出流、热水系统的无效冷水量及建筑给水系统二次污染造成的水量浪费三个方面着手，实施建筑中水回用；同时还应合理配置节水器具和水表等硬件设施。只有这样才能获得良好的节水效果。

1. 卫生系统真空排水节水技术

为了保证卫生洁具及下水道的冲洗效果，可以将真空技术运用于排水工程，用空气代替大部分水，依靠真空负压产生的高速气水混合物，快速将洁具内的污水、污物冲吸干净，达到节约用水、排走污浊空气的效果。一套完整的真空排水系统包括：带真空阀和特制吸水装置的洁具、密封管道、真空收集容器、真空泵、控制设备及管道等。真空泵在排水管道内产生 40 ～ 50kPa 的负压，将污水抽吸到收集容器内，再由污水泵将收集的污水排到市政下水道。在各类建筑中采用真空技术，平均节水超过40%。若在办公楼中使用，节水率可超过70%。

2. 建筑给水超压出流的防治

当给水配件前的静水压力大于流出水头，其流量就大于额定流量。超出额定流量的那部分流量未产生正常的使用效益，是浪费的水量。因这种水量浪费不易被人们察觉和认识；因此可称之为隐形水量浪费。

为减少超压出流造成的隐形水量浪费，应从给水系统的设计、安装减压装置及合理配置给水配件等多方面采取技术措施。首先是采取减压措施，控制超压出流。在设计住宅建筑给水系统时，应对限制入户管的压力，超压时需采用减压措施。对已有建筑，也可在水压超标处增设减压装置。减压装置主要有减压阀、减压孔板及节流塞等。

3. 建筑热水供应节水措施

随着人民生活水平的提高和建筑功能的完善，建筑热水供应已逐渐成为建筑供水不可缺少的组成部分。而各种热水供应系统，大多存在着严重的水量浪费现象，例如一些太阳能热水器等装置开启热水后，往往要放掉不少冷水后才能正常使用。这部分流失的冷水，未产生使用效益，可称为无效冷水，也就是浪费的水量。

应保证干管和立管中的热水循环，要求随时取得不低于规定温度的热水的建筑物，应保证支管中的热水循环，或有保证支管中热水温度的措施。所以新建建筑热水系统应根据规范要求和建筑物的具体情况选用支管循环或立管循环方式；对于现有定时供应热水的无循环系统进行改造，增设热水回水管；选择性能良好的单管热水供应系统的水温控制设备，双管系统应采用带恒温装置的冷热水混合龙头。

4. 建筑给水系统二次污染的控制技术

建筑给水系统二次污染是指建筑供水设施对来自城镇供水管道水进行贮存、加压和输送至用户的过程中，由于人为或自然的因素，使水的物理、化学及生物学指标发生明显变化，水质不符合标准，使水失去原有使用价值的现象。

建筑给水系统的二次污染不但影响供水安全，也造成了水的浪费。为了防止水质二次污染，节约用水，目前主要采取措施有：在高层建筑给水中采用变频调速泵供水；生活与消防水池分开设置；严格执行设计规范中有关防止水质污染的规定；水池、水箱定期清洗，强化二次消毒措施、推广使用优质给水管材与优质水箱材料，加强管材防腐。

5. 大力发展建筑中水设施

中水设施是将居民洗脸、洗澡、洗衣服等洗涤水集中起来，经过去污、除油、过滤、消毒、灭菌处理，输入中水回用管网，以供冲厕、洗车、绿化、浇洒道路等非饮用水之用。中水系统回用1m^{3}水，等于少用1m3自来水，减少向环境排放近1m^{3}污水，一举两得。所以，中水回用系统已在世界许多缺水城市广泛采用。

第三节　工业节水

一、工业用水概述

工业用水指工业生产过程中使用的生产用水及厂区内职工生活用水总称。生产用水主要用途是：①原料用水，直接作为原料或作为原料一部分而使用的水；②产品处理用水；③锅炉用水；④冷却用水等。其中冷却用水在工业用水中一般占60%～70%。工业用水量虽较大，但实际消耗量并不多，一般耗水量约为其总用水量的0.5%～10%，即有90%以上的水量使用后经适当处理仍可以重复利用。

我国工业用水的重复利用率近年来虽然有所提高，但仍然低于发达国家平均值。因为工业用水量所占比例大、供水比较集中、节水潜力大，而且能够产生较大的节水效果。

工业节水的基本途径，大致可分为三个方面。

（一）加强企业用水管理

通过开源与节流并举，加强企业用水管理。开源指通过利用海水、大气冷源、人工制冷、一水多用等，以减少水的损失或冷却水量，提高用水效率。节流是指通过强化企业用水管理，企业建立专门的用水管理机构和用水管理制度，实行节水责任制，考核落实到生产班组，并进行必要的奖惩，达到杜绝浪费、节约用水的目的。

（二）通过工艺改革以节约用水

实行清洁生产战略，改变生产工艺或采用节水以至无水生产工艺，合理进行工业或生产布局，以减少工业生产对水的需求。可以通过生产工艺的改革实行节约用水，减少排放或污染才是根本措施。

（三）提高工业用水的重复利用率

提高工业用水重复利用率的主要途径：改变生产用水方式（如改用直流水为循环用水），提高水的循环利用率及回用率。提高水的重复利用率，通常可在生产工艺条件基本不变的情况下进行，是比较容易实现的，因而是工业节水的主要途径。

二、工业节水指标及计算

（一）工业节水指标体系

工业节水指标体系由工业节约用水水量指标及工业节约用水率指标构成，则它们分别反映工业节约用水的总体和分体水平，节水指标体系组成见表8-1。

表 8-1　工业节水指标体系

类别	指标名称	反映内容
城市节约用水水量指标	万元国内生产总值取水量	总体节水水平
	城市人均综合取水量	总体节水水平
	第二、第三产业万元增加值取水量	产业节水水平
	主要用水工业单位产品取水量	行业节水水平
	城市人均日生活用水取水量	生活节水水平
城市节约用水率指标	城市水资源利用率	水资源状况
	城市自来水供水有效利用率	供水状况
	城市工业用水重复利用率	重复利用状况
	第二、三产业万元增加值取水量降低率	纵向水平比较
	城市污水回用率	污水再用水平
	节水器具普及率	节水管理水平
	节水率	节水管理水平

（二）工业节约用水水量指标

1. 万元工业产值取水量

万元工业产值取水量是在一定时期内，工业生产之中，每生产一万元产值的产品需要的取水量。计算公式为：

$$Q_v = \frac{Q_t}{C}$$

式中 Q_v —— 万元工业产值取水量，m³/ 万元；

Q_t —— 同一范围工业年取水总量（包括生产和生活），m³；

C —— 工业年生产总值，万元。

该指标是一项反映综合经济效益的水量指标，它宏观反映工业用水的水平，并可用于纵向评价工业用水水平的变化程度。其主要作用表现为：从指标上可看出节约用水水平的提高或降低的情况。另外，在宏观评价大范围的工业用水水平时，此项指标也是简易实用的。但是由于万元工业产值取水量受产品结构、产业结构、产品价格和产品加工深度等因素的影响较大，所以该指标的横向可比性较差，有时难以真实反映用水效率和科学评价其合理用水程度，因此城市间不宜使用该指标进行比较。

2. 万元工业产值取水减少量

万元工业产值取水减少量计算时可用基期万元工业产值取水量减去报告期万元工业产值取水量的差值。计算公式为：

$$Q_{减少} = Q_J - Q_B$$

式中$Q_{减少}$ —— 万元工业产值取水减少量，m^3/ 万元；

Q_J —— 基期万元工业产值取水量，m^3/ 万元；

Q_B —— 报告期万元工业产值取水量，m^3/ 万元。

万元工业产值取水减少量指标淡化了工业内部行业结构等因素的影响，多适用于城市间的横向对比，也适用于行业间的横向对比。

3. 单位产品取水量

单位产品取水量是在一定时期内，工业生产中，每生产单位产品需要的生产和辅助性生产的取水量（不包括厂区生活用水）。计算公式为：

$$V = \frac{Q_P}{P}$$

式中V —— 单位产品取水量，m^3/ 单位产品；

Q_P —— 同一范围年生产取水量，m^3；

P —— 工业产品年产量，单位产品。

此公式适用于企业、工业部门、城市、全国等主要产品的单位产品取水量的计算。如果企业生产多种产品，每种产品生产取水量应分别计算。各种产品单位由工业部门统一规定。单位产品取水量是考核工业企业用水水平较为科学、合理的指标，它能客观地反映生产用水情况及工业生产行业或者区域的实际用水水平，也可较为准确地反映出工业产品对水的依赖程度，为用水部门科学、合理分配水量，有效利用水资源提供依据。单位产品取水量与产品取水时间（如季节）、空间（如工序）分布状况有关。

4. 附属生产人均日生活取水量

附属生产人均日生活取水量是在一定时期内，工业生产中，每个职工平均每天用于生活的取水量（包括职工在生产过程总的生活用水与厂区绿化用水）。计算公式为：

$$Q_S = \frac{Q_L}{M \times T}$$

式中Q_S —— 附属生产人均日生活取水量，L/（人 · d）；

Q_L —— 企业年生活取水量；L；

M —— 职工人数，人；

T —— 每年工作天数，d。

该指标反映不同企业、不同工业部门职工生活取水情况，也能反映生产和生活用水组成情况。由于其受地域、行业及生产环境等因素影响较大，则该指标一般只作为企业考核指标。

5. 城市污水处理工业回用量

城市污水处理工业回用量是在一定时期内，工业生产中，采用处理后的城市污水作为工业用水的水量。

城市污水处理工业回用量是考核城市污水再生回用水平的重要指标。城市污水经处理后回用于工业生产，可减少工业企业的取水量，节省自来水用量，还能减轻城市污水对环境的污染，具有开源节流和控制污染的双重作用。

（三）工业节约用水率指标

1. 工业用水重复利用率

工业用水重复利用率是指工业生产中，可重复利用水量占用水量的百分比。计算公式为：

$$R=\frac{C}{Y}\times100\%=\frac{C}{C+Q}\times100\%$$

式中 R —— 城市工业用水重复利用率；%；

C —— 工业年重复用水量（包括工业内部生产及生活用水中，循环及循序使用的水量），m^3；

Y —— 工业年总用水量（新水量和重复用水量之和），m^3；

Q —— 工业年取水量（新水量），m^3。

重复利用率是考核工业用水水平的一个重要指标。提高工业用水的重复利用率是节约用水的重要途径之一，取水量减少，外排水量也相应地减少，工业企业的排放对水体的污染就会减轻。

2. 间接冷却水循环率

间接冷却水循环率是指工业生产中，在一定的计量时间（年或月）内，冷却水循环量与冷却水总用量之比。计算公式为：

$$R_n=\frac{C_n}{Y_n}\times100\%$$

式中 R_n —— 间接冷却水循环率；%；

C_n —— 冷却水循环量，m^3；

Y_n —— 冷却总用水量（新水量和循环用水量之和），m^3。

间接冷却水循环率是考核工业用水水平的一个重要指标。工业用水中，间接冷却水所占的比例较大，使用后的水基本不受污染，一般只是水温升高，所以易于回用，且回用成本较低。

3. 工艺水回用率

工艺水回用率是指工业生产中，工艺用水中回用水量占工艺用水量的百分比。计算公式为：

$$R_y = \frac{C_y}{Y_y} \times 100\% = \frac{C_y}{C_y + Q_y} \times 100\%$$

式中 R_y —— 工艺水回用率；%；

C_y —— 年工艺用水中回用水量，m^3；

Y_y —— 年工艺用水量（新水量和重复用水量之和），m^3；

Q_y —— 工艺用水年取水量（新水量，）m^3。

工艺水回用率是考核工业生产中工艺水回用程度的专项性指标，则为是重复利用率的一个重要组成部分。工艺用水的回用程度受行业特点的影响较大，不同工艺用水的污染程度差异很回收利用的途径和方法也不相同，回用的难度较高。采用工艺水回用率进行分析和考有助于发展工艺水回用技术，提高工艺用水的回用率，保护环境，提高企业经济效益。

4. 循环比

循环比是指用水系统总用水量与新水量（即取水量）的比值，反映新水的循环利用次计算公式为：

$$R = \frac{C_z}{Q_x}$$

式中 R —— 循环比；

C_z —— 用水系统年总用水量，m^3；

Q_x —— 用水系统年取用的新水量（即年取用水量），m^3。

5. 工业用水漏失率

工业用水漏失率是指在工业生产过程中漏失的水量占新水量百分比。计算公式为：

$$R_s = \frac{Q_s}{Q_n} \times 100\%$$

式中 R_s —— 漏失率；%；

Q_s —— 年工业生产漏失水量，m^3；

Q_n —— 年工业生产新水量，m^3。

漏失率的大小体现了企业节水管理的水平，是企业节水管理的重要指标之一。

工业节约用水率指标是评价工业用水重复利用程度的依据。一般在工业企业的总用水量稳定的情况下，上述工业节约用水指标（除工业用水漏失率外）越高，说明企业用水的合理程度越高，企业取水的新水补充量越少。由此，这类指标可作为考核和评价工业用水合理程度的重要依据。

三、工业节水措施

工业用水需求呈增长趋势将进一步凸显水资源短缺的矛盾。随着工业化、城镇化进程的加快，工业用水量还将继续增长，水资源供需矛盾则更加突出。

为加强对水资源的管理，近年来，我国制定了相关管理办法，规范企业用水行为，将工业节水纳入了法制化管理。颁布了火力发电、钢铁、石油、印染、造纸、啤酒、酒精、合成氨、味精等九个行业的取水定额；加大了以节水为重点的结构调整和技术改造力度。根据国内各地水资源状况，按照以水定供、以供定需的原则，调整了产业结构和工业布局。缺水地区严格限制新上高取水工业项目，禁止引进高取水、高污染的工业项目，鼓励发展用水效率高的高新技术产业；围绕工业节水发展重点，在注重加快节水技术和节水设备、器具及污水处理设备的研究开发的同时，将重点节水技术研究开发项目列入了国家和地方重点创新计划和科技攻关计划，一些节水技术和新设备得到利用。

工业节水措施主要可以分为三种类型。

（一）调整产业结构，改进生产工艺

加快淘汰落后高用水工艺、设备和产品。依据《重点工业行业取水指导指标》，对现有企业达不到取水指标要求的落后产品，要进一步加大淘汰力度。大力推广节水工艺技术和设备。围绕工业节水重点，组织研究开发节水工艺技术和设备，大力推广当前国家鼓励发展的节水设备（产品），重点推广工业用水重复利用、高效冷却、热力和工艺系统节水、洗涤节水等通用节水技术和生产工艺。重点在钢铁、纺织、造纸和食品发酵等高耗水行业推进节水技术。

钢铁行业：推广干法除尘、干熄焦、干式高炉炉顶余压发电（TRT）、清污分流、循环串级供水技术等。纺织行业：推广喷水织机废水处理再循环利用系统、棉纤维素新制浆工艺节水技术、壕丝工业污水净化回用装置、洗毛污水零排放多循环处理设备、印染废水深度处理回用技术、逆流漂洗、冷轧堆染色、湿短蒸工艺、高温高压气流染色、针织平幅水洗，以及数码喷墨印花、转移印花、涂料印染等少用水工艺技术、自动调浆技术和设备等在线监控技术与装备。造纸行业：推广连续蒸煮、多段逆流洗涤、封闭式洗筛系统、氧脱木素、无元素氯或全无氯漂白、中高浓技术和过程智能化控制技术、制浆造纸水循环使用工艺系统、中段废水物化生化多级深度处理技术，以及高效沉淀过滤设备、多元盘过滤机、超效浅层气浮净水器等。食品与发酵行业：推广湿法制备淀粉工业取水闭环流程工艺、高浓糖化醪发酵（酒精、啤酒等）和高浓度母液（味精等）提取工艺，浓缩工艺普以及双效以上蒸发器，推广应用余热型溴化锂吸收式冷水机组，开发应用发酵废母液、废糟液回用技术，以及新型螺旋板式换热器和工业型逆流玻璃钢冷却塔等新型高效冷却设备等。切实加强重点行业取水定额管理。严格执行取水定额国家标准，对钢铁、染整、造纸、啤酒、酒精、合成氨、味精和医药等行业，加大已发布取水定额国家标准实施监察力度，对不符合标准要求的企业，限期整改。

（二）提高工业用水重复利用率，加强非常规水资源利用

发展工业用水重复利用技术、提高工业用水重复利用率是当前工业节水的主要途径。发展重复用水系统，淘汰直流用水系统，发展水闭路循环工艺、冷凝水回收再利用技术、节水冷却技术。发展高效节水冷却技术、提高冷却水利用效率、减少冷却水用量是工业节水重点之一。

节水冷却技术主要包括以下几点。

1. 改直接冷却为间接冷却

在冷却过程中，特别是化学工业，如采用直接冷却的方法，往往使冷却水中夹带较多的污染物质，使其丧失再利用的价值，如能改为间接冷却，就能克服这个缺点。

2. 发展高效换热技术和设备

换热器是冷却对象与冷却水之间进行热交换的关键设备。必须优化换热器组合，发展新型高效换热器，例如盘管式敞开冷却器应采用密封式水冷却器代替。

3. 发展循环冷却水处理技术

循环冷却系统在运行过程中，需要对冷却水进行处理，以达到防腐蚀、阻止结垢、防止微生物粘泥的目的。处理方法有化学法、物理法等，现在使用较多的是化学法。目前，正广泛使用的磷系缓蚀阻垢剂、聚丙烯酸等聚合物和共聚物阻垢剂曾经使冷却水处理技术取得了突破性的进展，一直是国内外研究开发的重点，并被认为是无毒的。但研究表明，它们会使水体富营养化，其又是高度非生物降解的，因而均属于对环境不友好产品。近年来，受动物代谢过程启发合成的一种新的生物高分子——聚天冬氨酸，被誉为是更新换代的绿色阻垢剂。

4. 发展空气冷却替代水冷的技术

空气冷却技术是采用空气作为冷却介质来替代水冷却，不存在环境污染和破坏生态平衡等问题。空气冷却技术有节水、运行管理方便等优点；适用于中、低温冷却对象。空气冷却替代水冷是节约冷却水的重要措施，间接空气冷却可以节水90%。

5. 发展汽化冷却技术

汽化冷却技术是利用水汽化吸热，带走被冷却对象热量的一种冷却方式。受水汽化条件的限制，在常规条件下，汽化冷却只适用于高温冷却对象，冷却对象要求工作温度最高为100℃；多用于平炉、高炉、转炉等高温设备。对于同一冷却系统；用汽化冷却所需的水量仅有温升为10℃时水冷却水量的2%；并减少90%的补充水量。实践证明，在冶金工业中以汽化冷却技术代替水冷却技术后，可节约用水80%；同时，汽化冷却所产生的蒸汽还可以再利用，或者并网发电。

加强海水、矿井水、雨水、再生水、微咸水等非常规水资源的开发利用。在不影响产品质量的前提下，靠近海边的钢铁、化工、发电等工厂可用海水代替淡水冷却。海滨城市也可将海水用于清洁卫生。我国工业用水中冷却水及其他低质用水占70%以上，这部分水可以用海水、苦咸水与再生水等非传统水资源替代。积极推进矿区

开展矿井水资源化利用，鼓励钢铁等企业充分利用城市再生水。支持有条件的工业园区、企业开展雨水集蓄利用。

鼓励在废水处理中应用臭氧、紫外线等无二次污染消毒技术。开发和推广超临界水处理、光化学处理、新型生物法、活性炭吸附法、膜法等技术在工业废水处理中的应用。这样，经处理后的污水就可以重复利用；不能利用的，外排也不会污染水源。

（三）加强企业用水管理

加强企业用水管理是节水的一个重要环节。只有加强企业用水管理，才能合理使用水资源，取得增产、节水的效果。工业企业要做到用水计划到位、节水目标到位、节水措施到位、管水制度到位。积极开展创建节水型企业活动，落实各项节水措施。

企业应建全用水管理制度，健全节水管理机构，进行节水宣传教育，实行分类计量用水并定期进行企业水平衡测试，按照相关准则，并对企业用水情况进行定期评价与改进。

第四节　农业节水

一、农业节水概述

节水农业以水、土、作物资源综合开发利用为基础，以提高农业用水效率和效益为目标。衡量节水农业的标准是作物的产量及其品质、水的利用率及水分生产率。节水农业包括节水灌溉农业和旱地农业。节水灌溉农业综合运用工程技术、农业技术及管理技术，合理开发利用水资源，以提高农业用水效益。旱地农业指在降水偏少、灌溉条件差的地区所从事的农业生产。节水农业包含的内容：①农学范畴的节水，如调整农业结构、作物结构，改进作物布局，改善耕作制度（调整熟制、发展间套作等），改进耕作技术（整地、覆盖等），培育耐旱品种等；②农业管理范畴的节水，包括管理措施、管理体制与机构，水价与水费政策，配水的控制与调节，节水措施的推广应用等；③灌溉范畴的节水，包括灌溉工程的节水措施与节水灌溉技术，例如喷灌、滴灌等。

二、农业灌溉节水指标及计算

为更好地进行农业节水管理，我国先后颁布了相关法律法规等，对我国节水灌溉体系中的灌溉水源、灌溉用水量、灌溉水利用系数、灌溉效益等主要技术指标给予具体的说明和要求。

（一）农业灌溉水源

农业灌溉水源包括地表水、地下水、灌溉回归水和净化处理并达到回用标准再生水。灌溉水源应满足灌溉对水量、水质的要求。灌溉水源在水量及时空分布上与农业灌溉的要求常不相适应，需建蓄水、引水、提水等水利工程，以满足农田灌溉要求。灌溉水源的水质，如水的化学、物理性状，水中含有污染物的成分及其含量等，对农业生产也有一定的影响。它应符合作物生长和发育的要求，并兼顾人畜饮用及鱼类生长的要求。灌溉水源的水质不能满足灌溉要求时，可通过工程、生物等措施加以改善，符合标准后再用于灌溉。

（二）灌溉用水量

灌溉用水量是指为满足作物正常生长需要的灌溉水量和渠系输水损失以及田间灌水损失水量之总和。灌溉用水量可分一个时段的及整个生育期的灌溉用水量。前者常按月、旬划分时段统计，可得灌溉用水过程。各时段作物灌水定额乘以种植面积即得相应时段的净灌溉用水量，其和即为整个生育期的净灌溉用水量。再计入灌溉输水系统渗漏、蒸发等损失，即得毛灌溉用水量。农作物在整个生育期需水量，因地区水土等自然条件、农业措施、工程措施、作物种类及品种、管理水平等不同而异，通过实验资料确定。

（三）灌溉水利用系数

灌溉水利用系数是指在一次灌水期间被农作物利用的净水量与水源渠首处总引进水量的比值，是衡量从水源引水到田间植物吸收利用水的过程中水利用效率的一个重要指标，也是集中反映灌溉工程质量、灌溉技术水平和灌溉用水管理的一项综合指标，等于渠系水利用系数与田间水利用系数乘积。

1. 渠系水利用系数

渠系水利用系数是指各农渠放水量之和与总干渠渠首引水总量的比值。该指标反映各级输、配水渠道总的输水损失，其值等于各级渠道水利用系数的乘积。考虑到不同类型灌区渠道规模、渠系构成、输配水工程质量和管理水平的差异。

2. 田间水利用系数

田间水利用系数是指净灌溉定额与末级固定渠道放出的单位面积灌溉水量的比值。计算公式为：

$$\eta_t = \frac{mA}{W}$$

式中 η_t —— 田间水利用系数；

m —— 设计灌溉定额，m^3/hm^2；

A —— 末级固定渠道控制的实灌面积，hm^2；

W —— 末级固定渠道放出的总水量，m^3。

田间水利用系数的大小直接反映灌溉过程中的水量损失的程度。田间水利用系数低，表明单位面积上的灌水量超过农作物的利用量，无效灌溉水量所占的比例高，田间灌水量损失较大，节水灌溉无法实现。因此，可以要求水稻灌区不宜低于0.95；旱作物灌区不宜低于0.90。

3. 田间用水效率

目前，在国际节水灌溉研究和评价中，广泛采用田间用水效率概念。田间用水效率指满足植物生长周期内用于蒸发、蒸腾所需水量与供给田间水量的比值。计算公式为：

$$E_a = \frac{V_m}{V_f} \times 100\%$$

式中 E_a —— 田间用水效率；%；

V_m —— 满足植物生长周期内用于蒸发、蒸腾所需水量，即作物需水量减去有效降雨量，m^3；

$\frac{V_m}{V_f}$ —— 供给田间水量，为灌溉水总和，包括前期和生产期的灌溉水量，

4. 灌溉水利用系数

灌溉水利用系数是指在一次灌水期间被农作物利用的净水量与水源渠首处总引进水量的比值。大型灌溉区不应低于0.50；中型灌溉区不应低于0.60；小型灌溉区不应低于0.70；井灌区不应低于0.80；喷灌区、微喷灌区不应低于0.85；滴灌区不应低于0.90。

5. 井渠结合灌区的灌溉水利用系数

井渠结合灌区的灌溉水利用系数是指井渠地下以及地表利用水量与井渠灌区总用水量之比。计算公式为：

$$\eta_t = \frac{\eta_j W_j + \eta_q W_q}{W}$$

式中 η_t —— 井渠结合灌区的灌溉水利用系数；

η_j —— 井灌水利用系数；

W_j —— 地下水用量，m^3；

η_q —— 渠灌水利用系数；

W_q —— 地表水用量，m^3；

W —— 井渠灌区总用水量，m^3。

6. 水分生产率

水分生产率指单位水资源量在一定的作物品种和耕作栽培条件下所获得的产量或产值，作物消耗单位水量的产出，其值等于作物产量（一般指经济产量）和作物净耗水量或蒸发、蒸腾量之比值。计算公式为：

$$I=\frac{y}{m+p+d}$$

式中 I ——作物水分生产率，kg/m³ 或元 /m³；

y ——作物生产量或产值，kg/hm² 或元 /hm³；

m ——净灌溉水量，m³/hm²；

p ——生育期内的有效降雨量，能保持在田间被作物吸收利用的那部分降水量，为总降水量与地表径流量、深层渗漏量之差值。降雨的有效性取决于降水强度、土壤质地、植被覆盖情况等，m³/hm²；

d ——地下水补给量，与地下水埋深、土壤质地、作物种类有关，m³/hm²。

（四）节水效益

用增量费用效益比分析节水灌溉项目的经济效益。计算公式为：

$$R=\frac{(1+i)^n-1}{i(1+i)^n}\cdot\frac{B-C}{K}$$

式中 R ——增量效益费用比；

B ——节水灌溉工程多年平均增产值，元 / 年；

C ——节水灌溉工程多年平均运行费，元 / 年；

K ——节水灌溉工程总投资，元；

n ——节水灌溉工程使用年限，年；

i ——资金年利率；%。

节水灌溉应有利于提高经济效益、社会效益与环境效益，改善劳动条件，减小劳动强度，促进农业产业化和农村经济的发展。节水灌溉应综合运用工程措施、农艺措施和管理措施，以提高灌溉水的产出效率。

三、农业节水措施

（一）喷灌节水技术

喷灌是把有压力的水通过装有喷头的管道喷射到空中形成水滴洒到田间的灌水方法。这种灌溉方法比传统的地面灌溉节水 30% ～ 50%；增产 20% ～ 30%；具有保土、保水、保肥、省工和提高土地利用率等优点。喷灌在使用过程不断改进，喷灌节水设备已从固定式发展到移动式，提高了喷灌的适应性。

（二）滴灌节水技术

滴灌是利用塑料管（滴灌管）道将水通过直径约10mm毛管上的孔口或滴头送到作物根部进行局部灌溉。滴灌几乎没有蒸发损失和深层渗漏，在各种地形和土壤条件下都可使用，最为省水。滴灌比喷灌节水33.3%；节电41.3%；比畦灌节水81.6%；节电85.3%；与大水漫灌相比，一般则可增产20%～30%。

（三）微灌节水技术

微灌是介于喷灌、滴灌之间的一种节水灌溉技术，它比喷灌需要的水压力小，雾化程度高，喷洒均匀，需水量少。喷头也不像滴灌那样易堵塞，但出水量较少，适于缺水地区蔬菜、果木与其他经济作物灌溉。

（四）渗灌节水技术

渗灌是利用埋设在地下的管道，通过管道本身的透水性能或出水微孔，将水渗入土壤中，供作物根系吸收，这种灌溉技术适用的条件是地下水位较深，灌溉水质好，没有杂物；暗管的渗水压强应和土壤渗吸性相适应，压强过小则出水慢，不能满足作物需水要求，压强过大则增加深层渗漏，达不到节水的目的。常用砾石混凝土管、塑料管等作为渗水管，管壁有一定的孔隙面积，使水流通过渗入土壤。渗灌比地面灌溉省水省地，但因造价高、易堵塞和不易检修等原因，所以发展较慢。

（五）渠道防渗

渠道防渗不仅可以提高流速，增加流量，防止渗漏，且可以减少渠道维修管理费用。渠道防渗方法有两种：一种是通过压实改变渠床土壤渗透性能，增加土壤的密实度和不透水性；二是用防渗材料如混凝土、塑料薄膜、砌石、水泥、沥青等修筑防渗层。混凝土衬砌是较普遍采用的防渗方法，防渗防冲效果好，耐久性强，但造价高。塑料薄膜防渗效果好，造价也较低，但为防止老化和破损，需加覆盖层，在流速小的渠道中，加盖30cm以上的保护土层；在流速大的渠道中，加混凝土保护。防渗渠道的断面有梯形、矩形和U形，其中U形混凝土槽过水流量大，占地少，抗冻效果好，所以应用较多。

（六）塑料管道节水技术

塑料管道有两种：一种是适用于地面输水的软塑管道，另一种是埋入地下的硬塑管道。地面管道输水有使用方便、铺设简单、可以随意搬动、不占耕地、用后易收藏等优点，最主要的是可避免沿途水量的蒸发渗漏和跑水。地下管道输水灌溉，它有技术性能好、使用寿命长、节水、节地、节电、增产、增效、输水方便等优点。塑料管材的广泛应用，可以有效节约水资源，为增产增收提供了可靠的保证。

我国目前灌溉面积占总耕地面积不足一半，灌溉水利用率低。全国节水灌溉工程面积占有效灌溉面积的1/3；采用喷灌、滴灌等先进节水措施的灌溉面积仅占总灌溉面积的4.6%；而有些发达国家占灌溉面积的80%以上，美国占50%。国内防渗渠道工程仅占渠道总长的20%。由此看出，我国农业节水技术水平还比较低，农业节水潜力很大。

第五节　海水淡化

一、海水利用概述

在沿海缺乏淡水资源的国家和地区，海水资源的开发利用越来越得到重视。海水利用包括直接利用和海水淡化利用两种途径。

（一）国内外海水利用概况

国外沿海国家都十分重视对海水的利用，美国、日本、英国等发达国家都相继建立了专门机构，开发海水的代用及淡化技术。当今海水淡化装置主要分布在两类地区。一是沿海淡水紧缺的地区，如中东的科威特、沙特阿拉伯、阿联酋、美国的圣迭戈市等国家和地区。二是岛屿地区，如美国的佛罗里达群岛和基韦斯特海军基地，中国的西沙群岛等。

目前我国沿海城市发展速度迅速，城市需水量大，淡水资源严重不足，供需矛盾日益突出。沿海城市的海水综合利用开发是解决淡水资源缺乏的重要途径之一。青岛、大连、天津等沿海城市多年来直接利用海水用于工业生产，节约大量淡水资源。

（二）海水水质特征

海水化学成分十分复杂，主要是含盐量远高于淡水。海水中总含盐量高达6000～50000mg/L；其中氯化物含量最高，约占总含盐量89%左右；硫化物次之，再次为碳酸盐及少量其他盐类。海水中盐类主要是氯化钠，其次是氯化镁、硫酸镁和硫酸钙等。与其他天然水源所不同的一个显著特点是海水中各种盐类和离子的质量比例基本衡定。

按照海域的不同使用功能和保护目标，我国将海水水质分成四类：第一类，适用于海洋渔业水域，海上自然保护区和珍稀濒危海洋生物保护区。第二类，适用于水产养殖区，海水浴场，人体直接接触海水的海上运动或娱乐区，以及与人类食用直接有关的工业用水区。第三类，适用于一般工业用水区，滨海风景旅游区。第四类，适用于海洋港口水域，海洋开发作业区。

（三）海水利用途径

海水作为水资源的利用途径有直接利用和海水淡化后综合利用。直接利用指海水经直接或简单处理后作为工业用水或生活杂用水，则可用于工业冷却、洗涤、冲渣、冲灰、除尘、印染用水、海产品洗涤、冲厕、消防等用途。海水经淡化除盐后可作为高品质的用水，用于生活饮用，工业生产等，可替代生活饮用水。

直接取用海水作为工业冷却水占海水利用总量的90%左右。使用海水冷却的对象有：火力发电厂冷凝器、油冷器、空气和氨气冷却器等；化工行业的蒸馏塔、炭化塔、媳烧炉等；冶金行业气体压缩机、炼钢电炉、制冷机等；食品行业发酵反应器、酒精分离器等。

二、海水制用技术

（一）海水直接利用技术

1. 工业冷却用水

利用海水冷却的方式有间接冷却和直接冷却两种。其中以间接冷却方式为主，它是一种利用海水间接换热的方式达到冷却目的，例如冷却装置、发电冷凝、纯碱生产冷却、石油精炼、动力设备冷却等都采用间接冷却方式。直接冷却是指海水与物料接触冷却或直喷降温冷却方式。在工业生产用水系统方面，海水冷却水的利用有直流冷却和循环冷却两种系统。直流冷却效果好，运行简单，但排水量大，对海水污染严重；循环冷却取水量小，排污量小，总运行费用低，有利于保护环境。海水冷却的优点：①水源稳定，水量充足；②水温适宜，全年平均水温0～25℃，利于冷却；③动力消耗低，直接近海取水；降低输配水管道安装及运行费用；④设备投资较少，水处理成本较低。

2. 海水用于再生树脂还原剂

在采用工业阳离子交换树脂软化水处理技术中，需要用定期对交换树脂床进行再生。用海水替代食盐作为树脂再生剂对失效的树脂进行再生还原，这样既节省盐又节约淡水。

3. 海水作为化盐溶剂

在制碱工业中，利用海水替代自来水溶解食盐，不仅节约淡水，而且利用海水中的盐分减少了食盐原材用量，降低制碱成本。

4. 海水用于液压系统用水

海水可以替代液压油用于液压系统，海水水温稳定、黏度较恒定，系统稳定，使用海水作为工作介质的液压系统，构造简单，不需要设冷却系统、回水管路及水箱。海水液压传动系统能够满足一些特殊环境条件下的工作，如潜水器浮力调节、海洋钻井平台及石油机械的液压传动系统。

5. 冲洗用水

海水简单处理后即可用于冲厕。我国香港从20世纪50年代末开始使用海水冲厕，通过进行海水、城市再生水和淡水冲厕三种方案的技术经济对比，最终选择海水冲厕方案。我国北方沿海缺水城市，天津、青岛、大连也相继采用海水冲厕技术，节约了淡水资源。

6. 消防用水

海水可以作为消防系统用水，应用时应注意消防系统材料防腐问题。

7. 海产品洗涤

在海产品养殖中，海水用于洗涤海带、海鱼、虾、贝壳类等海产品的清洗加工。用于洗涤的海水需要进行简单的预处理，并加以澄清以去除悬浮物、菌类，可替代淡水进行加工洗涤，节约大量淡水资源。

8. 印染用水

海水中一些成分是制造染料的中间体，对染整工艺中染色有促进作用。海水可用于印染行业中煮炼、漂白、染色和漂洗等工艺，节约淡水资源和用水量，减少污染物排放量。

9. 海水脱硫及除尘

海水脱硫工艺是利用海水洗涤烟气，并作为S02吸收剂，无需添加任何化学物质，几乎没有副产物排放的一种湿式烟气脱硫工艺。该工艺具有较高的脱硫效率。海水脱硫工艺系统由海水输送系统、烟气系统、吸收系统、海水水质恢复系统、烟气及水质监测系统等组成。海水不仅可以进行烟气除尘，则还可用于冲灰。国内外很多沿海发电厂采用海水作冲灰水，节约大量淡水资源。

（二）海水淡化技术

海水淡化是指除去海水中的盐分而获得淡水的工艺过程。海水淡化是实现水资源利用的开源增量技术，可以增加淡水总量，而且不受时空和气候影响，水质好、价格渐趋合理。淡化后海水可以用于生活饮用、生产等各种用水领域。

不同的工业用水对水的纯度要求不同。水的纯度常以含盐量或电阻率表示。含盐量指水中各种阳离子和阴离子总和，单位为mg/L或%。

淡化水，一般指将高含盐量的水如海水，经过除盐处理后成为生活及生产用的淡水。脱盐水相当于普通蒸馏水。水中强电解质大部分已去除，剩余含盐量约为1～5mg/L。25℃时水的电阻率为0.1～1.0MΩ·cm。纯水，亦称去离子水。纯水中强电解质的绝大部分已去除，而弱电解质也去除到一定程度，剩余含盐量在1mg/L以下，25℃时水的电阻率为1.0～10MΩ·cm。高纯水又称超纯水，水中的电解质几乎已全部去除，而水中胶体微粒微生物、溶解气体和有机物也已去除到最低的程度。高纯水的剩余含盐量应在0.1mg/L以下，25℃时，水的电阻率在10MΩ·cm以上。理论上纯水（即理想纯水）的电阻率应等于18.3cm（25℃时）。

目前，海水淡化方法有蒸個法、反渗透法、电渗析法和海水冷冻法等。目前，中东和非洲国家的海水淡化设施均以多级闪蒸法为主，其他国家则以反渗透法为主。

1. 蒸馏法

蒸馏法是将海水加热气化，待水蒸气冷凝后获取淡水的方法。蒸馏法依据所用能源、设备及流程的不同，分为多级闪蒸、低温多效和蒸汽压缩蒸馏等，其中以多级闪蒸工艺为主。

2. 反渗透法

反渗透法指在膜的原水一侧施加比溶液渗透压高的外界压力，原水透过半透膜时，只允许水透过，其他物质不能透过而被截留在膜表面的过程。反渗透法是20世纪50年代美国政府援助开发的净水系统。60年代用于海水淡化。采用反渗透法制造纯净水的优点是脱盐率高，产水量大，化学试剂消耗少，水质稳定，离子交换树脂和终端过滤器寿命长。由于反渗透法在分离过程中，没有相态变化，无需加热，能耗少，设备简单，易于维护和设备模块化，并逐渐取代多级闪蒸法。

3. 电渗析法

电渗析法是利用离子交换膜的选择透过性，在外加直流电场的作用下使水中的离子有选择的定向迁移，使溶液中阴阳离子发生分离的一种物理化学过程，属于一种膜分离技术，可以用于海水淡化。海水经过电渗析，所得到的淡化液是脱盐水，浓缩液是卤水。

4. 海水冷冻法

冷冻法是在低温条件下将海水中的水分冻结为冰晶并与浓缩海水分离而获得淡水的一种海水淡化技术。冷冻海水淡化法原理是利用海水三相点平衡原理，即海水汽、液、固三相共存并达到平衡的一个特殊点。若改变压力或温度偏离海水的三相平衡点，平衡被破坏，三相会自动趋于一相或两相。真空冷冻法海水淡化技术利用海水的三相点原理，以水自身为制冷剂，使海水同时蒸发与结冰，冰晶再经分离、洗涤而得到淡化水的一种低成本的淡化方法。真空冷冻海水淡化工艺包括脱气、预冷、蒸发结晶、冰晶洗涤、蒸汽冷凝等步骤。与蒸馏法、膜海水淡化法相比，冷冻海水淡化法腐蚀结垢轻，预处理简单，设备投资小，并可处理高含盐量的海水，是一种较理想的海水淡化技术。海水淡化法工艺的温度和压力是影响海水蒸发与结冰速率的主要因素。冷冻法在淡化水过程中需要消耗较多能源，其获取的淡水味道不佳，该方法在技术中还存在一些问题，影响到其使用和推广。

第六节　雨水利用

一、雨水利用概述

雨水利用作为一种古老的传统技术一直在缺水国家和地区广泛应用。随着城镇化进程的推进，造成地面硬化改变了原地面的水文特性，干预自然的水温循环。这种干预致使城市降水蒸发、入渗量大大减少，降雨洪峰值增加，汇流时间缩短，进而加重了城市排水系统的负荷，土壤含水量减少，热岛效应及地下水位下降现象加剧。

通过合理的规划和设计，采取相应的工程措施开展雨水利用，既可缓解城市水资源的供需矛盾，又可减少城市雨洪的灾害。雨水利用是水资源综合利用中的一项新的系统工程，具有良好的节水效能和环境生态效应。

（一）雨水利用的基本概念

雨水利用是一种综合考虑雨水径流污染控制、城市防洪及生态环境的改善等要求。建立包括屋面雨水集蓄系统、雨水截污与渗透系统、生态小区雨水利用系统等。将雨水用作喷洒路面、灌溉绿地、蓄水冲厕等城市杂用水的雨水收集利用技术是城市水资源可持续利用的重要措施之一。雨水利用实际上就是雨水入渗、收集回用、调蓄排放等的总称。主要包括三个方面的内容：入渗利用，增加土壤含水量，有时又称间接利用；收集后净化回用，替代自来水，有时又称直接利用；先蓄存后排放，单纯消减雨水高峰流量。

雨水利用的意义可表现在以下四个方面。

第一，节约水资源，缓解用水供需矛盾。把雨水用作中水水源、城市消防用水、浇洒地面和绿地、景观用水、生活杂用等方面，可有效节约城市水资源，缓解用水供需矛盾。

第二，提高排水系统可靠性。通过建立完整的雨水利用系统（即由调蓄水池、坑塘、湿地、绿色水道和下渗系统共同构成），有效削减雨水径流的高峰流量，提高已有排水管道的可靠性，防止城市洪涝，减少合流制管道雨季的溢流污水，改善水体环境，减少排水管道中途提升容量，提高其运行安全可靠性。

第三，改善水循环，减少污染。强化雨水入渗，增加土壤含水量，增加地下水补给量；维持地下水平衡，防止海水入侵，缓解由于城市过度开采地下水导致的地面沉降现象；减少雨水径流造成的污染物。雨水冲刷屋顶、路面等硬质铺装后，屋面和地面污染物通过径流带入水中，尤其是初期雨水污染比较严重。雨水利用工程通过低洼、湿地和绿化通道等沉淀和净化，再排到雨水管网或河流，起到拦截雨水径流和沉淀悬浮物的作用。

第四，具有经济与生态意义。雨水净化后可作为生活杂用水、工业用水，尤其是一些必须使用软化水的场合。雨水的利用不仅减少自来水的使用量，节约水费，还可以减少软化水的处理费用，雨水渗透还可以节省雨水管道投资；雨水的储留可以加大地面水体的蒸发量，创造湿润气候，减少干旱天气，利于植被生长，改善城市生态环境。

（二）国内外雨水利用概况

人类对雨水利用的历史可以追溯到几千年前，古代干旱和半干旱地区的人们就学会将雨水径流贮存在窖里，以供生活和农业生产用水。自20世纪70年代以来，城市雨水利用技术迅速发展。在以色列、非洲、印度、中国西北等许多国家和地区修建了数以千万计的雨水收集利用系统。美国、加拿大、德国、澳大利亚、新西兰、新加坡和日本等许多发达国家也开展了不同规模、不同内容雨水利用的研究和实施计划。在马尼拉举行的第四届国际雨水利用会议上建立了国际雨水利用协会

（IRCSA）；并于每两年举办一次国际雨水利用大会。

德国是国际上城市雨水利用技术最发达的国家之一。到21世纪初就已经形成“第三代”雨水利用技术及相关新标准。其主要特征是设备的集成化，从屋面雨水的收集、截留、调蓄、过滤、渗透、提升、回用到控制都有一系列的定型产品和组装式成套设备。德国针对城市不透水地面对地下水资源的负面影响，提出了一项把城市80%的地面改为透水地面的计划，并明文规定，新建小区均要设计雨洪利用项目，否则征收雨洪排水设施费和雨洪排放费。德国有大量各种规模和类型的雨水利用工程和成功实例。例如柏林Potsdamer广场Daimlerchrysler区域城市水体工程就是雨水利用生态系统成功范例。主要措施包括建设绿色屋顶，设置雨水调蓄池储水用于冲洗厕所和浇洒绿地，通过养殖动物、水生植物、微生物等协同净化雨水。该水系统达到了人、物、环境的和谐与统一。

日本是亚洲重视雨水利用的典范，十分重视环境、资源保护和积极倡导可持续发展的理念。

我国雨水利用技术历史悠久。在干旱、半干旱的西北部地区，创造出许多雨水集蓄利用技术，从20世纪50年代开始利用窖水点浇玉米、蔬菜等。80年代末，甘肃实施“121雨水集流工程”，同一时期宁夏实施“窑窖农业”，陕西省实施了“甘露工程”，山西省实施了“123”工程，内蒙古实施了“112集雨节水灌溉工程”等一系列雨水利用措施。

近年来随着城市建设发展，我国城市人口逐年增加，城市化速度加快，城市建成区面积在逐年扩大，城市道路、建筑等下垫面不同程度的硬化导致城市雨水径流增大，入渗土壤地下的水量减少。一些城市和地区出现水资源短缺、洪涝频繁发生现象，雨水利用是解决问题重要措施之一。

（三）雨水水质特征

总体上雨水水质污染主要是由于大气污染、屋面、道路等杂质渗入引起的。城市路面径流雨水的污染常受到汽车尾气、轮胎磨损、燃油和润滑油、路面磨损以及路面沉积污染物的渗入引起，其COD、SS、TN、P和部分重金属的初期浓度和加权平均浓度都比屋面高。一般取前期2～5min降雨所产生的径流量为初期径流量，机动车道初期径流主要污染物浓度范围如下：COD约250～9000mg/L；SS约500～25000mg/L；TN约20～125mg/L。在弃除污染严重的初期径流后，随着降雨历时延长，后期雨水径流污染物浓度逐渐下降。后期径流中主要污染物浓度范围如下：COD约50～900mg/L；SS约50～1000mg/L；TN约5～20 mg/L。居住区内道路径流污染物浓度比市政机动车道路要轻。居住小区道路初期径流主要污染物浓度范围如下：COD约120～2000mg/L；SS约200～5000mg/L；TN约5～15mg/L；后期径流主要污染物浓度范围如下：COD约60～200mg/L；SS约50～200mg/L；TN约2～10mg/L。屋顶雨水径流污染物多来源于降雨对大气污染物的淋洗、雨水径流对屋顶沉积物质的冲洗、屋顶自身材料析出物质等途径。沥青油毡屋顶初期径流中COD浓度约500～1750mg/L、SS浓度约300～500mg/L、TN浓度高达10～50 mg/L；

瓦屋顶初期径流中COD浓度约100～1200mg/L、SS浓度约200～500mg/L、TN浓度高达5～15mg/L。总体而言，瓦屋顶初期径流中污染物浓度明显低于沥青油毡屋顶，屋顶材料类型及新旧程度是影响径流水质的根本原因。后期屋面径流中COD浓度约30～100mg/L、SS浓度约20～200mg/L、TN浓度高达2～10mg/L。雨水经处理后的水质应根据用途决定，COD和SS应满足表相关规定，其他指标应符合国家相关用水标准。雨水经处理后属于低质水;不能用于高质水用途。雨水可用于下列用途:景观、绿化、循环冷却系统补水、洗车、地面和道路冲洗、冲厕以及消防等。

二、雨水利用技术

雨水利用可以分为直接利用（回用）、雨水间接利用（渗透）及雨水综合利用等。直接利用技术是通过雨水收集、储存、净化处理后，将雨水转化为产品水供杂用或景观用水，替代清洁的自来水。雨水间接利用技术是用于渗透补充地下水。按规模和集中程度不同分为集中式和分散式，集中式又分为干式及湿式深井回灌，分散式又分为渗透检查井、渗透管（沟）、渗透池（塘）、渗透地面、低势绿地及雨水花园等。雨水综合利用技术是采用因地制宜措施，将回用与渗透相结合，雨水利用及洪涝控制、污染控制相结合，雨水利用与景观、改善生态环境相结合等。

（一）雨水径流收集

1. 雨水收集系统分类及组成

雨水收集与传输是指利用人工或天然集雨面将降落在下垫面上的雨水汇集在一起，并通过管、渠等输水设施转移至存储或利用部位。根据雨水收集场地不同，分为屋面集水式和地面集水式两种。

屋面集水式雨水收集系统由屋顶集水场、集水槽、落水管、输水管、简易净化装置、储水池和取水设备组成。地面集水式雨水收集系统由地面集水场、汇水渠、简易净化装置、储水池和取水设备组成。

2. 雨水径流计算

雨水设计流量指汇水面上降雨高峰历时内汇集的径流流量，采用推理公式法计算雨水设计流量，应按下式计算。当汇水面积超过2km^{2}时，宜考虑降雨在时空分布的不均匀性和管网汇流过程，采用数学模型法计算雨水设计流量。

$$Q=\varphi\times q\times F$$

式中Q——雨水设计流量，L/s；

φ——径流系数；

q——设计暴雨强度，L/（s·hm^2）；

F——汇水面积，hm^2。

径流系数，可按规定取值，汇水面积的平均径流系数按地面种类加权平均计算；

综合径流系数，按规定取值。

设计暴雨强度，应按下列公式计算：

$$q=\frac{167A_1(1+C\lg P)}{(t+b)^n}$$

式中 q —— 设计暴雨强度，L/（s·hm；）

t —— 降雨历时，min；

P —— 设计重现期，a；

A_1、C、n、b —— 参数，根据统计方法进行计算确定。

雨水管渠的降雨历时，应按下式计算：

$$t=t_1+t_2$$

式中 t —— 降雨历时，min；

t_1 ——地面集水时间，min；应根据汇水距离、地形坡度与地面种类通过计算确定，一般采用 5 ～ 15 min；

t_2 —— 管渠内雨水流行时间，min。

雨水利用系统规模设计应满足对于相同的设计重现期，改建后的径流量不得超过原有径流量，设计重现期可参考相关规定选取。

3. 雨水收集场

雨水收集场可分为屋面收集场和地面收集场。

屋面收集场设于屋顶，通常有平屋面和坡屋面两种形式。屋面雨水收集方式按雨落管的位置分为外排收集系统和内排收集系统。雨落管在建筑墙体外的称为外排收集系统，在外墙以内的称为内排收集系统。

地面集水场包括广场、道路、绿地、坡面等。地面雨水主要通过雨水收集口收集。街道、庭院、广场等地面上的雨水首先经雨水口通过连接管入排水管渠。雨水口的设置，应能保证迅速有效地集地面雨水。雨水口以及连接管的设计应参照相关规定执行。

4. 初期雨水弃流

因此雨水利用时应先弃除初期雨水，再进行处理利用。初期雨水弃流量因下垫面情况而异，可按下式计算：

$$W_q=10\times\delta\times F$$

W_q —— 设计初期径流厚度，m^3；

δ —— 初期径流厚度，mm；一般屋面取 2 ～ 3mm；地面取 3 ～ 5mm；

F —— 汇水面积，hm^2。

（二）雨水入渗

雨水入渗是通过人工措施将雨水集中并渗入补给地下水的方法。主要功能可以归纳为以下方面：补给地下水维持区域水资源平衡；滞留降雨洪峰有利于城市防洪；减少雨水地面径流时造成的水体污染；雨水储流后强化水的蒸发，改善气候条件，提高空气质量。

1. 雨水入渗方式和渗透设施

雨水入渗可采用绿地入渗、透水铺装地面入渗、浅沟入渗、洼地入渗、浅沟渗渠组合入渗、渗透管沟、入渗井、入渗池、渗透管——排放组合等方式。在选择雨水渗透设施时，应首先选择绿地、透水铺装地面、渗透管沟、入渗井等入渗方式。

2. 雨水入渗量计算

设计渗透量与降雨历时之间呈线性关系。渗透设施在降雨历时 r 时段内设计的渗透量按下式计算：

$$W_s = \alpha \cdot K \cdot J \cdot A_n \cdot t$$

式中 W_s —— 降雨历时 t 时段内的设计渗透量，m^3；

α —— 综合安全系数，一般取0.5～0.8；

K —— 土壤渗透系数，m/s；

J —— 水力坡降，若地下水位较深，远低于渗透装置底面时，一般可取 $J=1.0$；

A_n —— 有效渗透面积，m^3；

t —— 渗透时间，s。

3. 设计储存容积

雨水入渗系统应设置储存容积，其有效容积应能调蓄产流历时内的蓄积雨水量。对于某一重现期，渗透设施需提供一定量的容积暂时储存没有来得及入渗的雨水，所需储存的容积为渗透设施的储存容积 V_s 按下式计算：

$$V_s \cdots \frac{W_P}{n_k}$$

式中 V_s —— 渗透设施储存容积，m^3；

W_P —— 渗透设施产流历时内蓄积雨水量，m^3；

n_k —— 填料孔隙率，一般不应小于30%；无填料时取1。

渗透设施产流历时内蓄积雨水量是设计渗透设施进水量 W_c 与设计渗透量 W_s 之差的最大值，按下式计算：

$$W_p = \max\left(W_c - W_s\right)$$

式中 W_p —— 渗透设施产流历时内蓄积水量，m^3；

W_c —— 设计渗透设施进水量，m^3；

W —— 设计渗透量，m^3。

设计渗透设施进水量不宜大于日雨水设计径流总量。设计渗透设施进水量与渗透设施径流历时对应的暴雨强度、受纳集水面积、渗透设施形式以及产流历时有关，按下式计算：

$$W_c = 1.25 \times \left[60 \times \frac{q_c}{1000} \times \left(F_Y \times \varphi_m + F_0\right)\right] \times t$$

式中 W_c —— 设计渗透设施进水量，m^3；

q_c —— 渗透设施径流历时对应的暴雨强度，L/（s·hm^2）；

F_Y —— 渗透设施受纳的集水面积，hm^2；

F_0 —— 渗透设施直接受水面积，hm^2；埋地渗透设施为 0；

φ_m —— 流量径流系数；

t —— 渗透设施产流历时，min；渗透设施产流历时应通过计算获得，并适合小于 120min。

4. 雨水渗透装置的设置

雨水渗透装置分为浅层土壤入渗和深层入渗。浅层土壤入渗的方法主要包括：地表直接入渗、地面蓄水入渗和利用透水铺装地板入渗等。雨水深层入渗是指城市雨水引入地下较深的土壤或砂、砾层入渗回补地下水。深层入渗可采用砂石坑入渗、大口井入渗、辐射井入渗及深井回灌等方式。

雨水入渗系统设置具有一定限制性，在下列场所不得采用雨水入渗系统：①在易发生陡坡坍塌、滑坡灾害的危险场所；②对居住环境和自然环境造成危害的场所；③自重湿陷性黄土、膨胀土和高含盐土等特殊土壤地质场所。

（三）雨水储留设施

雨水利用或雨水作为再生水的补充水源时，需设置储水设施进行水量调节。储水形式可分为城市集中储水和分散储水。

1. 城市集中储水

城市集中储水是指通过工程设施将城市雨水径流集中储存，以备处理后回用于城市杂用或消防用水等，具有节水和环保双重功效。

储留设施由截留坝和调节池组成。截留坝用于拦截雨水，受地理位置和自然条件限制，难以在城市大量使用。调节池具有调节水量和储水功能。德国从 20 世纪

80年代后期修建大量雨水调节池，用于调节、储存、处理和利用雨水，有效降低了雨水对城市污水厂的冲击负荷和对水体的污染。

2. 分散储水

分散储水指通过修建小型水库、塘坝、储水池、水窖、蓄水罐等工程设施将集流场收集的雨水储存，以备利用。其中水库、塘坝等储水设施易于蒸发下渗，储水效率较低。储水池、蓄水罐或水窖储水效率高，是常用的储水设施，如混凝土薄壳水窖储水保存率达97%；储水成本为0.41元/（$m^3 \cdot a$）；其使用寿命长。

雨水储水池一般设在室外地下，采用耐腐蚀、无污染、易清洁材料制作，储水池中应设置溢流系统，多余的雨水能够顺利排除。

储水池容积可以按照径流量曲线求得。径流曲线计算方法是绘制某设计重现期条件下不同降雨历时流入储水池的径流曲线，对曲线下面积求和，该值即为储水池的有效容积。在无资料情况下储水容积也可以按照经验值估算。

（四）雨水处理技术

雨水处理应根据水质情况、用途和水质标准确定，通常采用物理法、化学法等工艺组合。雨水处理可分为常规处理和深度处理。常规处理指经济适用、应用广泛的处理工艺，主要有混凝、沉淀、过滤、消毒等净化技术；非常规处理则是指一些效果好但费用较高的处理工艺，如活性炭吸附、高级氧化、电渗析、膜技术等。

雨水水质好，杂质少，含盐量低，属高品质的再生水资源，雨水收集后经适当净化处理可以用于城市绿化、补充景观水体、城市浇洒道路、生活杂用水、工业用水、空调循环冷却水等多种用途。

第九章 水污染治理技术

第一节 水体与水循环

一、水污染及其防治

（一）概述

1. 水体的概念

水体是海洋、河流、湖泊、沼泽、水库、地下水的总称，主要是由水及水中悬浮物、溶解物、水生生物和底泥组成的完整的生态系统。

地球上有了水才有了生命，水是人类与其他生命体不可缺少的物质，也是社会经济发展的基础条件。

（1）水是生命之源

水是构成人体的基本成分，又是新陈代谢的主要介质每人每天为维持生命活动至少需要 2 ～ 2.5L 水，一般每人每天用水量在 40 ～ 350L 范围。

（2）水是农业命脉

农业生产用水主要包括农业灌溉用水，林业、物业灌溉用水及渔业用水。生产 1kg 小麦耗水 0.8 ～ 1.25m^3）生产 1kg 水稻耗水 1.4 ～ 1.6m^3。农业用水量占全球用水的比例最大，约占 2/3，农业灌溉用水占农业用水的 90%，其中 75% ～ 80% 是不能重复利用的消耗水。

（3）水是工业的血液

工业用水约占全球总用水量的22%。工业用水主要包括原料、冷却、洗涤、传送、调温和调湿等用水。工业用水量与工业发展布局、产业结构、生产工艺水平等多因素相关。美国用水量居世界首位，每年约5550亿立方米。而随着工业结构调整、工艺技术的进步和工业节水水平的提高，我国的工业用水量增长逐渐放缓。

（4）水是城市发展繁荣的基本条件

随着城市的发展、人口的增加和生活水平的提高，生活用水量不断扩大。同时，与之配套的环境景观用水、旅游用水、服务业用水不断增加，如果没有充足的水资源，城市发展就会受到制约。

（5）水的生态保障作用

生态系统的维系需要有一定水量作为保障，以此保持生态平衡。例如，保持江河湖泊一定的流量，可以满足鱼类和水生生物的生长需要，并有利于冲刷泥沙，冲洗农田盐分入海，保持水体自净能力。同时，因水具有较大的比热容，可调节气温、湿度，从而起到防止生态环境恶化的作用。

二、地球上水的分布

地球上的海洋、河流、冰川、地下水、湖泊、土壤水、大气中的水和生物体内的水，组成了一个紧密作用、相互交换的统一体，即水圈。陆地水量中大部分为南北极冰盖、冰川，可被人类利用的淡水资源即地面河流、湖泊、地下水以及生物、土壤含水等约占地球总水量的0.6%。

三、水的循环

在太阳辐射能和地心引力的作用下，水分不断地蒸发、汽化为水蒸气，并上升到空中形成云，在大气环流作用下运动到各处，再凝结而形成降水到达地面或海面。降落下来的水分一部分渗入地面形成地下水，一部分蒸发进入大气，一部分在地面形成径流，最终流入海洋。这种循环往复的水的运动为自然界的水分循环。

水循环可使地球上的水不断更新成为一种可再生资源。人类社会在发展过程中抽取自然水用于工业、农业和生活，部分水被消耗掉，其他成为废水，通过排水系统进入水体。这种取之自然水体、还之水体的受人类社会活动作用的水循环为水的社会循环。水的社会循环改变了水体的流量，也改变了水的性质，在一定空间和时间尺度上影响着水的自然循环。

第二节 水体污染与自净作用

一、水体污染及污染源

（一）水体污染

水是自然界的基本要素，是生命得以生存、繁衍基本物质条件之一、也是工农业生产和城市发展的不可或缺的重要资源。人们以往把水看作是取之不尽用之不竭的最廉价的自然资源，但随着人口的膨胀和经济的发展，水资源短缺的现象正在很多地区相继出现，水污染及其带来的危害更加剧了水资源的紧张，并对人类的身体健康造成了威胁。防治水污染、保护水资源已成了当今我们的迫切任务。

水污染是指水体因某种物质的介入而导致其化学、物理、生物或者放射性等方面特性的改变，从而影响水的有效利用，危害人体健康或者破坏生态环境，造成水质恶化的现象。水污染加剧了全球的水资源短缺，并危及人体健康，严重制约了人类社会、经济与环境的可持续发展。

（二）水体污染源

造成水体污染的主要污染源有生活污水、工业废水、农业废水等。

1. 生活污水

生活污水是人们日常生活中产生的污水，主要来自家庭、商业、机关、学校、医院、城镇公共设施及工厂，包括厕所冲洗排水、厨房洗涤排水、洗衣排水、沐浴排水等。生活污水的主要成分为纤维素、淀粉、糖类、脂肪、蛋白质等有机物，无机盐类及泥沙等杂质，一般不含有毒物质，但常含植物营养物质，且含有大量细菌（包括病原菌）、病毒和寄生虫卵。影响生活污水成分的因素主要有生活水平、生活习惯、卫生设备、气候条件等。

2. 工业废水

工业废水是在工业生产过程中排出的废水。因工业性质、原料、生产工艺及管理水平的差异，工业废水的成分和性质变化复杂。一般来说，工业废水污染比较严重，往往含有大量有毒有害物质。以焦化厂为例，其废水中含有酚类、苯类、氰化物、硫化物、焦油、氨等有害物质。

3. 农业废水

农业废水主要是指农田灌溉水。不合理地施用化肥、农药或不合理地使用污水灌溉，会造成土壤受农药、化肥、重金属和病原体等的污染，并同时通过灌溉水及其径流和渗流，又将农田、牧场、养殖场以及副产品加工厂等附近土壤中这些残留的污染物带入水体，从而造成水质的恶化。

生活污水和工业废水通过下水道、排水管或沟渠等特定部位排放污染物，称为点源一般来说，点源较易监测与管理，可将这些污水改变流向并在进入环境前进行处理。而农业废水分散排放污染物，没有特定的入水排污位置，称之为非点源或面源，其监测、调控和处理远比点源困难。

二、水体中主要污染物

水体污染物种类繁多，因而可以用不同方法、标准或根据不同的角度分为不同的类型。现根据水污染物质及其形成污染的性质，可以将水污染分成化学性污染、物理性污染和生物性污染三类。

（一）化学性污染

1. 酸碱盐污染

酸碱盐污染物包括酸、碱和一些无机盐等无机化学物质。酸碱盐污染使水体pH值变化、提高水的硬度和增加水的渗透压、改变生物生长环境、抑制微生物的生长、影响水体的自净作用和破坏生态平衡。此外，腐蚀船舶和水中构筑物，影响渔业，使得水体不适合生活及工农业使用。酸污染来源于矿山、钢铁厂及染料工业废水。碱污染主要来源于造纸、炼油、制碱等行业。盐污染主要来源于制药、化工和石油化工等行业。

2. 重金属污染

重金属污染指由重金属及其化合物造成的环境污染，其中汞、镉、铅、铬（六价）及类金属砷（二价）危害性较大。排放重金属污染废水的行业有电镀工业、冶金工业、化学工业等。有毒重金属在自然界中可通过食物链而积累、富集，以致会直接作用人体而引起严重的疾病或慢性病。闻名于世日本水俣病就是由于汞污染造成，骨痛病是由镉污染导致的。

3. 有机有毒物质污染

污染水体的有机有毒物质主要是各种酚类化合物、有机农药、多环芳烃、多氯联苯等。其中有的化学性质稳定，难被生物降解，具有生物累积性、可长距离迁移等特性，被称为持久性有机污染物，如DDT、多氯联苯等。其中一部分化合物在十分低的剂量下即可具有致癌、致畸、致突变作用，并对人类及动物的健康构成极大的威胁，如DDT、苯并花等。有机毒物主要来自焦化、燃料、农药、塑料合成等工业废水，农业排水含有机农药。

4. 需氧污染物质

废水中含有的糖类、蛋白质、油脂、氨基酸、脂肪酸、酯类等有机物，在微生物作用下氧化分解为简单的无机物，并消耗大量水中溶解氧，称为需氧污染物质。

此类有机物质过多，造成水中溶解氧缺乏，影响水中其他生物的生长。水中溶解氧耗尽后，有机物质进行厌氧分解而产生大量硫化氢、氨、硫醇等物质，使水质变黑发臭，造成环境质量恶化，同时也造成水中的鱼类和其他水生生物的死亡。生活污水和许多工业废水，如食品工业、石油化工工业、制革工业、焦化工业等废水中都含有这类有机物。

5. 植物营养物质

生活污水、农田排水及某些工业废水中含有一定量氮、磷等植物营养物质，排入水体后，使水体中氮、磷含量升高，在湖泊、水库、海湾等水流缓慢水域富积，使藻类等浮游生物大量繁殖，此为“水体的富营养化”。藻类死亡分解后，加剧水中营养物质含量，使藻类加剧繁殖，使水体呈现藻类颜色（红色或绿色），阻断水面气体交换，造成水中溶解氧下降，水中环境恶化，鱼类死亡，严重时会使水草丛生，湖泊退化。

6. 油类污染物质

油类污染物质是指排入水体的油造成水质恶化、生态破坏、危及人体健康。随着石油事业的发展，油类物质对水体的污染日益增多，炼油、石油化工工业、海底石油开采、油轮压舱水的排放都可使水体遭受严重的油类污染。海洋采油和油轮事故造成的污染更重。

（二）物理性污染

1. 悬浮物污染

悬浮物是指悬浮于水中的不溶于水的固体或是胶体物质，造成水体浑浊度升高，妨碍水生植物的光合作用，不利于水生生物的生长。主要是由生活污水、垃圾、采矿、建筑、冶金、化肥、造纸等工业废水引起的。悬浮物质影响水体外观，妨碍水中植物的生长。悬浮物颗粒容易吸附营养物、有机毒物、重金属等有毒物质，使污染物富集，危害加大。

2. 热污染

由热电厂、工矿企业排放高温废水引起水体的局部温度升高，称为热污染。水温升高，溶解氧含量降低，微生物活动增强，某些有毒物质的毒性作用增加，改变了水生生物的生存条件，破坏了生态平衡条件，其不利于鱼类及水生生物的生长。

3. 放射性污染

放射性污染来自于原子能。业和使用放射性物质的民用部门。放射性物质可通过废水进入食物链，对人体产生辐射，长期作用可导致肿瘤、白血病和遗传障碍等。

（三）生物性污染

带有病原微生物的废水（如医院废水）进入水体后，随水流传播并对人类健康造成极大的威胁。主要是消化道传染疾病，如伤寒、霍乱、痢疾、肠炎、病毒性肝炎、脊髓灰质炎等。

在实际的水环境中，各类污染物是同时并存的，各类污染物也是相互作用的。往往有机物含量较高的废水中同时存在病原微生物，并对水体产生共同污染

三、水体自净作用与水环境容量

（一）水体自净作用

水体自净能力是指水体通过流动和物理、化学、生物作用，使污染程度降低或使污染物分解、转化，经过一段时间逐渐恢复到原来的状态的功能，包括稀释扩散、沉底、氧化还原、生物降解（有机物通过生物代谢作用而分解的现象）、微生物降解（微生物把有机物质转化为简单无机物的现象）等。通过水体自净，可以使进入水体的污染物质迁移、转化，使水体水质得到改善。

1．水体的物理自净

水体的物理自净过程是指由于稀释、扩散、沉淀和混合等作用而使污染物在水中的浓度降低的过程。稀释作用的实质是污染物质在水体中因扩散而降低浓度，稀释并不能改变也不能去除污染物质。污染物质进入水体后，存在两种运行形式：一是由于水流的推动而产生的沿着水流前进方向的运动，称为推流或平流；二是由于污染物质在水中浓度的差异而形成的污染物从高浓度处向低浓度处的迁移，这一运动被称为扩散。

2．水体的化学自净

水体的化学和物理化学自净过程指由于氧化、还原、分解、化合、凝聚、中和、吸附等反应而引起的水中污染物浓度降低的过程。其中氧化还原是水体化学自净的主要作用。水体中的溶解氧可与某些污染物产生氧化反应，如铁、锰等重金属离子可被氧化成难溶性的氢氧化铁、氢氧化猛而沉淀，硫离子可被氧化成硫酸根随水流迁移？还原反应则多在微生物的作用下进行，如硝酸盐在水体缺氧条件下，由于反硝化菌的作用还原成氮（N_2）而被去除。

3．水体的生化自净

有机污染物进入水体后在微生物作用下氧化分解为无机物过程，可以使有机污染物的浓度大大减少，这就是水体的生化自净作用。

生化自净作用需要消耗氧，所消耗的氧如得不到及时补充，生化自净过程就要停止，水体水质就要恶化’因此，生化自净过程实际上包括了氧的消耗和氧的补充（恢复）两方面的作用。氧的消耗过程主要取决于排入水体的有机污染物的数量，也要考虑排入水体中氨氮的数量以及废水中无机性还原物质（如二氧化硫）的数量。氧的补充和恢复一般有两个途径：一是大气中的氧向含量不足的水体扩散，使水体中的溶解氧增加；二是水生植物在阳光照射下进行光合作用释放氧气。

（二）水环境容量

水体所具有是自净能力就是水环境接纳一定量污染物的能力。一定水体所能容

纳污染物的最大负荷被称为水环境容量。正确认识与利用水环境容量对水污染物控制具有重要的意义。

水环境容量的大小与下列因素有关。

1. 水体的用途和功能

我国地表水环境质量标准中按照水体的用途和功能将水体分为五类，每类水体规定有不同的水质标准。显然，水体的功能愈强，对其要求的水质目标也愈高，其水环境容量可能会小一些。

2. 水体特征

水体本身的特性，如河宽、河深、流量、流速及其天然水质等，对水环境容量的影响很大。

3. 水污染的特性

污染物的特性包括扩散性、降解性等，都影响水环境容量。一般污染物的物理、化学性质越稳定，其环境容量越小；可降解性有机物的水环境容量比难降解有机物的水环境容量大得多，而重金属污染物的水环境容量则甚微。

水体对某种污染物的水环境容量可用下式表示：

$$W=V\left(C_s-C_i\right)+C$$

式中 W —— 某地面水体对某污染物的水环境容量，kg；

V —— 该地面水体的体积，m^3；

C_s —— 地面水中某污染物的环境标准（水质指标），g/L；

C_i —— 地面水中某污染物的环境背景值，g/L；

C —— 地面水对该污染物的自净能力，kg。

水环境容量既反映了满足特定功能条件下水体中的水质目标，也反映水体对污染的自净能力。如果污染物的实际排放量超过了水环境容量，就必须削减排放量。

四、水污染现状

目前，全世界每年约有 4200 多亿立方米的污水排入江河湖海，污染 5.5 万亿立方米的淡水，这相当于全球径流总量的 14% 以上。全世界每天约有数百万吨垃圾倒进河流、湖泊和小溪，每升废水会污染 8L 淡水；所有流经亚洲城市的河流均被污染；美国 40% 的水资源流域被加工食品废料、金属、肥料与杀虫剂污染；欧洲 55 条河流中仅有 5 条水质勉强能用。发展中国家约有 10 亿人喝不清洁水，每年约有 2500 多万人死于饮用不洁水。据世界卫生组织统计，每年有 300 万～ 400 万人死于和水污染有关的疾病；全球 80% 的疾病和 50% 的儿童死亡都与饮用水被污染有关。

经过多年的建设，我国水污染防治工作取得了显著的成绩，但水污染形势仍然十分严峻，全国七大水系中，珠江、长江水质良好，松花江、淮河为轻度污染，黄河、辽河为中度污染，海河为重度污染。地表水检测断面中，已有59%的河段不适宜作为饮用水水源。与河流相比，湖泊、水库污染更加严重。

第三节 水污染防治

一、水污染防治的目标与任务

水污染是当前面临的重要环境问题，它严重威胁着人类的生命健康，阻碍经济建设发展，制约着可持续发展战略的实施。由此必须重视并积极进行水污染防治，保护人类赖以生存的环境一

水污染防治的主要目标有以下几点。

保护各类饮用水源地的水质，使供给居民的饮用水安全可靠；

恢复各类水体的使用功能，如自然保护区、珍稀濒危水生动植物保护区、水产养殖区、公共浴泳区、海上娱乐体育活动区、工业用水取水区及盐场等，为经济建设提供水资源；

改善地面水体的水质。

水污染防治的主要任务有以下几点。

进行区域、流域或城镇的水污染防治规划，在调查分析现有水环境质量及水资源利用需求的基础上，明确水污染防治的具体任务，制订应采取的防治措施；

加强对污染源的控制，包括工业污染源、城市居民区污染源、畜禽养殖业污染源以及农田径流等，采取有效措施减少污染源排放的污染物量；

对各类废水进行妥善的收集和处理，建立完善的排水系统以及污（废）水处理系统，使污（废）水排入水体前达到排放标准；

加强对水资源的保护，通过法律、行政、技术等一系列措施，使水环境免受污染。

二、水污染防治的原则

进行水污染防治，根本的原则是将“防”、“治”、“管”三者结合起来。

“防”是指对污染源的控制，通过有效控制使污染源排放的污染物减少到最小量。对工业污染源，最有效的控制方法是推行清洁生产。对生活污染源，也可以通过有效措施减少其排放量，如推广使用节水工具，提高民众节水意识，降低用水量，从而减少生活污水排放量。对农业污染源，提倡农田的科学施肥和农药的合理使用，可以大大减少农田中残留的化肥和农药，进而减少农田径流中所含氮、磷和农药的量。

“治”是水污染防治中不可缺少的一环。通过各种预防措施，污染源可以得到一定程度的控制，但要确保在排入水体前达到国家或地方规定的排放标准，还必须对污（废）水进行妥善的处理，采取各种水污染控制方法与环境工程措施，治理水

污染，如工业废水处理站、城市污水处理厂等。同时，城市废水收集系统和处理系统的设计，不仅应考虑水污染防治的需要，同时应考虑到缓解水资源矛盾的需要。

“管”是指对污染源、水体及处理设施等的管理。“管”在水污染防治中也占据十分重要的地位。科学的管理包括对污染源的经常监测和管理，对污水处理厂的监测和管理，以及对水环境质量的监测和管理。

三、污水处理技术概论

水污染控制的核心是废水处理。废水处理的基本方法一般分为两类：第一类是将污染物从废水中分离出来，如沉淀、吸附等；第二类方法是将污染物转化为无害物质，如好氧生物处理，或将污染物转化为可分离的物质再予以分离，如化学沉淀等。

废水种类繁多，水的性质成分差异很大，实际工作中应针对水质特征采用不同的处理方法。按照废水处理的作用原理，可以将各种处理方法归结为物理法、化学法、生物处理法等类型。

四、物理处理法

物理处理法是利用物理作用分离污水中悬浮态的污染物质，在处理过程中污染物的性质不发生变化。采用的方法主要有筛滤截留法、重力分离法和离心分离法。

（一）筛滤截留法

筛滤截留法针对污染物具有一定形状及尺寸大小的特性，利用筛网、多孔介质或颗粒床层机械截留作用，将其从水中去除，并包括格栅、筛网、过滤等。

1. 格栅

格栅由一组（或多组）相平行的金属栅条与框架组成，倾斜安装在污水渠道、泵房集水井的进口处或污水处理厂的端部，用以截留较大的悬浮物或漂浮物，如纤维、碎毛、毛发、果皮、蔬菜、塑料制品等，以防漂浮物阻塞构筑物的孔道、闸门和管道或损坏水泵等机械设备。格栅起着净化水质和保护设备的双重作用。

被格栅截留的物质称为栅渣。按照清渣方式的不同，格栅可分为人工清渣和机械清渣两种。处理流量小或所截留的污染物量较少时，可采用人工清渣的格栅。当栅渣量大于 0.2m3/d 时，应采用机械清渣。目前的机械清渣方式很多，常用的有往复移动耙机械格栅、回转式机械格栅、钢丝绳牵引机械格栅、阶梯式机械格栅和转鼓式机械格栅等。

回转式机械格栅由许多相同的耙齿机件交错平行组装成一组封闭的耙齿链。在电动机和减速机的驱动下，通过一组槽轮和链条形成连续不断地自下而上的循环运动，达到不断清除栅渣的目的。当耙齿链运转到设备上部及背部时，由于链轮和弯轨的导向作用，可以使平行的耙齿排产生错位，可使固体污物靠自重下落到渣槽内。

2. 筛网

筛网通常用金属丝或化学纤维编制而成，其主要用于截留粒度在数毫米至数十毫米的细碎悬浮态杂物，尤其适用于分离和回收废水中的纤维类悬浮物和食品工业的动、植物残体碎屑。其形式有转鼓式、转盘式、振动式、回转帘带式和固定式倾斜筛多种。

水力回转筛网由锥筒回转筛和固定筛组成：污水从锥筒回转筛的圆锥体小端流入，在流往大端的过程中，纤维状杂物被筛网截留，处理后的污水则通过筛孔流入集水装置。

3. 过滤

过滤是指利用颗粒介质截留水中细小悬浮物的方法，常用于污水深度处理和饮用水处理过程进行过滤操作的构筑物称为滤池，按采样的滤料类型可分为单层滤池、双层滤池和多层滤池；按作用动力可分为重力滤池和压力滤池；按构造特征可分为普通快滤池、虹吸滤池和无阀滤池。其中普通快滤池是应用最广泛的一种滤池。

普通快滤池由底部配水系统、中部滤料层、顶部洗砂排水槽和池外管部组成。其过滤操作包括过滤和反冲两个阶段。在过滤阶段，污水从顶部洗砂排水槽进入滤池，由上而下通过滤料层，水中杂质被滤料层截留，清水则由底部配水系统收集后排出。过滤操作进行一段时间后，在滤料层积累了大量的杂物，过滤阻力上升到一定程度后，停止过滤，开始反冲洗。反冲洗阶段，反冲洗水从底部配水系统进入，自下而上通过滤料层。此时滤料被膨胀流化，滤料颗粒之间相互摩擦、碰撞，使附着在滤料表面的悬浮物被冲洗下来，并由反冲洗水带出滤池外。滤池经过反冲洗后，其截污能力得到恢复，又可以重新进行过滤。

（二）重力分离法

重力分离法是利用水中悬浮物和水的密度差，使悬浮物在水中沉降或上浮，从而实现两者分离的方法。利用重力分离法处理污水的设备形式有多种，主要有沉砂石、沉淀池等。

1. 沉砂池

沉砂池是利用重力去除水中泥砂等密度较大的无机颗粒，一般设于泵站、倒虹管前，减轻无机颗粒对水泵、管道的磨损；也可设于初次沉淀池之前，减轻沉淀池的负荷和改善污泥处理的条件。常用的沉砂池有平流沉砂池、曝气沉砂池和旋流沉砂池等。

曝气沉砂池池体呈矩形，曝气装置设在集砂槽侧，距池底 0.6 ～ 0.9m 处设置空气扩散板，使池内水流作旋流运动，无机颗粒间的互相碰撞与摩擦机会增加，把表面附着的有机物磨去。

此外，由于旋流产生的离心力，把相对密度较大的无机颗粒甩向外层并下沉，相对密度较小的有机物则旋至水流的中心部位随水带走。

2. 沉淀池

沉淀池是利用重力去除水中的悬浮物的常用构筑物，按工艺布置的不同，可分为初次沉淀池和二次沉淀池。初次沉淀池是一级污水厂的主体处理构筑物，或作为生物处理法中的预处理构筑物。

按池内水流分向的不同，沉淀池可分为平流式、竖流式和辐流式三种。

平流式沉淀池是使用最广泛的一种沉淀池。池体呈长方形，污水从池子一端流入，沿水平方向流动，悬浮物逐渐沉到池底，清水通过设在池子另一端的溢流堰排出。在池的进口处底部设有储泥斗，其他部分池底也有一定坡度，坡向储泥斗，也有将整个池底设置成多斗排泥的形式。

竖流式沉淀池的池体多为圆形，也有呈方形或多边性，污水从中央管流入，在中央管的下端经过反射板阻挡向四周分布并由下向上流动。水中的悬浮物一方面受水流作用向上运动，另一方面受重力作用下沉。清水从池子四周的溢流堰排出。沉淀池底部设污泥斗，污泥可通过静水压力排出。

辐流式沉淀池池体多为圆形，有时也呈正方形。其直径较大，水深相对较浅，水流从中心向四周呈辐射状。由于过水断面不断扩大，水流速度逐渐变小，对截留小颗粒有利。在池中央底部设置泥斗，池底向中心倾斜，污泥通常可用机械刮泥机排出。

（三）离心分离法

离心分离法是重力分离法的一种强化，即使用离心力取代重力来提高悬浮物与水分离的效果或加快分离过程。在离心设备中，废水与设备做相对旋转运动，形成离心力场，由于污染物与同体积的水的质量不一样，所以在运动中受到的离心力也不同。在离心力场的作用下，密度大于水的固体颗粒被甩向外侧，废水向内侧运动（或废水向外侧，密度小于水的有机物如油脂类等向内侧运动），分别将它们从不同的出口引出，便可达到分离的目的。

用离心法处理废水设备有两类：一类是设备固定，具有一定压力的废水沿切线方向进入器内，产生旋转，形成离心力场，如钢铁厂用于除铁屑等物的旋流沉淀池和水力旋流器等；另一类是设备本身旋转，可使其中的废水产生离心力，如常用于分离乳浊液和油脂等物的离心机。

五、化学处理法

化学处理法是利用化学反应使污水中污染物的性质或形态发生变化，从而从水中去除的方法。主要用于处理污水中的溶解性或胶体状态的污染物，包括中和法、化学混凝法、化学沉淀法、氧化还原法、吸附法、离子交换法、萃取法以及膜分离等。

（一）中和法

根据酸性物质与碱性物质反应生成盐的基本原理，去除污水中过量的酸或碱，使其 pH 值达到中性或接近中性的方法称为中和法。

酸性废水中和的常用方法有：用碱性废水和废渣进行中和；向废水中投放碱性中和剂进行中和；通过碱性滤料层过滤中和；用离子交换剂进行中和等。碱性中和剂主要有石灰、石灰石、白云石、苏打和苛性钠等。

碱性废水中和的常用方法有：用酸性废水进行中和；向废水中投加酸性中和剂进行中和；利用酸性废渣或烟道气中的 SO_2、CO_2 等酸性气体进行中和。酸性中和剂常用盐酸和硫酸。

（二）化学混凝法

通过投加化学药剂使污水中的细小悬浮物和胶体脱稳，并相互凝聚长大成絮体，在重力作用下可通过沉淀从水中分离的方法称为化学混凝法。加入的化学药剂称为混凝剂。

水中的微小粒径悬浮物和胶体，通常表面都带有电荷。带有同种电荷的颗粒之间相互排斥，能在水中长时间保持分散悬浮状态，即使静置数十小时以后，也不会自然沉降。为了使胶体颗粒沉降，就必须破坏胶体的稳定性，从而促使胶体颗粒相互聚集成为大的颗粒。

化学混凝法使胶体脱稳的机理至今尚未完全稳定，其影响因素众多，有水温、pH 值、水利条件、混凝剂的性质以及水中杂质的成分和浓度等。但归结起来可以认为是三方面的作用，即压缩双电层、吸附架桥与网捕卷扫。

1. 压缩双电层

水中胶粒能维持稳定的分散悬浮状态，主要是由于胶粒具有，电位。如天然水中的黏土类胶体微粒、污水中的胶态蛋白质和淀粉微粒等都带有负电荷，投加铁盐或铝盐等混凝剂后，能提供大量的正电荷中和胶体的负电荷，降低，电位。当〈电位为。时，称为等电状态，此时胶粒间的静电排斥消失，胶粒之间最容易发生聚集。但是，生产实践却表明，混凝效果最佳时的，电位常大于 0，说明除了压缩双电层外还存在其他作用。

2. 吸附架桥

三价铝盐或铁盐及其他高分子混凝剂溶于水后，经水解和缩聚反应形成线性结构的高分子聚合物。因其线性长度较大，可以在胶粒间提供架桥作用，使相距较远的胶粒能相互聚集长成大的絮体。

3. 网捕卷扫

三价铝盐或铁盐等水解产生难溶的氢氧化物，这些难溶物在沉淀过程中像网一样把水中的胶体颗粒捕捉下来共同沉淀。

常用的混凝剂有无机盐和高分子两大类。无机盐类混凝剂目前应用最广的是铝盐和铁盐，铝盐主要有硫酸铝、明矾等；铁盐主要有三氯化铁、硫酸亚铁和硫酸铁等。高分子混凝剂又分为无机和有机两类，其中我国使用的混凝剂中，无机高分子混凝剂的用量达 80% 以上，已基本取代了传统无机盐类混凝剂。聚合氯化铝和聚合硫酸铁是广泛使用的无机高分子混凝剂，而有机高分子混凝剂目前使用较多的主要是人工合成的聚丙烯酰胺。

（三）化学沉淀法

通过向污水中投加某种化学药剂，使其与水中的溶解性污染物发生反应生成难溶盐，进而沉淀而从水中分离的方法。常用于处理污水中的汞、镍、倍、铅、锌等重金属离子。

在一定温度下，含有难溶盐 M_mN_n 的饱和溶液中，各种离子浓度乘积为一常数，称为溶度积常数。

$$M_mN_n = M^{n+} + nN^{m-}$$

$$L_{M_mN_n} = \left[M^{n+}\right]^m \left[N^{m-}\right]^n$$

当离子浓度乘积超过溶度积常数时，溶液过饱和，超出的部分将析出沉淀、直到重新满足溶度积参数为止。以 M^{n+} 为例，可通过投加带有 N^{m-} 的化学物，使之形成沉淀，从而降低水中 M^{n+} 的浓度。此时投加的化学物质称为沉淀剂。

根据使用沉淀剂的不同，化学沉淀法可分为氢氧化物法、硫化物法与根盐法等。

1. 氢氧化物沉淀法

多种金属离子都可以形成氢氧化物沉淀，通过控制污水的pH值可以去除其中的金属离子。常用的沉淀剂是石灰。

2. 硫化物沉淀法

大多数金属硫化物的溶解度要比相应的氢氧化物小得多，理论上能更完全地去除污水的金属。但是硫化物沉淀剂价格较昂贵，处理费用高，生成的硫化物颗粒细小沉淀困难，往往需要投加混凝剂加强沉淀效果。因此，该方法更多的是作为氢氧化物沉淀法的补充。用氢氧化物沉淀法处理难以达标的含汞废水可采用硫化物沉淀法。常用的沉淀剂是硫化氢、硫化钠与硫化钾等。

3. 钡盐法

钡盐法主要用于处理含有六价铬的废水，通过投加钡盐使之生成难溶的铬酸钡沉淀。常用的沉淀剂有碳酸钡、氯化钡、硝酸钡、氢氧化钡等。

（四）氧化还原法

通过加入化学药剂与水中的溶解性污染物发生氧化或还原反应，使有毒有害的污染物转化为无毒或弱毒物质或难降解有机物转化为可生物降解物质的方法，称为氧化还原法。

根据污染物氧化还原反应中能被氧化或还原的不同，将氧化还原法分为氧化法和还原法。其中还原法应用较少，而氧化法几乎可处理一切工业废水，特别适用于处理其中的难降解有机物，如绝大部分农药和杀虫剂，酚、氰化物，以及引起色度、臭味的物质等，含有硫化物、氰化物、苯酚以及色、臭、味的废水采用氧化法处理，常用的氧化剂有空气、漂白粉、氯气、液氯、臭氧等；含铬、含汞废水采用还原法处理，常用的还原剂有铁屑、硫酸亚铁、硫酸氢钠等。

（五）吸附法

吸附是指气体或液体与固体接触时，其中的某些组分在固体表面富集的过程。将污水通过多孔性固体吸附剂，使污水中的溶解性污染物吸附到吸附剂上从水中去除的方法称为吸附法。吸附法主要用以脱除水中的微量污染物，主要包括脱色、除臭、去除重金属、各种溶解性有机物、放射性元素等。在处理流程中，吸附法可作为离子交换、膜分离等方法的预处理，以去除有机物、胶体及余氯等；也可以作为二级处理后的深度处理手段，以保证回用水的水质。

常用的吸附剂有活性炭、磺化煤、沸石、活性白土、硅藻土、腐殖质酸、焦炭、木炭、木屑等，其中以活性炭的应用最为广泛。吸附进行一段时间后，吸附剂达到饱和，可通过再生恢复其吸附能力。常用的再生方法有加热再生法、蒸汽吹脱法、溶剂再生法、臭氧氧化法、生物氧化法等，如吸附酚的活性炭可以用氢氧化钠溶液进行再生。

（六）离子交换法

离子交换是一种特殊的吸附过程，在吸附水中离子态污染物的同时向水中释放等当量的交换离子。这一过程通常是可逆的，反应如下式：

$$RH + M^{+} = RM + H^{+}$$

离子交换法是给水处理中软化和除盐的主要方法之一、在污水处理中常用于金属离子废水，如从污水中回收贵重金属、放射性物质、重金属等。

常用的离子交换剂有磺化煤和离子交换树脂磺化煤以天然煤为原料，经浓硫酸磺化处理制成，其交换容量低、机械强度差、化学稳定性差，已逐渐被离子交换树脂所取代：离子交换树脂是人工合成的高分子聚合物，由树脂本体和活性基团构成。根据活性基团的不同可以分为：含有酸性基团的阳离子交换树脂；含有碱性基团的阴离子交换树脂；含有酸性基团的螯合树脂；含有氧化还原基团的树脂以及两性树脂等。根据活性基团电离的强弱程度，阳离子交换树脂可分为强酸性和弱碱性两类，阴离子交换树脂可分为强碱性和弱碱性两类。

在离子交换的出水达到限制时，应对树脂进行再生。用高浓度的再生液流经树脂，可将先前吸附的离子置换出来，使树脂的交换能力得到恢复。

（七）萃取法

将特定的有机溶剂与污水接触，利用污染物在有机溶剂和水中溶解度的差异，使水中的污染物转移到有机溶剂中，随后将水和有机溶剂分离以实现分离、浓缩污染物和净化污水的方法称为萃取法。常应用于高浓度含酚废水和重金属废水的处理。采用的有机溶剂称为萃取剂，被萃取的污染物称为溶质；萃取后的萃取剂称为萃取液，残液称为萃余液。

萃取过程是可逆的。当萃取达到平衡时，溶质在萃取相与萃余相中的平衡浓度比值为一常数，称为分配系数 K 。

$$K=\frac{C_c^*}{C_s^*}=\frac{\text{溶质在萃取相中的平衡浓度}}{\text{溶质在萃余相中的平衡浓度}}$$

萃取剂达到饱和后，将其与某种特定的水溶液接触，使被萃取的污染物再转入水相的过程称为反萃取。反萃取是萃取的逆过程，经过反萃取可以回收被萃取的污染物，并实现萃取剂的循环使用。以含酚废水的处理为例，以重苯作为萃取剂，饱含酚的重苯用 20% 的 NaOH 溶液反萃取之后，重苯可循环使用，酚钠溶液则作为回收酚的原料。

（八）膜分离法

在某种推动力的作用下，利用某种天然或人工合成的隔膜特定的透过性能，使污染物和水分离的方法称为膜分离法。根据分离过程的推动力及膜的性质不同，可将膜分离法分为扩散渗析、电渗析、反渗透和超滤等。

1. 扩散渗析

扩散渗析是以膜两侧溶液的浓度差为推动力，使高浓度溶液中的溶质透过薄膜向低浓度溶液中迁移的过程。采用惰性膜，可用于高分子物质的提取；采用离子交换膜可分离电解质，这种扩散渗析除没有电极外，其他构造与电渗析器基本相同。扩散渗析主要用于分离污水中的电解质，例如酸碱废液的处理，废水中的金属离子的回收等。

2. 电渗析

电渗析是以膜两侧的电位差为推动力，其在直流电场的作用下，可以利用阴、阳离子交换膜对溶液中的阴、阳离子的选择透过性，分离溶质和水。阴膜只让阴离子通过，阳膜只让阳离子通过。由于离子的定向运动及离子交换膜的阻挡作用，当污水通过由阴、阳离子交换膜所组成的电渗析器时，污水中阴阳离子便可得以分离而浓缩，同时污水得到净化。电渗析除了可以用于酸性废水、含重金属离子废水及含氰废水处理等的回收利用之外，还常用于海水或苦咸水淡化、自来水脱盐制取初级纯水或者与离子交换组合制取高纯水。

3. 反渗透

反渗透是以高于溶液渗透压的压力为推动力，工作压力一般为 3000 ～ 5000kPa，使水反向通过特殊的半渗透膜，污染物则被膜所截留。这样透过半透膜的水得以净化，而污染物被浓缩。反渗透主要用于海水淡化、高纯水的制取以及废水的深度处理等。

4. 超滤

超滤又称超过滤，与反渗透一样以压力作为推动力。所不同的超滤膜孔径较反渗透膜要大，不存在渗透压现象，因而可以在较低压力下工作，一般多为几公斤。超滤主要依靠膜表面的孔径机械筛分、阻滞作用，以及膜表面肌膜孔对杂质的吸附作用，去除污水中的大分子物质、胶体、悬浮物，如蛋白质、细菌、颜料、油类等，其中主要是机械筛分作用，所以膜的孔隙大小是分离杂质的主要控制因素。

六、生物处理法

生物处理法是利用微生物的新陈代谢作用处理水中溶解性或胶体状的有机物的污水处理方法。在自然界中存在着大量依靠有机物生活的微生物，生物处理法正是利用微生物的这一功能，通过人工强化技术，创造出有利于微生物繁殖的良好环境，增强微生物的代谢功能，促进微生物的增殖，加速有机物的分解，从而加快污水的净化过程。

根据参与代谢活动的微生物对溶解氧的需求不同，生物处理法又可分为好氧生物处理法和厌氧生物处理法两大类。

（一）好氧生物处理法

好氧生物处理法是在有分子氧存在的状态下，利用好氧微生物（包括兼性微生物）降解水中的有机污染物，使其稳定化、无害化的污水处理方法。

污水的耗氧生物处理过程可以分为分解反应、合成反应和内源呼吸三部分。污水中的有机物被微生物摄取后，其中约1/3会通过微生物的代谢活动氧化分解成简单无机物（如有机物中的碳被氧化成二氧化碳、氢与氧化合成水，氮被氧化成氨、亚硝酸盐和硝酸盐，磷被氧化成磷酸盐，硫被氧化成硫酸盐等），同时释放出能量，作为微生物自身生命活动的能源。约2/3有机物则作为微生物自身生长繁殖所需的原料，用来合成新的细胞物质。当水中的有机物含量充足时，微生物既获得足够的能量，又能大量合成新的细胞物质，微生物的数量就能不断增长；而水中的有机物含量下降后，微生物只能依靠分解细胞内储存的物质，微生物无论重量还是数量都是不断减少的。

好氧生物处理法的处理速率快，所需反应时间短，构筑物容积较小，且在处理过程中散发的臭气较少，因而广泛应用于中、低浓度有机污水的处理。常用的好氧生物处理法有活性污泥法和生物膜法两种。活性污泥法是水体自净过程的人工化，微生物在反应器内呈悬浮状生长，又称悬浮生长法；生物膜法是土壤自净过程的人工化，微生物附着在其他固体物质表面呈膜状，又称固定生长法。

1. 活性污泥法

活性污泥法是使用最广泛的一种生物处理方法。典型的活性污泥法处理流程包括曝气池、沉淀池、污泥回流及剩余污泥排除系统等基本组成。

污水和回流的活性污泥一起进入曝气池形成混合液。不断地往曝气池中通入空气，一方面空气中的氧气溶入污水使活性污泥混合液进行好氧生物代谢反应，另一方面空气还起到搅拌的作用使混合液保持悬浮状态。在这种状态下，污水中的有机物、微生物、氧气之间进行充分的传质和反应。混合液从曝气池中流出后沉淀分离，得到澄清的出水。沉淀下来的污泥大部分回流至曝气池，保持曝气池内一定的微生物浓度，这部分污泥称为回流污泥；多余的污泥则从系统排出，以维持活性污泥系统的稳定性，排出的污泥称为剩余污泥。由此可以看出，要使整个系统得到清洁的出水，活性污泥除了氧化分解有机物的能力外，还要有良好的凝聚和沉淀性能。

活性污泥法经不断发展已有多种运行方式，如传统活性污泥法、渐减曝气法、阶段曝气法、高负荷曝气法、延时曝气法、吸附再生法、完全混合法、纯氧曝气法、深层曝气法、吸附—生物降解工艺（AB 法）、序批式活性污泥法（SBR 法）以及氧化沟等。

（1）传统活性污泥法

传统活性污泥法，又称普通活性污泥法。污水和回流污泥的混合液从曝气池的首端进入，在池内以推流方式流动至池的末端，之后可进入二次沉淀。

这种运行方式存在的问题是：混合液在曝气池内呈推流式，沿池长方向有机污染物浓度和需氧量逐渐下降，结果在前半段混合液中的溶解氧浓度较低，甚至供氧量不足，而到了后半段供氧量超过需求造成浪费；同时混合液在进入曝气池后，不能立即和整个曝气池内的混合液充分混合，容易受到冲击负荷的影响，适应水质水量变化的能力较差。

（2）渐减曝气法

针对传统活性污泥法存在的供氧和需氧之间的矛盾问题，沿池长方向逐步递减供氧量，使供氧和需氧量之间相匹配。这样可以提高处理效率，并减少总的空气供给量，从而节省能耗。

（3）阶段曝气法

针对传统活性污泥法易受冲击负荷影响的问题，将入流污水在曝气池中分 3 ～ 4 点进入，均衡了曝气池内有机污染物负荷与需氧率，从而提高了曝气池对水质、水量的适应能力。

（4）高负荷曝气法

高负荷曝气法又称短时曝气活性污泥法或不完全处理活性污泥法，在系统和曝气池的构造方面与传统活性污泥法相同。不同之处在于有机物负荷高，曝气时间短，池内活性污泥处于生长旺盛期。该方法对污水的处理效果较低，适用于处理对出水水质要求不高的污水。

（5）延时曝气法

延时曝气法又称完全氧化活性污泥法，与高负荷曝气法正好相反，有机负荷非常低，曝气时间长，池内活性污泥长期处于内源呼吸期，剩余污泥量少且稳定。该法还具有处理水稳定性高，对原污水水质、水量变化适应性强，不需设初次沉淀池等优点；但也存在池容大，基建费用和运行费用都较高，占用较大土地面积缺点；

只适用于处理对出水水质要求高且不宜采用污泥处理技术的小型污水处理系统。

（6）吸附再生法

吸附再生法又称接触稳定法，其主要特点是将活性污泥对有机污染物降解的吸附与代谢两个过程分别在各自的反应器中进行。

吸附再生法的特点是污水和活性污泥在吸附池内吸附时间较短（30 ~ 60min），吸附池容积很小，而进入再生池是高浓度的回流污泥，污泥遭到破坏时，可由再生池内的污泥予以补救，吸附接触短，限制了有机物的降解和氨氮的硝化，其用于处理含溶解性有机污染物较多的污水。

（7）完全混合法

采用完全混合式曝气池，污水和回流污泥进入曝气池后，立即与池内的混合液充分混合，可以认为池内混合液是已经处理而未经泥水分离的处理水。

完全混合法对冲击负荷有较强的适应能力，适用于处理工业废水，特别是浓度较高的工业废水；污水和活性污泥在曝气池内均匀分布，池内各处有机物负荷相等，有利于将整个曝气池的工况控制在最佳条件下；曝气池内混合液的需氧速率均衡，动力消耗低于推流式曝气池。不足之处是由于有机物负荷较低，活性污泥容易产生泥膨胀现象

（8）纯氧曝气法

纯氧曝气法又称富氧曝气法，是以纯氧代替空气来提高曝气池内的生化反应速率、纯氧曝气法的优点在于氧的利用率高达 80% ~ 90%（空气系统仅 10% 左右），处理效果好，污泥沉淀性能好，产生的剩余污泥量少。不足之处是曝气池需加盖密封，以防氧气外溢和可燃性气体进入，装置复杂，运转管理复杂。如果进水中混入大量易挥发的碳氢化合物，容易引起爆炸。同时微生物代谢过程中产生的二氧化碳等废气若没有及时排除，会溶解于混合液中，导致 pH 值下降，以此来妨碍生物处理的正常进行。

（9）深层曝气法

曝气池向深度方向发展，可以降低占地面积，同时由于水深的增加，提高氧传递速率，加快有机物降解速度，处理功能不受气候条件影响。深层曝气法适用于处理高浓度有机废水。

（10）吸附—生物降解工艺（AB 法）

与传统活性污泥法相比，AB 法将处理系统分为 A 级、B 级两段。A 级由吸附池和中间沉淀池组成，B 级由曝气池和二次沉淀池组成；A 级和 B 级拥有各自独立的污泥回流系统，每级能够培育出各自独特的、适合本级水质特征的微生物种群。该法处理效果稳定，耐冲击负荷能力强。

（11）序批式活性污泥法（SBR 法）

如果说传统活性污泥法是空间上的推流，SBR 法就是时间上的推流。在 SBR 处理系统中，曝气池在流态上属于完全混合式，但是有机污染物是沿着时间的推移而降解的，其操作流程由进水、反应、沉淀、出水和闲置五个工序组成。从污水流入

到闲置结束为一个工作周期，所有工序都是在同一个曝气池内完成。

SBR 法集有机污染物降解与混合液沉淀于一体，不需设二次沉淀池和污泥回流设备，系统组成简单，曝气池的容积也小于连续式，建设费用和运行费用都较低；污泥容易沉淀，一般不产生污泥膨胀现象、通过对运行方式的调节，还可以在单一的曝气池内同时进行脱氧和除磷；若运行管理得当，处理水质优于连续式。

（12）氧化沟

氧化沟是延时曝气法的一种特殊形式，一般会呈环形沟渠状，平面多为椭圆形或圆形，池体狭长，池深较浅，在沟槽中设有机械曝气和推进装置。氧化沟的流态是完全混合式的但又具有某些推流式的特征，如在曝气装置下游，溶解氧的浓度从高到低变化正是氧化沟的这种独特的流态，有利于活性污泥的生物凝聚作用而且可以将其划分为富氧区、缺氧区，用来进行硝化和反硝化，实现脱氮。

2. 生物膜法

生物膜法是与活性污泥法并列的一类污水好氧生物处理技术料的表面形成生物膜。

污水流过生物膜生长成熟的滤料时，污水中的有机污染物被生物膜中的微生物吸附、降解，从而使污水得到净化。同时微生物也得到增殖，生物膜随之增厚。当生物膜增长到一定厚度时，向生物膜内部扩散的氧受到限制，其表面仍是好氧状态，而内层则会呈缺氧甚至厌氧状态，有机污染物的降解主要在好氧层内进行。当厌氧层超过一定厚度时，内层的微生物因得不到充足的营养进入内源代谢，减弱了生物膜在滤料上的附着力，并最终导致生物膜的脱落。随后，滤料表面还会继续生长新的生物膜，周而复始，使污水得到净化。

生物膜法有多种工艺形式，包括生物滤池、生物转盘、生物接触氧化及生物流化床等。

（1）生物滤池

生物滤池是生物膜法处理污水的传统工艺，池体多为圆形或多边形，一般为混凝土或砖混结构，起围护滤料的作用；滤料早期以碎石等实心拳状滤料为主，塑料工业快速发展后广泛采用聚氯乙烯、聚苯乙烯、聚丙烯等塑料滤料，是生物膜赖以生长的基础。布水设备分固定布水器和旋转布水器两类，作用是将污水均匀地布洒在滤料上。排水系统位于滤床的底部，由渗水顶板、集水沟和排水渠组成，作用除了收集和排出出水外，还用于保证良好的通风。

（2）生物转盘

生物转盘是在生物滤池的基础上发展起来的，并由一系列平行的圆形盘片、转轴与驱动装置、接触反应槽等组成盘片是生物膜的载体，要求质轻、薄、强度高、耐腐蚀，常用材料有聚丙烯、聚乙烯、聚氯乙烯、聚苯乙烯及玻璃钢等，一般厚度为 0.5 ～ 1.0cm，直径为 2.0 ～ 3.5m；盘片垂直固定在转动中心轴上，系统要求盘片总面积较大时，可分组安装，一组称一级，串联运动。接触反应槽用钢板或钢筋混凝土制成，横断面呈半圆形或梯形；直径略大于转盘，转盘外缘与槽壁之间的间距一般为 20 ～ 40cm；槽内水位一般达到转盘直径的 40%，超高为 20 ～ 30cm。工作时，污水流过接触反应槽，电动机带动转轴及固定与其上的盘片一起转动，附着在盘片上的生物膜与大气和污水接替接触，浸没时吸附污水中的有机物，敞露时吸收大气中氧气。

（3）生物接触氧化

生物接触氧化，又称为浸没式曝气生物滤池，是介于活性污泥法与生物滤池之间的生物膜法处理工艺。由池体、填料、布水系统和曝气系统等组成。

池体用于设置填料、布水系统、曝气系统和支承填料的支架，为钢结构或钢筋混凝土结构。填料是生物膜的载体，常用聚氯乙烯、聚丙烯、环氧玻璃钢等制成的蜂窝状或波纹板状填料，纤维组合填料，立体弹性填料等。

根据曝气装置与填料的相对位置可以分为三种：①填料布置在池子两侧，从底部进水，曝气设置在池子中心，称为中心曝气；②填料布置在池子一侧，上部进水，从另一侧底部曝气，称之为侧面曝气；③曝气装置直接安置在填料底部，填料和曝气装置均采用全池布置，底部进水，称为全池曝气。其中全池曝气是目前最常用的形式。

（4）生物流化床

生物流化床是以相对密度大于1的细小惰性颗粒，如砂、焦炭、陶粒、活性炭等为载体；反应器内的上升流速很高，可使载体处于流化状态，其生物浓度很高，传质效率也很高，是一种高效生物反应器。反应器体积和占地面积较上述方法均有显著的减少。

生物流化床反应器一般呈圆柱状，根据供氧、脱氧和床体结构的不同，可以分为两种：一种是两相生物流化床，充氧设备和脱膜设备设置在流化床体外；另一种是三相生物流化床，不另设充氧设备和脱膜设备，气、液、固三相直接在流化床内进行生化反应。

（二）厌氧生物处理法

厌氧生物处理法是在没有分子氧及化合态氧存在的条件下，利用兼性微生物和厌氧微生物降解水中的有机污染物，使其稳定化、无害化的污水处理方法。在这个过程中，有机物的转化分为三部分：一部分被氧化分解为简单无机物，一部分转化为甲烷，剩下少量有机物则被转化、合成为新的细胞物质。与好氧生物处理法相比，用于合成细胞物质的有机物较少，因而厌氧生物处理法的污泥增长率要小得多。

污水中有机物的厌氧分解过程较复杂，一般认为分三个阶段进行。

第一阶段为水解发酵阶段。而在该阶段，复杂的有机物在厌氧菌胞外酶的作用下，首先被分解成简单的有机物，如纤维素经水解转化成较简单的糖类；蛋白质转化成较简单的氨基酸；脂肪类转化成脂肪酸和甘油等。继而这些简单的有机物在产酸菌的作用下，经过厌氧发酵和氧化转化成乙酸、丙酸、丁酸等脂肪酸和醇类等。参与这个阶段的水解发酵菌主要是厌氧菌和兼性厌氧菌。

第二阶段为产氢产乙酸阶段。在该阶段，产氢产乙酸菌把除乙酸、甲酸、甲醇以外的第一阶段产生的中间产物，如丙酸、丁酸等脂肪酸和醇类等转化成乙酸和

H_2，并伴有 CO_2 产生。

第三阶段为产甲烷阶段。在该阶段中，产甲烷菌把第一阶段和第二阶段产生的乙酸、H_2 和 CO_2 等转化为甲烷。

厌氧生物处理法具有处理过程消耗的能量少、有机物的去除率高，沉淀的污泥少且易脱水、可杀死病原菌、不需投加氮、磷等营养物质等优点，近年来日益受到人们的关注。它不但可用于处理高浓度和中浓度的有机污水，还可以用于低浓度有机污水的处理。其不足之处主要在于厌氧菌繁殖速率较慢，对环境条件要求严格等。且在厌氧分解过程中，由于缺乏氧作为氢受体，对有机物分解不彻底，代谢产物中包括了众多的简单有机物。因而采取厌氧生物处理法处理的出水中含有较多有机物，水质较差，需进一步用好氧生物处理法处理。

厌氧生物处理法的处理工艺和设备主要有厌氧接触法、厌氧生物滤池、厌氧膨胀和厌氧流化床、厌氧生物转盘及上流式厌氧污泥床反应器等。

1. 厌氧接触法

厌氧接触法是受活性污泥系统的启示而开发的，污水与回流污泥的混合液进入混合接触池，然后经真空脱气器进入沉淀池实现污泥和水的分离。其优点是，由于污泥回流，接触池内维持较高的污泥浓度，大大降低水力停留时间，并提高耐冲击负荷能力。缺点是接触池排出的混合液中的污泥上附着大量气泡，在沉淀池易于上浮到水面。

2. 厌氧生物滤池

厌氧生物滤池是在密封的池体内装填滤料，生物膜在滤料表面上附着生长，污水淹没地通过滤料，在生物膜的作用及滤料的截留作用下，污水中的有机物被去除。产生的沼气收集在池顶，并从上部导出。

3. 厌氧膨胀床和厌氧流化床

厌氧膨胀床和厌氧流化床的定义，目前尚无定论，一般认为膨胀率为 10% ～ 20% 称为膨胀床；膨胀率为 20% ～ 70% 时，称为流化床。在密封反应器内充填细小的固体颗粒填料，如石英砂、无烟煤、活性炭、陶粒和沸石等。污水从底部流入，使填料层膨胀，反应产生的沼气从上部导出。

4. 厌氧生物转盘

与好氧生物转盘类似，差别在于为了收集沼气和防止液面上的空间存氧，反应槽的上部加盖密封，且盘片全部浸没在污水中。盘片分为固定盘片和转动盘片两种，两种盘片间隔排列，转动盘片串联垂直安装在转轴上。污水处理由盘片表面上附着的生物膜和反应槽内悬浮的厌氧活性污泥共同完成，产生的沼气从反应槽顶部排出。

5. 上流式厌氧污泥床反应器（UASB）

上流式厌氧污泥床反应器是集生物反应与沉淀于一体的结构紧凑的生物反应器，由进水配水系统、反应区、三相分离器、集气罩和出水系统几部分组成。污水由反应器底部进入，经配水系统均匀分配到反应器整个横断面，并均匀上升；反应区包

括颗粒污泥区和悬浮污泥区，污泥从底部进入后先和高浓度的颗粒污泥接触，污泥中的微

生物在分解有机物的同时产生微小的沼气气泡，在颗粒污泥区的上部因沼气搅动作用形成悬浮污泥层；在反应器的上部，水、污泥、沼气的混合物经三相分离器分离，沼气进入顶部集气罩，污泥沉淀经回流缝回流到反应区，澄清的水经排水系统收集后排出反应罩。

（三）自然生物处理法

主要利用水体或土壤的自净作用来净化污水的方法称为自然生物处理法，包括稳定塘和污水的土地处理两大类，对面源污染和农村污水的治理有一定的优越性。

稳定塘，又称氧化塘，是一种比较古老的污水处理技术。污水在塘中的净化过程与自然水体的自净过程相近，除个别类型如曝气塘外，一般不采取实质性的人工强化措施。利用经过人工适当修正的土地，如设围堤和防渗层的池塘，污水在塘中停留一段时间，利用藻类的光合作用产生氧，以及从空气溶解的氧，以微生物为主的生物对污水中的有机物进行生物降解。根据塘中水微生物优势群体类型和塘中水溶解氧的状况不同，分为好氧塘、兼性塘、厌氧塘和降气塘。

污水的土地处理是将污水投配在土地上，利用土壤—植物—微生物构成的生态系统中土壤的过滤、截留、物理和化学吸附、化学分解、生物氧化，以及微生物和植物的吸收等作用来净化污水，其净化过程与土壤的自净过程相似。根据系统中水流运动的速率和流动轨迹的不同，污水土地处理有慢速渗滤、快速渗滤、地表漫流和地下渗滤四类。

第四节　水资源化

一、提高水资源的利用率

提高水资源利用率不但可以增加水资源，而且可以减少污水排放量，减轻水体污染。主要措施如下几点。

（一）降低工业用水量，提高水的重复利用率

采用清洁生产工艺提高工业用水重复率，争取少用水。通过发展建设，我国工业水重复使用率已有了较大地发展，但与发达国家相比，其还有较大差距。进一步加强工业节水，提高用水效率，是缓解我国水资源供需矛盾，实现社会与经济可持续发展的必由之路。

（二）减少农业用水，实施科学灌溉

全世界用水的70%为农业的灌溉用水，而只有37%的灌溉用水用于农作物生长，其余63%浪费。因此，改革灌溉方法是提高用水效率的最大潜力所在。改变传统的灌溉方式，采用喷灌、滴灌和微灌技术，可大量减少农业用水。

（三）提高城市生活用水利用率，回收利用城市污水

我国城市自来水管网的跑、冒、滴、漏损失至少达城市总生活用水量20%，家庭用水浪费现象普遍，通过节水措施可以减少无效或低效耗水。对于现代城市家庭，厕所冲洗水和洗浴水一般占家庭生活用水总量的2/3。厕所冲洗节水方式有两种：一种是中水回用系统，利用再生水冲洗；另一种选用节水型抽水马桶，比传统型抽水马桶节省用水2倍左右。采用节水型淋浴头，可以节约大量洗浴用水。

二、调节水源量、开发新水源

人们通过调节水源量、开发新水源的方式，缓解水资源紧张的局面。可采取的措施如下。

（一）建造水库，调节流量

可使丰水期补充枯水期不足水量，还可以有防洪、发电、发展水产等多种用途，但必须注意建库对流域和水库周围生态系统的影响，

（二）跨流域调水

跨流域调水是一项耗资巨大的供水工程，即从丰水区流域向缺水流域调水。由于其耗资大，对环境破坏严重，许多国家已不再进行大规模流域调水。

（三）地下蓄水即是人工补充地下水，解决枯水季节的供水问题

已有20多个国家在积极筹划，在美国加利福尼亚每年则有25亿立方米水储存地下，荷兰每年增加含水层储量200万～300万立方米。

（四）恢复河水、湖水水质，采用系统分析的方法

研究水体自净、污水处理规模、污水处理效率与水质目标及其费用之间的相互关系。应用水质模拟预测及评价技术，寻求优化治理方案，制定水污染控制规划，恢复河水、湖水水质，增加淡水供应。

三、加强水资源管理

通过水资源管理机构，制定合理利用水资源和防止污染的法规；采用经济杠杆，降低水浪费，提高水利用率。强化水资源的统一管理，实现水资源可持续利用，建立节水防污型社会，促进资源与社会经济、生态环境协调发展。

四、水污染治理技术

（一）工业废水处理

1. 几种常见的工业废水处理

（1）农药废水

农药废水主要来源于农药生产工程。其成分复杂，化学需氧量（COD）可达每升数万毫克。农药废水处理的目的是降低农药生产废水中污染物浓度，提高回收利用率，力求达到无害化。主要农药废水处理方法有活性炭吸附法、湿式氧化法、溶剂萃取法、蒸馏法与活性污泥法等。

（2）电泳漆废水

金属制品的表面涂覆电泳漆，在汽车车身、农机具、电器、铝带等方面得到广泛的应用。

用超滤和反渗透组合系统处理电泳漆废水，当废水通过超滤处理，几乎全部树脂涂料都可以被截住。透过超滤膜的水中含有盐类和溶剂，但很少含有树脂涂料。用反渗透处理超滤膜的透过水，透过反渗透膜的水中，总溶解固形物的去除率可以达到97%～98%。这样，透过水中总溶解固形物的浓度可以降低到13～33mg/L，符合清洗水的水质要求，就可用作最后一段的清洗水。

（3）重金属废水

重金属废水主要来自电解、电镀、矿山、农药、医药、冶炼、油漆、颜料等生产过程。对重金属废水的处理，通常可分为两类。

第一，可应用方法：中和沉淀法、硫化物沉淀法、上浮分离法、电解沉淀（或上浮）法、隔膜电解法等。将废水中的重金属在不改变其化学形态的条件下进行浓缩和分离。

第二，可应用方法：反渗透法、电渗析法、蒸发法和离子交换法等。可以根据具体情况单独或组合使用这些方法。

（4）电镀废水

电镀废水毒性大，量小但面广。反渗透法处理电镀废水工艺流程，为了实现闭路循环，操作时必须注意保持水量的平衡。

（5）含稀土废水处理

稀土生产中废水主要来源于稀土选矿、湿法冶炼过程。根据稀土矿物的组成和生产中使用的化学试剂的不同，废水的组成成分也有差异。目前常用的方法有蒸发浓缩法、离子交换法和化学沉淀法等。

①蒸发浓缩法

废水直接蒸发浓缩回收铵盐，工艺简单，废水可以回用实现“零排放”，对各类氨氮废水均适用，缺点是能耗太高。

②离子交换法

离子交换树脂法仅适用于溶液中杂质离子浓度比较小的情况。一般认为常量竞争离子的浓度小于1.0～1.5kg/L的放射性废水多适于使用离子交换树脂法处理，而且在进行离子交换处理时往往需要首先除去常量竞争离子。无机离子交换剂处理中低水平的放射性废水也是应用较为广泛的一种方法。比如：各类黏土矿（如蒙脱土、高岭土、膨润土、蛭石等）、凝灰石、锰矿石等。黏土矿的组成及其特殊的结构使其可以吸附水中的 H+，形成可进行阳离子交换的物质。有些黏土矿如高岭土、蛭石，颗粒微小，在水中呈胶体状态，通常以吸附的方式处理放射性废水。黏土矿处理放射性废水往往附加凝絮沉淀处理，以使放射性黏土容易沉降，获得良好的分离效果。对含低放射性的废水（含少量天然镭、钍和铀），有些稀土厂用软锰矿吸附处理（pH=7 ～ 8），其也获得了良好的处理效果。

③化学沉淀法

在核能和稀土工厂去除废水中放射性元素一般用化学沉淀法。

中和沉淀除铀和钍：向废水中加入烧碱溶液，调 pH 值在 7 ～ 9 间，铀和钍则以氢氧化物形式沉淀。

硫酸盐共晶沉淀除镭：在有硫酸根离子存在的情况下，向除铀、钍后的废水中加人浓度 10% 的氯化钡溶液，使其生成硫酸钡沉淀，同时镭亦生成硫酸镭并与硫酸钡形成晶沉淀而析出。

高分子絮凝剂除悬浮物：放射性废水除去大部分铀、钍、镭后，加入 PAM（聚丙烯酰胺）絮凝剂，经充分搅拌，PAM 絮凝剂均匀地分布于水中，静置沉降后，可除去废水中的悬浮物和胶状物以及残余的少量放射性元素，使废水呈现清亮状态，达到排放标准。

（6）纤维工业废水

与传统方法相比，用膜技术处理纤维工业废水，其不仅能消除对环境的污染，而且经济效益和社会效益更好。

超滤法可用于回收聚乙烯醇（PVA）退浆水，一方面对环境起到一定的保护作用，另一方面回收的材料还可以再次用于生产。

（7）造纸工业废水

造纸废水主要来源于造纸行业的生产过程。造纸工业废水的处理方法多样。膜法处理造纸废水，是指造纸厂排放出来的亚硫酸纸浆废水，它含有很多有用物质，其中主要是木质素磺酸盐，还有糖类（甘露醇、半乳糖、木糖）等。过去多用蒸发法提取糖类，成本较高。若先用膜法处理，可以降低成本、简化工艺。

（8）印染工业废水

印染工业废水量大，根据回收利用和无害化处理综合考虑。

回收利用，如漂白煮炼废水和染色印花废水的分流，前者碱液回收利用，通常采用蒸发法回收，如碱液量大，可用三效蒸发回收，碱液量小，也可用薄膜蒸发回收；后者染料回收，如士林染料（或称阴丹士林）可酸化成为隐色酸，呈胶体微粒，悬浮于残液中，经沉淀过滤后回收利用。

（9）冶金工业废水

冶金废水来源于冶金、化工、染料、电镀、矿山和机械等行业生产过程。冶金工业废水比较复杂，利用膜技术处理冶金工业废水应采用集成膜技术，并应注意采取恰当的预处理措施。

台湾地区某铜棒加工厂，每天排放浓度为2%的废硫酸（流量17m3/h），废液含可溶性铜约1200mg/L。用中和法处理这种废酸，会产生污水排放问题，而且其中的TOS与可溶性铜均会超标。为此设计安装一套反渗透—纳滤—离子交换联合处理工艺。

2. 工业废水处理站设计

工业废水处理站设计与污水处理厂设计基本相似，其不同的是：

第一，工业废水处理站建设为企业行为，其设计报批的过程没有污水处理厂设计这么复杂和烦琐，一般通过厂方决定、报相应建设管理部门和环保部门立项审批通过即可。

第二，工业废水处理站一般靠近工业企业建设，其设计更多的需要根据工业企业的具体情况和远期发展考虑。鉴于地价较贵，很多企业为节省占地，往往将废水处理站立体化建设。

第三，工业废水成分较生活污水成分复杂，许多行业废水中均含有重金属、油类、抗生素、难降解有机物，因而物化处理、化学处理也较常见。

第四，工业废水水量较小、污染物浓度较高，且水量、水质经常波动，因而废水处理的构筑物往往与生活污水处理有一定不同，如进水管渠较小，格栅非常窄（多自制），多数要设水质或水量调节池，二沉池多为竖流式沉淀池，固液分离除沉淀池外还有气浮池等。

工业废水处理站设计的关键在于选择合适的处理工艺及其构筑物。而工艺流程选择在于如何进行生化和物化技术的优化组合，或者选择先物化一后生化工艺还是选择先生化一后物化工艺，如果废水可生化性较好，且水量很大，宜采用先生化一后物化；若可生化性较好，但水量很小，宜采用先物化一后生化；若可生化性很差，或者含有一定浓度有毒有害的物质，例如重金属、石油类、难降解有机物、抗生素等，宜物化在先，生化在后。

（二）污水处理方法

1. 物理处理法

所有利用物理方法来改变污水成分的方法都可称为物理处理过程。物理处理的特点是仅仅使得污染物和水发生分离，但是污染物的化学性质并没有发生改变。常用的过程有水量与水质的调节（包括混合）、隔滤、离心分离、沉降、气浮等。目前物理处理过程已成为大多数废水和污水处理流程的基础，它们在废水处理系统中位置。

（1）格栅与筛网

筛网广泛用于纺织、造纸、化纤等类的工业废水处理。隔栅一般斜置在废水进口处截留较粗悬浮物和漂浮物。阻力主要产生于筛余物堵塞栅条。一般当隔栅的水头损失达到10～15cm时就该清洗。现在一般采用机械，甚至自动清除设备。

（2）离心分离

按离心力产生的方式，离心分离设备可分为两种类型：压力式水力旋流器（或称旋流分离器）和离心机。

离心机设备紧凑、效率高，但结构复杂，其只适用于处理小批量的废水、污泥脱水和很难用一般过滤法处理的废水。

（3）沉淀池

沉淀池是分离悬浮物的一种常用构筑物。沉淀池由进水区、出水区、沉淀区、污泥区及缓冲区等五部分组成。

沉淀池按构筑形式形成的水流方向可分为平流式、竖流式与在平流沉淀池内，水是沿水平方向流过沉降区并完成沉降过程的，废水由进水槽经淹没孔口进入池内。

竖流式沉淀池多用于小流量废水中絮凝性悬浮固体的分离，池面多呈圆形或正多边形。沉速大于水速的颗粒下沉到污泥区，澄清水则由周边的溢流堰溢人集水槽排出。如果池径大于7m，可增加辐射向出水槽。溢流堰内侧设有半浸没式挡板来阻止浮渣被水带出。池底锥体为储泥斗，它和水平的倾角常不小于45°，排泥一般采用静水压力：污泥管直径一般用200mm。

（4）过滤

污水的过滤分离是利用污水中的悬浮固体受到一定的限制，污水流动而将悬浮固体抛弃，其分离效果取决于限制固体的过滤介质。

2. 化学处理法

化学处理法就是通过化学反应和传质作用来分离、去除废水中呈溶解、胶体状态的污染物或将其转化为无害物质的废水处理法。通常采用方法有：中和、化学混凝、化学沉淀、氧化还原、电解、电渗析、超滤等。

（1）中和

用化学方法去除污水中的酸或碱，使污水的pH值达到中性左右的过程称中和。

①中和法原理

当接纳污水的水体、管道、构筑物，对污水的pH值有要求时，应对污水采取中和处理。

对酸性污水可采用与碱性污水相互中和、投药中和、过滤中和等方法。其中和剂有石灰、石灰石、白云石、苏打、苛性钠等。

对碱性污水可采用与酸性污水相互中和、加酸中和和烟道气中和等方法，其使用的酸常为盐酸和硫酸。

酸性污水中含酸量超过4%时，应首先考虑回收以及综合利用；低于4%时，可采用中和处理。

碱性污水中含碱量超过2%时，应首先考虑综合利用，低于2%时，可采用中和处理。

②中和法工艺技术与设备

对于酸、碱废水，常用的处理方法有酸性废水和碱性废水互相中和、药剂中和和过滤中和三种。

第一，酸碱废水相互中和。酸碱废水相互中和可根据废水水量和水质排放规律确定。中和池水力停留时间视水质、水量而定，一般 1 ～ 2h；在水质变化较大，且水量较小时，宜采用间歇式中和池。

第二，药剂中和。在污水的药剂中和法中最常用的药剂是具有一定絮凝作用的石灰乳。石灰作中和剂时，可干法和湿法投加，一般多采用湿式投加。当石灰用量较小时（一般小于 1t/d），可用人工方法进行搅拌、消解。反之，采用机械搅拌、消解。经消解的石灰乳排至安装有搅拌设备的消解槽，后用石灰乳投配装置投加至混合反应装置进行中和。混合反应时间一般采用 2 ～ 5min。采用其他中和剂时，可根据反应速度的快慢适当延长反应时间。

第三，过滤中和。酸性废水通过碱性滤料时与滤料进行中与反应的方法叫过滤中和法。

（2）化学混凝

混凝是水处理的一个十分重要的方法。混凝法的重点是去除水中的胶体颗粒，同时还要考虑去除COD、色度、油分、磷酸盐等特定成分。常用混凝剂应具备下述条件:

第一，能获得与处理要求相符的水质。

第二，能生成容易处理的絮体（絮体大小、沉降性能等）。

第三，混凝剂种类少而且用量低。

第四，泥（浮）渣量少，浓缩和脱水性能好。

第五，便于运输、保存、溶解和投加。

第六，残留在水中或泥渣中的混凝剂，不应给环境带来危害。

混凝处理流程应包括投药、混合、反应及沉淀分离等几个部分。

（3）氧化还原

污水中的有毒有害物质，在氧化还原反应中被氧化或还原为无毒、无害的物质，这种方法称氧化还原法。

常用的氧化剂有空气中的氧、纯氧、臭氧、氯气、漂白粉、次氯酸钠、三氯化铁等，可以用来处理焦化污水、有机污水和医院污水等。

常用的还原剂有硫酸亚铁、亚硫酸盐、氯化亚铁、铁屑、锌粉、二氧化硫等。如含有六价铬的污水，当通人 S02 后，可使污水中的六价铬还原为三价铬。

按照污染物的净化原理，氧化还原处理法包括药剂法、电解法和光化学法三类，在选择处理药剂和方法时，应遵循下述原则：

①处理效果好，反应产物无毒无害，最好不需进行二次处理；②处理费用合理，所需药剂与材料来源广、价格廉；③操作方便，在常温和较宽的 pH 范围内具有较快的反应速度。

（4）电解

电解法的基本原理就是电解质溶液在电流作用下，发生电化学反应的过程。阴极放出电子，会使污水中某些阳离子因得到电子而被还原（阴极起到还原剂的作用阳极得到电子，使污水中某些阴离子因失去电子而被氧化（阳极起到氧化剂作用）。因此，污水中的有毒、有害物质在电极表面沉淀下来，或生成气体从水中逸出，从而降低了污水中有毒、有害物质的浓度，此法称电解法，其多用于含氰污水的处理和从污水中回收重金属等。

3. 物理化学处理法

物理化学法是利用物理化学反应的原理来除去污水中溶解的有害物质，回收有用组分，并使污水得到深度净化的方法。常用的物理化学处理法有吸附、离子交换、膜分离等。

（1）吸附

吸附是一种物质附着在另一种物质表面上的过程，它可以发生在气—液、气—固、液—固两相之间。在污水处理中，吸附则是利用多孔性固体吸附剂的表面吸附污水中的一种或多种污染物，达到污水净化的过程。该种方法主要用于低浓度工业废水的处理。

①吸附原理

吸附剂与吸附质之间的作用力有静电引力、分子引力（范德华力）和化学键力。根据固体表面吸附力的不同，吸附可以分为三个基本类型。

在污水处理中，往往是以某种吸附为主，多种吸附共同作用。

②吸附等温式

在一定温度下，表明被吸附物的量与浓度之间的关系式称为吸附等温式。弗兰德里希吸附等温式是目前常用的公式之一。

③吸附剂

活性炭是目前应用最为广泛的吸附剂。在生产中应用的活性炭一般都制成粉末状或颗粒状。活性炭的吸附能力不仅与其比表面积有关，且还与活性炭表面的化学性质、活性炭内微孔结构、孔径及孔径分布等诸多因素有关。常用活性炭其比表面积在 500 ～ 1700m^2/g，微孔有效半径在 1 ～ 1000nm，其中小孔半径在 2nm 以下，过渡孔半径在 2 ～ 100nm，大孔半径在 100 ～ 10000nm。小孔容积一般在 0.15 ～ 0.90mL/g，其比表面积应占此面积的 95% 以上，活性炭表面吸附量主要受小孔支配来完成。

活性炭又按用途分为环保治理系列活性炭、脱硫专用炭等。其具有不同的特点，适用于不同的环境。

（2）离子交换

①离子交换方式

在污水处理中，吸附操作分为两种

静态吸附操作：污水在不流动的条件下进行的吸附操作

动态吸附操作：污水在流动的条件下进行的吸附操作

②离子交换法在污水处理中的应用

第一，我国电镀行业多采用离子交换法回收镍。废水中的镍主要以 Ni^{2+} 形式存在，可以采用阳离子交换树脂。强酸性树脂价格低，机械强度和化学稳定性好，但交换和再生性能差，而弱酸性树脂交换容量及再生性能好，选择性也好，但价格较贵，机械强度较差，目前国内都采用弱酸性阳离子树脂，用固定床双阳柱串联全饱和流程。

第二，工业上电镀含铬废水中的主要杂质是铬酸，也含有一些其他的离子和不溶性杂质。除去铬酸根的整个处理流程分为工作流程与再生流程。

（3）膜分离

利用透膜使溶剂（水）同溶质或微粒（污水中的污染物）分离的方法称为膜分离法。其中，使溶质通过透膜的方法称为渗析；使溶剂通过透膜的方法称渗透。

膜分离法依溶质或溶剂透过膜的推力不同，可分为三类：

第一，以电动势为推动力的方法，称电渗析或电渗透。

第二，以浓度差为推动力的方法，称扩散渗析或自然渗透。

第三，以压力差（超过渗透压）为推动力的方法有反渗透、超滤、微孔过滤等。

在污水处理中，应用较多的是电渗析、反渗透和超滤。

4. 生物处理法

在自然水体中，存在着大量依靠有机物生活的微生物。它们不但能分解氧化一般的有机物并将其转化为稳定的化合物，而且还能转化有毒物质。生物处理就是利用微生物分解氧化有机物的这一功能，并采取一定的人工措施，创造有利于微生物的生长、繁殖的环境，使微生物大量增殖，方便。

（1）活性污泥法

活性污泥是以废水中有机污染物为培养基，在充氧曝气条件下，对各种微生物群体进行混合连续培养而成的，细菌、真菌、原生动物、后生动物等微生物及金属氢氧化物占主体的，具有凝聚、吸附、氧化、分解废水中有机污物性能的污泥状褐色絮凝物。

活性污泥法主要构筑物是曝气池和二次沉淀池。由于有机物去除的同时，不断产生一定数量的活性污泥，为维持处理系统中一定的生物量，必须不断把多余的活性污泥废弃，通常从二沉池排除多余的污泥（称剩余污泥）。

活性污泥法经过长期生产实践的不断总结，其运行方式有很大的发展，主要运行方式如下。

①普通活性污泥法

活性污泥几乎经历了一个生长周期，处理效果很高，特别适用于处理要求高而水质较稳定的污水。其缺点如下：排入的剩余污泥在曝气中已完成了恢复活性的再生过程，造成动力浪费；曝气池的容积负荷率低，曝气池容积大，占地面积也大，基建费用高等。因此限制了对某些工业废水的应用。

②阶段曝气法

又称逐步负荷法，是除传统法以外使用较为广泛的一种活性污泥法。阶段曝气法可以提高空气利用率和曝气池的工作能力，并且能够根据需要改变进水点的流量，运行上有较大的灵活性。阶段曝气法适用于大型曝气池及浓度较高的污水。传统法易于改造成阶段曝气法，以解决超负荷的问题。

③生物吸附法

其中，吸附池和再生池在结构上可分建，也可合建。在合建时，有机物的吸附和污泥的再生是在同一个池内的两部分进行的，即前部为再生段，后部则为吸附段，污水由吸附段进入池内。

生物吸附法由于污水与污泥接触的曝气时间比传统法短得多，故处理效果不如传统法，BOD5去除率一般在90%左右，特别是对溶解性较多的有机工业废水，处理效果更差。水质不稳定，如悬浮胶体性有机物与溶解性有机物的成分经常变化也会影响处理效果。

④完全混合法

完全混合法是目前采用较多的新型活性污泥法，混合液在池内充分混合循环流动，进行吸附和代谢活动，并代替等量的混合液至二次沉淀池。可认为池内的混合液是已经处理而未经泥水分离的处理水。完全混合法的特点如下：进入曝气池的污水能得到稀释，使波动的进水水质最终得到净化；能够处理高浓度有机污水而不需要稀释；推流式曝气池从池首到池尾的F/M值和微生物都是不断变化的；可以通过改变F/M值，得到所期望的某种出水水质。

完全混合法有曝气池和沉淀池两者合在一起的合建式和两者分开的分建式两种。表面加速曝气池和曝气沉淀池是合建式完全混合法的一种池型。

完全混合法的主要缺点是由于连续进出水，可能会产生短流，出水水质不及传统法理想，易发生污泥膨胀等。

⑤延时曝气法

延时曝气法的细胞物质氧化时释放出的氮、磷，有利于缺少氮、磷的工业废水的处理。另外，由于池容积大，此法比较能够适应进水量和水质的变化，低温的影响也小。但池容积大，污泥龄长，基建费和动力费都较高，占地面积也较大。所以只适用于要求较高而又不便于污泥处理的小型城镇污水和工业废水的处理。延时曝气法一般采用完全混合式的流型。氧化渠也属此类。

⑥渐减曝气法

渐减曝气法是为改进传统法中前部供氧不足及后部供氧过剩问题而提出来的。它的工艺流程与传统法一样，只是供气量沿池长方向递减，使供气量与需氧量基本一致。具体措施是从池首端到末端所安装的空气扩散设备逐渐减少。这种供气形式使通人池内的空气得到了有效利用。

（2）生物膜法

生物膜处理法的实质是使细菌以及真菌一类的微生物和原生动物、后生动物一类的微型动物于生物滤料或者其他载体上吸附，并在其上形成膜状生物污泥将废水中的有机污染物作为营养物质，从而实现净化废水。生物膜法具有以下特点：对水量、水质、水温变动适应性强；处理效果好并具良好硝化功能；污泥量小，且易于固液分离；动力费用省。

①生物滤池的一般构造

其中，滤料作为生物膜的载体，滤料表面积越大，生物膜数量越多。生物滤池的池壁只起围挡滤料的作用，一些滤池的池壁上带有许多孔洞，用以促进滤层的内部通风。排水及通风系统用以排除处理水，支承滤料及保证通风。布水装置设在填料层的上方，用以均匀喷洒污水。当前广泛采用的连续式水装置是旋转布水器。

②生物接触氧化工艺流程

生物接触氧化工艺是一种于20世纪70年代初开创的污水处理技术，其技术实质是在反应器内设置填料，经过充氧的污水浸没全部填料，并以一定的流速流经填料，从而使污水得到净化。

③生物滤池工艺流程

生物滤池是19世纪末发展起来的，是以土壤自净原理为依据，在污水灌溉的实践基础上建立起来的人工生物处理技术。其是利用需氧微生物对污水或有机性污水进行生物氧化处理的方法。

（3）厌氧生物处理法

厌氧生物法是在无分子氧条件下，通过厌氧微生物（包括兼氧微生物）的作用，将污水中的各种复杂有机物分解转化甲烷和二氧化碳等物质的过程，也称为厌氧消化。

利用厌氧生物法处理污泥、高浓度有机污水等产生的沼气可获得生物能，如生产1t酒精要排出约14m3槽液，每立方米槽液可产生沼气18m3，则每生产1t酒精其排出的槽液可产生约250m^3沼气，其发热量约相当于约250kg标准煤，并提高了污泥的脱水性，有利于污泥的运输、利用和处置。

升流式厌氧污泥床（UASB）是第二代废水厌氧生物处理反应器中典型的一种。由于在UASB反应器中能形成产甲烷活性高、沉降性能良好的颗粒污泥，因而UASB反应器具有很高的有机负荷。

UASB反应器的结构其主体可分为两个区域，即反应区和气、液、固三相分离区。在反应区下部是厌氧颗粒污泥所形成的污泥床，在污泥床上部是浓度较低的悬浮污泥层。当反应器运行时，待处理的废水以0.5～1.5m/h的流速从污泥床底部进入后与污泥接触，产生的沼气以气泡的形式由污泥床区上升，并带动周围混合液产生一定的搅拌作用。污泥床区的松散污泥被带入污泥悬浮层区，一部分污泥比重加大，沉入污泥床区。悬浮层混合液的污泥松散，颗粒比重小，污泥浓度较低。积累在三相分离器上的污泥絮体滑回反应区，这部分污泥又可与进水有机物发生反应，在重力作用下泥、水分离，污泥沿斜壁返回反应区，上清液从沉淀区上部排走。

5.生态处理法

（1）生物塘净化

生物塘法，又称氧化塘法，也叫稳定塘法，也是一种利用水塘中的微生物和藻类对污水和有机废水进行生物处理的方法。由于稳定塘构造简单、基建费用低，运行维护管理容易、运行费低、对污染物的去除效率高等特点而被越来越多地采用。稳定塘能够有效地用于生活污水、城市污水和各种有机工业废水的净化。

稳定塘处理过程与自然水体的自净过程相似。通常是将土地进行适当的人工修整，建成池塘，并设置围堤和防渗层，依靠塘内生长的微生物来处理污水。

对净化有机物浓度较高的城镇污水或工业废水的塘系统，由预处理厌氧塘、兼性塘、好氧塘或曝气塘生物塘串联而成。

①稳定塘的优缺点稳定塘的优点

第一，基建投资低。当有旧河道、沼泽地、谷地可利用作物作为稳定塘时，稳定塘系统的基建投资低。

第二，运行管理简单、经济。稳定塘运行管理简单，动力消耗低，运行费用较低，约为传统二级处理厂的 1/3 ～ 1/5。

第三，可进行综合利用实现污水资源化。如可将稳定塘出水用于农业灌溉，充分利用污水的水肥资源；也可用于养殖水生动物和植物，组成多级食物链的复合生态系统等。

稳定塘的缺点：

第一，占地面积大。没有空闲余地时不宜采用。

第二，净化效果受气候影响。如季节、气温、光照、降雨等自然因素都影响稳定塘的净化效果。

第三，当设计不当时，可能形成二次污染。例如污染地下水、产生臭氧和滋生蚊蝇等。

②稳定塘的设计要点

在稳定塘净化系统中，每一个单塘设计的最优，不能代表塘系统整体的最优，如何使稳定塘系统整体上达到净化效果最佳，经济上最合理，是稳定塘系统设计的关键。

第一，好氧塘。好氧塘（Aerobic pond）的水深较浅，一般在 0.3 ～ 0.5m，完全依靠藻类光合作用和塘表面风力搅动自然复氧供氧。阳光能直接射透到池底，藻类生长旺盛，加上塘面风力搅动进行大气复氧，全部塘水都呈现好氧状态。

第二，厌氧塘。厌氧塘的水深一般在 2.5m 以上，最深可达 4 ～ 5m，是一类高有机负荷的以厌氧分解为主的生物塘。在塘中耗氧超过藻类与大气复氧时，厌氧塘就使全塘处于厌氧分解状态。

第三，兼性塘。各种类型的氧化塘中，兼性塘是应用最广泛的一种。兼性塘的水深一般在 1.5 ～ 2m，塘内好氧和厌氧生化反应兼而有之。

（2）土地净化

水污染的土地净化技术是在人工控制下，利用土壤一微生物一植物组成的生态系统使污水中的污染物净化的方法。

土地净化技术由污水预处理设施，污水调节与贮存设施，污水输送、布水及控制系统，土地净化，净化出水的收集和利用系统等五部分组成。

①土地处理系统

土地处理系统根据处理目标、处理对象的不同，分快速渗滤（RI）、慢速渗滤（SR）、地表漫流（OF）、地下渗滤（S WIS）、湿地系统（WL）等 5 种工艺类型。

1）地表漫流（OF 系统）

地表漫流是将污水有控制地投配到多年生牧草、坡度缓（最佳坡度为2%～8%）和土壤透水性差（黏土或亚黏土）的坡面上，污水以薄层方式沿坡面缓慢流动，在流动过程中得到净化，其净化机理类似于固定膜生物处理法。地表漫流系统是以处理污水为主，同时可收获作物。这种工艺对预处理的要求较低，地表径流收集处理水（尾水收集在坡脚的集水渠后可回用或排放水体），对地下水的污染较轻。

废水要求预处理（如格栅、滤筛）后进入系统，出水水质相当于传统生物处理后的出水，对BOD、SS、N的去除率较高。

2）快速渗滤（RI 系统）

快速渗滤是采用处理场土壤渗透性强的粗粒结构的沙壤土或沙土渗滤得名的。废水以间歇方式投配于地面，在沿坡面流动的过程中，大部分通过土壤渗入地下，在渗滤过程中得到净化。

快速渗滤水主要是补给地下水和污水再生回用。用于补给地下水时不设集水系统，若用于污水再生回用，则需设地下集水管或井群以收集再生水。

3）慢速渗滤（SR 系统）

慢速渗滤是将废水投配到种有作物的土壤表面，废水在径流地表土壤与植物系统中得到充分净化的方法。在慢速渗滤中，处理场的种植作物根系可以阻碍废水缓慢向下渗滤，借土壤微生物分解和作物吸收进行净化。

慢渗生态处理系统适用于渗水性能良好的土壤与蒸发量小、气候湿润的地区。由于污水投配负荷一般较低，渗滤速度慢，故污水净化效率高，出水水质好。

4）地下渗滤（SWIS系统）

地下渗滤是将废水有效控制在距地表一定深度、具有一定构造和良好扩散性能的土层中，废水在土壤的毛细管浸润和渗滤作用下，向周围运动且达到处理要求的土地处理工艺。

地下渗滤系统负荷低，停留时间长，水质净化效果非常好，而且稳定；运行管理简单；氮磷去除能力强，处理出水水质好，处理出水可回用。

地下渗滤土地处理系统以其特有的优越性，越来越多地受到人们的关注。在国外，地下渗滤系统的研究和应用日益受到重视。在国内，居住小区、旅游点、度假村、疗养院等未与城市排水系统接通的分散建筑物排出的污水的处理与回用领域中有较多的应用研究。

②净化系统工艺和工艺参数选择

上述四种土地渗滤系统的选择应依据土壤性质、地形、作物种类、气候条件以及对废水的处理要求和处理水的出路而因地制宜，必要时建立由几个系统组成的复合系统，以提高处理水水质，使其符合回用或排放要求。

（3）人工湿地净化

人工湿地处理技术（COnstructed Wetlands）是一种生物—生态治污技术，它是利用土壤和填料（如卵石等）混合组成填料床，污水可以在床体的填料缝隙中曲折地流动，或在床体表面流动的洼地中，利用自然生态系统中物理、化学和生物的共同作用来实现对污水的净化。可处理多种工业废水，之后又推广应用为雨水处理，形成一个独特的动植物生态环境。

①人工湿地法的特点

人工湿地法与传统的污水处理法相比，其优点与特点如下。

①处理污水高效性；②系统组合具有多样性、针对性，能够灵活地进行选择；③投资少、建设与运营成本低；④行操作简便，不需复杂的自控系统；机械、电气、自控设备少，减少人力投入；⑤适合于小流量及间歇排放的废水处理，耐污及水力负荷强，抗冲击负荷性能好；⑥不仅适合于生活污水的处理，对某些工业废水、农业废水、矿山酸性废水及液态污泥也具有较好的净化能力；⑦净化污水的同时美化景观，形成良好生态环境，为野生动植物提供良好的生境

但也存在明显的不足，如下所列。

①占地面积相对较大；②受气候条件限制大，对恶劣气候条件抵御能力弱；③净化能力受作物生长成熟程度的影响大；④容易产生淤积、饱和现象，也可能需要控制蚊蝇等；⑤缺乏长期运行系统的详细资料。

②人工湿地的类型

人工湿地有两种基本类型，即表层流人工湿地和潜流人工湿地。

1）表层流人工湿地

也称水面湿地系统（Water Surface Wetland），向湿地表面布水，维持一定的水层厚度，一般为10～30cm，这时水力负荷可达$200m^3/(hm^2 \cdot d)$；污水中的绝大部分有机物的去除由长在植物水下茎秆上的生物膜来完成。表面流湿地类似于沼泽，不需要沙砾等物质作填料，因而造价较低。但占地大，水力负荷小，净化能力有限。湿地中的氧来源于水面扩散与植物根系传输，系统受气候影响大，夏季易滋生蚊蝇。

2）水平潜流人工湿地系统

水平潜流人工湿地系统，污水从布水沟（管）进入进水区，以水平方式在基质层（填料层）中流动，然后从另一端出水沟流出。污染物在微生物、基质和植物的共同作用下，通过一系列的物理、化学和生物作用得以去除。

3）垂直潜流人工湿地系统

垂直潜流人工湿地系统，采取湿地表面布水，污水经过向下垂直的渗滤，在基质层（填料层）得到净化，净化后的水由湿地底部设置的多孔集水管收集并排出。在垂直潜流人工湿地中污水从湿地表面纵向流向填料床的底部，床体处于不饱和状态，氧可通过大气扩散和植物传输进入人工湿地系统，该系统的硝化能力高于水平潜流湿地，可用于处理氨氮含量较高的污水。缺点是对有机物的去除能力不如水平潜流人工湿地系统。

4）复合式潜流湿地

为了达到更好的处理效果或者对脱氮有较高的要求，也可采用水平流和垂直流

组合的人工湿地。

③人工湿地系统净化废水的作用机理

（三）污水处理工艺

现代污水治理技术，按处理程度划分，可分为一级处理、二级处理和三级处理。

三级处理常用于二级处理后，主要方法有生物脱氮除磷法、混凝沉淀法、砂滤法、活性炭吸附法、离子交换法和电渗析法等。三级处理是深度处理的同义语，但两者又不完全相同。深度处理以污水回收、再用为目的，在一级或二级处理后增加的处理工艺。

污水再用的范围很广，从工业上的重复利用、水体的补给水源到成为生活用水等。

工业废水的处理流程，随工业性质、原料、成品及生产工艺的不同而不同，具体处理方法与流程应根据水质与水量及处理的对象，经调查研究或试验后决定。

1. 除磷工艺

污水中的磷一般有三种存在形态，即正磷酸盐、聚合磷酸盐和有机磷。经过二级生化处理后，有机磷和聚合磷酸盐已转化为正磷酸盐。

（1）除磷的方法

去磷的方法主要有石灰凝聚沉淀法、投加凝聚剂法和生物除磷法三类。

（2）生物除磷

废水中磷的存在形态取决于废水的类型，最常见的是磷酸盐、聚磷酸盐和有机磷。常规二级生物处理的出水中，90% 左右的磷以磷酸盐形式存在。

生物除磷主要由一类统称为聚磷菌的微生物完成，其基本原理包括厌氧放磷和好氧吸磷过程。

一般认为，在厌氧条件下，兼性细菌将溶解性 BOU 转化为低分子挥发性有机酸（VFA）。聚磷菌吸收这些 VFA 或来自原污水的 VFA，将其运送到细胞内，同化成胞内碳源存储物（PHB/PHV），所需能量来源于聚磷水解以及糖的酵解，维持其在厌氧环境生存，并导致磷酸盐的释放；在好氧条件下，聚磷菌进行有氧呼吸，从污水中大量地吸收磷，其数量大大超出其生理需求，通过 PHB 的氧化代谢产生能量，用于磷的吸收和聚磷的合成，能量以聚合磷酸盐的形式存储在细胞内，磷酸盐从污水中得到去除；同时合成新的聚磷菌细胞，产生富磷污泥，将产生的富磷污泥通过剩余污泥的形式排放，从而将磷从系统中除去。

2. 除氮工艺

（1）除氮原理

污水中的氮常以含氮有机物、氨、硝酸盐及亚硝酸盐等形式存在，目前采用的除氮原理有生物硝化脱氮、脱氨除氮、氯法除氮等，它们原理及特点。

①生物硝化脱氮

原理：污水中的氨态氮和由有机氮分解而产生氨态氮，在好氧条件下被亚硝酸和硝酸菌作用，氧化成硝酸氮特点：可去除多种含氮化合物，总氮去除率可达 70% ～ 95%，处理效果稳定，不产生二次污染且比较经济；但占地面积大，低温时效率低，易受有毒物质的影响，且运行管理较麻烦。

②脱氨除氮

原理：以石灰为碱剂，使污水的 pH 值提高到 10 以上，使污水中的氮主要是呈游离氨的形态，逸出散到空气中特点：去除率可达 65% ～ 95%，流程简单，处理效果稳定，基建费和运行费较低，可处理高浓度含氨污水；但气温低时效率随之降低，且逸出的氨对环境产生二次污染。

③氯化除氮

原理：先把原水 pH 值调到 6 ～ 7，加氯或者次氯酸钠，则原水中的氨变成氮

特点：氨氮去除率可达 90%～100%，处理效果稳定，不受水温影响，基建费用不高，不产生污泥，并兼有消毒作用，使氮气又回到大气中；但运行费用高，产生的氯代有机物须进行后处理。

（四）污水再生利用

人口的增长增加了对水的需求，也加大了污水的产生量。考虑到水资源是有限的，在这种情况下，水的再生利用无疑成为贮存和扩充水源的有效方法。此外，污水再生利用工程的实施，不再将处理出水排放到脆弱的地表水系，这也为社会提供了新的污水处理方法和污染减量方法。因此，正确实施非饮用性污水再生利用工程，可以满足社会对水的需求而不产生任何已知的显著健康风险，已经被越来越多的城市和农业地区的公众所接收和认可。

1. 回用水源

回用水源应以生活污水为主，尽量减少工业废水所占的比重。因为生活污水水质稳定，有可预见性，而工业废水排放时也在污染集中，会冲击再生处理过程。

城市污水水量大，水质相对稳定。就近可得，易于收集，处理技术成熟，基建投资比远距离引水经济，处理成本比海水淡化低廉。因此当今世界各国解决缺水问题时，城市污水首先被选为可靠的供水水源进行再生处理与回用。

在保证其水质对后续回用不产生危害的前提下，以此来进入城市排水系统的城市污水可作为回水水源。

当排污单位排水口污水的氯化物含量＞ 500mg/L，色度＞ 100（稀释倍数），铵态氮含量＞ 100mg/L，总溶解固体含量＞ 1500mg/L 时，不宜作为回用水源。其中氯离子是影响回用的重要指标，因为氯离子对金属产生腐蚀，所以应严格控制。

2. 再生水利用方式

再生水利用有直接利用和间接利用两种方式。直接利用是指由再生水厂通过输水管道直接将再生水送给用户使用；间接利用则是将再生水排入天然水体或回灌到地下含水层，从进入水体到被取出利用的时间内，在自然系统中经过稀释、过滤、挥发、氧化等过程获得进一步净化，然后再取出供不同地区用户不同时期使用。

3. 水资源再生利用途径

水资源再生利用到目前为止已开展多年，再生的污水主要为城市污水。参照国内外水资源再生利用的实践经验，再生水的利用途径可以分为城市杂用、工业回用、农业回用、景观与环境回用、地下水回灌以及其他回用等几个方面。

（1）城市杂用

再生水可作为生活杂用水和部分市政用水，包括居民住宅楼、公用建筑和宾馆饭店等冲洗厕所、洗车、城市绿化、浇洒道路、建筑用水、消防用水等。

在城市杂用中，绿化用水通常是再生水利用的重点。在美国的一些城市，资料表明普通家庭的室内用水量：室外用水量 1：3.6，其中室外用水主要是用于花园的绿化。如果能普及自来水和杂用水分别供水的“双管道供水系统”，则住宅区自来水用量可减少 78%。我国的住宅区绿化用水比例虽然没有这么高，但也呈现逐年增长的趋势。在一些新开发的生态小区，绿化率可高达 40% ～ 50%，这就需要大量的绿化用水，约占小区总用水量的 1/3 或更高。

城市污水回用于生活杂用水可以减少城市污水排放量，节约资源，利于环境保护。城市杂用水的水质要求较低，因此处理工艺也相对简单，投资与运行成本低。因此，再生水城市杂用将是未来城市发展的重要依托。

（2）工业回用

工业用水一般占城市供水量的 80% 左右。自 20 世纪 90 年代以来，世界的水资源短缺和人口增长，以及关于水源保持和环境友好的一系列环境法规的颁布，使得再生水在工业方面的利用不断增加。再生水回用于工业，主要是指为以下用水提供再生水。

此外，厂区绿化、浇洒道路、消防与除尘等对再生水的品质要求不是很高，也可以使用回用水。但也要注意降低再生水内的腐蚀性因素。

其中，冷却水占工业用水的 70% ～ 80% 或更多，如电力工业的冷却水占总水量的 99%，石油工业的冷却水占 90.1%，化工工业占 87.5%，冶金工业占 85.4%。冷却水用量大，但水质要求不高，用再生水作为冷却，水，也可以节省大量的新鲜水。因此工业用水中的冷却水是城市污水回用的主要对象。

（3）农业回用

农业灌溉是再生水回用的主要途径之一。再生水回用于农业灌溉，已有悠久历史，到目前，是各个国家最为重视的污水回用方式。

农业用水包括食用作物和非食用作物灌溉、林地灌溉、牧业和渔业用水，是用水大户。城市污水处理后用于农业灌溉，一方面可以供给作物需要的水分，减少农业对新鲜水的消耗；另一方面，再生水中含有氮、磷和有机质，有利于农作物的生长。此外，也可利用土壤——植物系统的自然净化功能减轻污染。

农业灌溉用水水质要求一般不高。一般城市污水要求的二级处理或城市生活污水的一级处理即可满足农灌要求。除生食蔬菜和瓜果的成熟期灌溉外，对于粮食作物、饲料、林业、纤维和种子作物的灌溉，一般不必消毒。就回用水应用安全可靠性而言，再生水回用于农业灌溉的安全性是最高的，对其水质的基本要求也相对容易达到。再生水回用于农业灌溉的水质要求指标主要包括含盐量、选择性离子毒性、氮、重碳酸盐、pH值等。

再生水用于农业应按照农灌的要求安排好再生水的使用，避免对污灌区作物、土壤和地下水带来不良影响，取得多方面的经济效益。

（4）景观和环境回用

这里所说的景观与环境回用是指有目的地将再生水回用到景观水体、水上娱乐设施等，从而满足缺水地区对娱乐性水环境的需要。用于景观娱乐和生态环境用水主要包括以下几个方面。

由再生水组成的两类景观水体中的水生动物、植物仅可观赏，不得食用；含有再生水的景观水体不应用于游泳、洗浴、饮用和生活洗涤。

（5）地下水回灌

地下回灌是扩大再生水用途的最有益的一种方式。地下水回灌多包括天然回灌和人工回灌，回灌方式有三种。

城市污水处理后回用于地下水回灌的目的主要有以下几种。

第一，减轻地下水开采与补给的不平衡，减少或防止地下水位下降、水力拦截海水及苦咸水入渗，控制或防止地面沉降及预防地震，还可以大大加快被污染地下水的稀释和净化过程。

第二，将地下含水层作为储水池（贮存雨水、洪水和再生水），扩大地下水资源的储存量。

第三，利用地下流场可以实现再生水的异地取用。

第四，利用地下水层达到污水进一步深度处理的目的。由此可见，地下回灌溉是一种再生水间接回用方法，又是一种处理污水方法。

再生水回用于地下水回灌，其水质一般应满足以下一些条件：首先，要求再生水的水质不会造成地下水的水质恶化；其次，再生水不会引起注水井和含水层堵塞；最后，要求再生水的水质不腐蚀注水系统的机械和设备。

在美国，地下水回灌已经有几十年的运行经验，投入运行的加利福尼亚州21世纪水厂将污水处理厂出水经深度处理后回灌入含水层以阻止海水入侵。人工地下水回灌也是以色列国家供水系统的重要组成部分，目前回灌水量超过8000×104 m^3/a，对这样一个缺水国家的供水保障起到重要作用。

（6）其他回用

再生水除了上述几种主要的回用方式外，还有其他一些回用方式。

①回用于饮用

污水回用作为饮用水，有直接回用和间接回用两种类型。

直接回用于饮用必须是有计划的回用，处理厂最后出水直接注入生活用水配水系统。此时必须严格控制回用水质，以此来绝对满足饮用水的水质要求。

间接回用是在河道上游地区，污水经净化处理后排入水体或渗入地下含水层，然后成为下游或当地的饮用水源。目前世界上普遍采用这种方法，如法国的塞纳河、德国的鲁尔河、美国的俄亥俄河等，这些河道中的再生水量比例为 13% ～ 82%；在干旱地区每逢特枯水年，再生水在河中的比例更大。

②建筑中水

建筑中水是指单体建筑、局部建筑楼群或小规模区域性的建筑小区各种排水，经适当处理后循环回用于原建筑物作为杂用的供水系统。

在使用建筑中水时，为了确保用户的身体健康、用水方面和供水的稳定性，适应不同的用途，通常要求中水的水质条件应满足以下几点：不产生卫生上的问题；在利用时不产生故障；利用时没有嗅觉和视觉上的不快感；对管道、卫生设备等不产生腐蚀与堵塞等影响。

第十章 水资源保护

第一节 水资源保护概述

水是生命的源泉，它滋润万物，哺育生命。我们赖以生存的地球有 70% 是被水覆盖着，而其中 97% 为海水，与我们生活关系最为密切的淡水，只有 3%，而淡水中又有 70% ～ 80% 为川淡水，目前很难利用。因此，我们能利用的淡水资源是十分有限的，并且受到污染的威胁。

中国水资源分布存在如下特点：总量不丰富，人均占有量更低；地区分布不均，水土资源不相匹配；年内年际分配不匀，旱涝灾害频繁。而水资源开发利用中的供需矛盾日益加剧。首先是农业干旱缺水，随着经济的发展和气候的变化，中国农业，特别是北方地区农业干旱缺水状况加重，干旱缺水成为影响农业发展和粮食安全的主要制约因素。其次是城市缺水，中国城市缺水，特别是改革开放以来，城市缺水愈来愈严重。同时，农业灌溉造成水的浪费，工业用水浪费也很严重，城市生活污水浪费惊人。

目前，我国的水资源环境污染已经十分严重，根据我国环保局的有关报道：我国的主要河流有机污染严重，水源污染日益突出。大型淡水湖泊中大多数湖泊处在富营养状态，水质较差。另外，全国大多数城市的地下水受到污染，局部地区的部分指标超标。由于一些地区过度开采地下水，导致地下水位下降，并引发地面的坍塌和沉陷、地裂缝和海水入侵等地质问题，并形成地下水位降落漏斗。

农业、工业和城市供水需求量不断提高导致了有限的淡水资源也更为紧张。为了避免水危机，我们必须保护水资源。水资源保护指为防止因水资源不恰当利用造成的水源污染和破坏而采取的法律、行政、经济、技术、教育等措施的总和。水资源保护的主要内容包括水量保护和水质保护两个方面。在水量保护方面，主要是对水资源统筹规划、涵养水源、调节水量、科学用水、节约用水、建设节水型工农业和节水型社会。在水质保护方面，主要是制定水质规划，提出防治措施。具体工作内容是制定水环境保护法规和标准；进行水质调查、监测与评价；研究水体中污染物质迁移、污染物质转化和污染物质降解与水体自净作用的规律；建立水质模型，制定水环境规划；实行科学的水质管理。

水资源保护的核心是根据水资源时空分布、演化规律，调整和控制人类的各种取用水行为，使水资源系统维持一种良性循环的状态，以达到水资源的可持续利用。水资源保护不是以恢复或保持地表水、地下水天然状态为目的的活动，而是一种积极的、促进水资源开发利用更合理、更科学问题。水资源保护与水资源开发利用是对立统一的，两者既相互制约，又相互促进。保护工作做得好，水资源才能可持续开发利用；开发利用科学合理了，也就达到了保护目的。

水资源保护工作应贯穿在人与水的各个环节中。从更广泛地意义上讲，正确客观地调查、评价水资源，合理地规划和管理水资源，都是水资源保护的重要手段，因为这些工作是水资源保护的基础。从管理的角度来看，水资源保护主要是“开源节流”、防治和控制水源污染。它一方面涉及水资源、经济、环境三者平衡与协调发展的问题，另一方面还涉及各地区、各部门、集体和个人用水利益的分配与调整。这里面既有工程技术问题，也有经济学和社会学问题。同时，还要广大群众积极响应，共同参与，就这一点来说，水资源保护也是一项社会性公益事业。

第二节　天然水的组成与性质

一、水的基本性质

（一）水的分子结构

水分子是由一个氧原子和两个氢原子过共价键键合所形成。通过对水分子结构的测定分析，两个O－H键之间的夹角为104.5°，H－O键的键长为96pm。由于氧原子的电负性大于氢原子，O－H的成键电子对更趋向于氧原子而偏离氢原子，从而氧原子的电子云密度大于氢原子，使得水分子具有较大的偶极矩（μ =1.84D），是一种极性分子。水分子的这种性质使得自然界中具有极性的化合物容易溶解在水中。水分子中氧原子的电负性大，O－H的偶极矩大，使得氢原子部分正电荷，可以把另一个水分子中的氧原子吸引到很近的距离形成氢键。水分子间氢键能为18.81KJ/mol，约为O－H共价键的1/20氢键的存在，增强了水分子之间的作用力。冰融化成水或者水汽化生成水蒸气，都需要环境中吸收能量来破坏氢键。

（二）水的物理性质

水是一种无色、无味、透明的液体，主要以液态、固态、气态三种形式存在。水本身也是良好的溶剂，大部分无机化合物可溶于水。由于水分子之间氢键的存在，使水具有许多不同于其他液体的物理、化学性质，从而决定水在人类生命过程和生活环境中无可替代的作用。

1. 固（熔）点和沸点

在常压条件下，水的凝固点为0℃，沸点为100℃。水的凝固点和沸点与同一主族元素的其他氢化物熔点、沸点的递变规律不相符，这是由于水分子间存在氢键的作用。水的分子间形成的氢键会使物质的熔点和沸点升高，这是因为固体熔化或液体汽化时必须破坏分子间的氢键，从而需要消耗较多能量的缘故。水的沸点会随着大气压力的增加而升高，而水的凝固点随着压力的增加而降低。

2. 密度

在大气压条件下，水的密度在4℃时最大，为1×103kg/m³，温度高于4℃时，水的密度随温度升高而减小，在0～4无时，密度随温度的升高而增加。

水分子之间能通过氢键作用发生缔合现象。水分子的缔合作用是一种放热过程，温度降低，水分子之间的缔合程度增大。当温度≤0℃，水以固态的冰的形式存在时，水分子缔合在一起成为一个大的分子。冰晶体中，水分子中的氧原子周围有四个氢原子，水分子之间构成了一个四面体状的骨架结构。冰的结构中有较大空隙，所以冰的密度反比同温度的水小。在冰从环境中吸收热量，熔化生成水时，冰晶体中一部分氢键开始发生断裂，晶体结构崩溃，体积减小，密度增大。当进一步升高温度时，水分子间的氢键被进一步破坏，体积进而继续减小，使得密度增大；同时，温度的升高增加了水分子的动能，分子振动加剧，水具有体积增加而密度减小的趋势。在这两种因素的作用下，水的密度在4龙时最大。

水的这种反常的膨胀性质对水生生物的生存发挥了重要的作用。因为寒冷的冬季，河面的温度可以降低到冰点或者更低，这是无法适合动植物生存的。当水结冰的时候，冰的密度小，浮在水面，4Y的水由于密度最大，而沉降到河底或者湖底，可以保水下生物的生存。而当天暖的时候，冰在上面也是最先熔化。

3. 高介电常数

水的介电常数在所有的液体中是最高的，可使大多数蛋白质、核酸和无机盐能够在其中溶解并发生最大程度的电离，这对营养物质的吸收和生物体内各种生化反应的进行具有重要意义。

4. 水的依数性

水的稀溶液中，由于溶质微粒数与水分子数的比值变化，会导致水溶液的蒸汽压、凝固点、沸点和渗透压发生变化。

5. 透光性

水是无色透明的，太阳光中可见光和波长较长的近紫外光部分可透过，使水生植物光合作用所需的光能够到达水面以下的一定深度，而对生物体有害的短波远紫外光则几乎不能通过。这在地球上生命的产生和进化过程中起到了关键性的作用，对生活在水中的各种生物具有至关重要的意义。

（三）水的化学性质

1. 水的化学稳定性

在常温常压下，水是化学稳定的，很难分解产生氢气和氧气。在高温和

催化剂存在的条件下，水会发生分解，同时电解也是水分解的一种常用方式。水在直流电作用下，分解生成氢气和氧气，工业上用此法制纯氢和纯氧。

2. 水合作用

溶于水的离子和极性分子能够与水分子发生水合作用，相互结合，生成水合离子或者水合分子。这一过程属于放热过程。水合作用是物质溶于水时必然发生的一个化学过程，只是不同的物质水合作用方式和结果不同。

3. 水的电离

水能够发生微弱的电离，产生H+ 和 HO- 纯净水的 pH 值理论上为 7，天然水体的 pH 值一般为 6 ～ 9。水体中同时存在 H+ 和 HO\ 呈现出两性物质特性。

4. 水解反应

物质溶于水所形成的金属离子或者弱酸根离子能够与水发生水解反应，弱酸根离子发生水解反应。

二、天然水的组成

（一）天然水的组成

天然水在形成和迁移的过程中与许多具有一定溶解性的物质相接触，由于溶解和交换作用，使得天然水体富含有各种化学组分。天然水体所含有的物质主要包括无机离子、溶解性气体、微量元素、水生生物、有机物以及泥沙和黏土等。

（二）天然水的分类

天然水体在形成和迁移的过程中不断地与周围环境相互作用，其化学成分组成也多种多样，这就需要采用某种方式对水体进行分类，从而反映天然水体水质的形成和演化过程，为水资源的评价、利用与保护提供依据。

第三节　水体污染

一、天然水的污染及主要污染物

（一）水体污染

水污染主要是由于人类排放的各种外源性物质进入水体后，而导致其化学、物理、生物或者放射性等方面特性的改变，超出水体本身自净作用所能承受的范围，造成水质恶化的现象。

（二）污染源

造成水体污染的因素是多方面的，如向水体排放未经妥善处理的城市污水和工业废水；施用化肥、农药及城市地面的污染物被水冲刷而进入水体；随大气扩散的有毒物质通过重力沉降或降水过程而进入水体等。

按照污染源的成因进行分类，可以分成自然污染源和人为污染源两类。自然污染源是因自然因素引起污染的，如某些特殊地质条件（特殊矿藏、地热等）、火山爆发等。由于现代人们还无法完全对许多自然现象实行强有力的控制，因此也难控制自然污染源。人为污染源是指由于人类活动所形成的污染源，包括工业、农业和生活等所产生的污染源。人为污染源是可以控制的，但是不加控制的人为污染源对水体的污染远比自然污染源所引起的水体污染程度严重。人为污染源产生的污染频率高、污染的数量大、污染的种类多、污染的危害深，是造成水环境污染的主要因素。

按污染源的存在形态进行分类，可以分为点源污染和面源污染。点源污染多是以点状形式排放而使水体造成污染，如工业生产水和城市生活污水。它的特点是排污经常，污染物量多且成分复杂，依据工业生产废水和城市生活污水的排放规律，具有季节性和随机性，它的量可以直接测定或者定量化，其影响可以直接评价。而面源污染则是以面积形式分布和排放污染物而造成水体污染，如城市地面、农田、林田等。面源污染的排放是以扩散方式进行的，时断时续，并和气象因素有联系，其排放量不易调查清楚。

二、水体自净

污染物随污水排入水体后，经过物理、化学与生物的作用，使污染物的浓度降低，受污染的水体部分地或完全地恢复到受污染前的状态，这种现象称为水体自净。

（一）水体自净作用

水体自净过程非常复杂，按其机理可分为物理净化作用、化学及物理化学净化作用和生物净化作用。水体的自净过程是三种净化过程的综合，其中以生物净化过程为主。水体的地形和水文条件、水中微生物的种类和数量、水温和溶解氧的浓度、污染物的性质和浓度都会影响水体自净过程。

1. 物理净化作用

水体中的污染物质由于稀释、扩散、挥发、沉淀等物理作用而使水体污染物质浓度降低的过程，其中稀释作用是一项重要的物理净化过程。

2. 化学及物理化学作用

水体中污染物通过氧化、还原、吸附、酸碱中和等反应使其浓度降低的过程。

3. 生物净化作用

由于水生生物的活动，特别是微生物对有机物的代谢作用，使得污染物的浓度降低的过程。

影响水体自净能力的主要因素有污染物的种类和浓度、溶解氧、水温、流速、流量、水生生物等。当排放至水体中的污染物浓度不高时，水体能够通过水体自净功能使水体的水质部分或者完全恢复到受污染前的状态。但是当排入水体的污染物的量很大时，在没有外界干涉的情况下，有机物的分解会造成水体严重缺氧，形成厌氧条件，在有机物的厌氧分解过程中会产生硫化氢等有毒臭气。水中溶解氧是维持水生生物生存和净化能力的基本条件，往往也是衡量水体自净能力的主要指标。水温影响水中饱和溶解氧浓度和污染物的降解速率。水体的流量、流速等水文水力学条件，直接影响水体的稀释、扩散能力和水体复氧能力。水体中的生物种类和数量与水体自净能力关系密切，同时也反映了水体污染自净的程度与变化趋势。

（二）水环境容量

水环境容量指在不影响水的正常用途的情况下，水体所能容纳污染物的最大负荷量，因此又称为水体负荷量或纳污能力。水环境容量是制定地方性、专业性水域排放标准的依据之一，环境管理部门还利用它确定在固定水域到底允许排入多少污染物。水环境容量由两部分组成，一是稀释容量也称差值容量，二是自净容量也称同化容量。稀释容量是由于水的稀释作用所致，水量起决定作用。自净容量是水的各种自净作用综合的去污容量。对于水环境容量，水体运动特性和污染物的排放方式起决定作用。

第四节　水环境标准

一、水质标准

水质标准是由国家或地方政府对水中污染物或其他物质最大容许浓度或最小容许浓度所作的规定，是对各种水质指标作出的定量规范。水质标准实际上是水的物理、化学和生物学的质量标准，为保障人类健康的最基本卫生分为水环境质量标准、污水排放标准、饮用水水质标准、工业用水水质标准。

（一）水环境质量标准

目前，我国颁布并正在执行的水环境质量标准有《地表水环境质量标准》、《海水水质标准》、《地下水质量标准》等。

《地表水环境质量标准》将标准项目分为地表水环境质量标准项目、集中式生活饮用水地表水源地补充项目和集中式生活饮用水地表水源地特定项目。地表水环境质量标准基本项目适用于全国江河、湖泊、运河、渠道、水库等具有使用功能的地表水水域；集中式生活饮用水地表水源地补充项目和特定项目适用于集中式生活饮用水地表水源地一级保护区和二级保护区。《地表水环境质量标准》依据地表水水域环境功能和保护目标，按功能高低依次划分为5类。

Ⅰ类：主要适用于源头水、国家自然保护区。

Ⅱ类：主要适用于集中式生活饮用水地表水源地一级保护区、珍稀水生生物栖息地、鱼虾类产场、仔稚幼鱼的索饵场等。

Ⅲ类：主要适用于集中式生活饮用水地表水源地二级保护区、鱼虾类越冬场、洄游通道、水产养殖区等渔业水域及游泳区。

Ⅳ类：主要适用于一般工业用水区及人体非直接接触的娱乐用水区。

Ⅴ类：主要适用于农业用水区以及一般景观要求水域。

对应地表水上述5类水域功能，将地表水环境质量标准基本项目标准值分为5类，不同功能类别分别执行相应类别的标准值。水域功能类别高的标准值严于水域功能类别低的标准值。同一水域兼有多类使用功能的，执行最高功能类别对应的标准值。

《海水水质标准》规定了海域各类使用功能的水质要求。该标准按照海域的不同使用功能和保护目标，海水水质分为四类。

Ⅰ类：适用于海洋渔业水域，海上自然保护区和珍稀濒危海洋生物保护区。

Ⅱ类：适用于水产养殖区、海水浴场、人体直接接触海水的海上运动或娱乐区，以及与人类食用直接有关的工业用水区。

Ⅲ类：适用于一般工业用水、海滨风景旅游区。

Ⅳ类：适用于海洋港口水域、海洋开发作业区。

《地下水质量标准》适用于一般地下水，不适用于地下热水、矿水、盐卤水。根据我国地下水水质现状、人体健康基准值及地下水质量保护目标，并参照了生活饮用水、工业用水水质要求，将地下水质量划分为五类。

Ⅰ类：主要反映地下水化学组分的天然低背景含量，适用于各种用途。

Ⅱ类：主要反映地下水化学组分的天然背景含量，适用于各种用途。

Ⅲ类：以人体健康基准值为依据，其主要适用于集中式生活饮用水水源及工农业用水。

Ⅳ类：以农业和工业用水要求为依据，除适用于农业和部分工业用水外，适当处理后可作生活饮用水。

Ⅴ类：不宜饮用，其他用水可根据使用目的选用。

（二）污水排放标准

为了控制水体污染，保护江河、湖泊、运河、渠道、水库和海洋等地面水及地下水水质的良好状态，保障人体健康，维护生态环境平衡，国家颁布了《污水综合排放标准》和《城镇污水处理厂污染物排放标准》等《污水综合排放标准》根据受纳水体的不同划分为三级标准。排入未设置二级污水处理厂的城镇排水系统的污水，必须根据排水系统出水受纳水域的功能要求，执行上述相应的规定。该标准将污染物按照其性质及控制方式分为两类，第一类污染物不分行业和污水排放方式，也不分受纳水体的功能类别，一律在车间或车间处理设施排放口采样，最高允许浓度必须达到该标准要求；第二类污染物在排污单位排放口采样其最高允许排放浓度必须达到本标准要求。

《城镇污水处理厂污染物排放标准》规定了城镇污水处理厂出水废气排放和污泥处置（控制）的污染物限值，适用于城镇污水处理厂出水、废气排放和污泥处置（控制）的管理。该标准根据污染物的来源及性质，将污染物控制项目分为基本控制项目和选择控制项目两类。根据城镇污水处理厂排入地表水域环境功能和保护目标，以及污水处理厂的处理工艺，将基本控制项目的常规污染物标准值分为一级标准、二级标准、三级标准。一级标准分为A标准和B标准。而一类重金属污染物和选择控制项目不分级。

（三）生活饮用水水质标准

《生活饮用水卫生标准》规定了生活饮用水水质卫生要求、生活饮用水水源水质卫生要求、集中式供水单位卫生要求、二次供水卫生要求、涉及生活饮用水卫生安全产品卫生要求、水质监测和水质检验方法。

该标准主要从以下几方面考虑保证饮用水的水质安全：生活饮用水中不得含有病原微生物；饮用水中化学物质不得危害人体健康；饮用水中放射性物质不得危害人体健康；饮用水的感官性状良好；饮用水应经消毒处理；水质应该符合生活饮用水水质常规指标及非常规指标的卫生要求。该标准项目共计106项，这其中感官性状指标和一般化学指标20项，饮用水消毒剂4项，毒理学指标74项，微生物指标6项，放射性指标2项。

（四）农业用水与渔业用水

农业用水主要是灌溉用水，要求在农田灌溉后，水中各种盐类被植物吸收后，不会因食用中毒或引起其他影响，并且其含盐量不得过多，否则会导致土壤盐碱化。渔业用水除保证鱼类的正常生存、繁殖以外，还要防止有毒有害物质通过食物链在水体内积累、转化而导致食用者中毒。相应地，国家制定颁布《农田灌溉水质标准》和《渔业水质标准》。

第五节　水质监测与评价

一、水质监测

水质监测的主要内容有水环境监测站网布设、水样的采集与保存、确定监测项目、选用分析方法及水质分析、数据处理与资料整理等。

（一）水环境监测站网的布设

建立水环境监测站网应具有代表性、完整。站点密度应适宜，以能全面控制水系水质基本状况为原则，并应与投入的人力、财力相适应。

1. 水质监测站及分类

水质监测站是进行水环境监测采样和现场测定以及定期收集和提供水质、水量等水环境资料的基本单元，可由一个或者多个采样断面或采样点组成。

水质监测站根据设置的目的和作用分为基本站和专用站。基本站是为水资源开发利用与保护提供水质、水量基本资料，并与水文站、雨量站、地下水水位观测井等统一规划设置的站。基本站长期掌握水系水质的历年变化，搜集和积累水质基本资料而设立的，其测定项目和次数均较多。专用站是为某种专门用途而设置的，其监测项目和次数根据站的用途和要求而确定。

水质监测站根据运行方式可分为：固定监测站、流动监测站和自动监测站。固定监测站是利用桥、船、缆道或其他工具，在固定的位置上采样。流动监测站是利用装载检测仪器的车、船或飞行工具，进行移动式监测，搜集固定监测站以外的有关资料，以弥补固定监测站的不足。自动监测站主要设置在重要供水水源地或重要打破常规地点，依据管理标准，进行连续自动监测，以控制供水、用水或排污的水质。

水质监测站根据水体类型可分为地表水水质监测站、地下水水质监测站和大气降水水质监测站。地表水水质监测站是以地表水为监测对象的水质监测站。地表水水质监测站可分为河流水质监测站和湖泊（水库）水质监测站。其地下水水质监测站是以地下水为监测对象的水质监测站。大气降水中的水质监测是以大气降水为监测对象的水质监测站。

2. 水质监测站的布设

水质监测站的布设关系着水质监测工作的成败。水质在空间上与时间上的分布是不均匀的，具有时空性。水质监测站的布设是在区域的不同位置布设各种监测站，控制水质在区域的变化。在一定范围内布设的测站数量越多，则越能反映水体的质量状况，但需要较高的经济代价；测站数量越少，则经济上越节约，但不能正确地反映水体的质量状况。所以，布设的测站数量既要能正确地反映水体的质量状况，又要满足经济性。

在设置水质监测站前，应调查并收集本地区有关基本资料，如水质、水量、地质、地理、工业、城市规划布局，主要污染源与入河排污口及水利工程和水产等资料，用作设置具有代表性水质监测站的依据。

3. 水环境监测站网

水环境监测站网是按一定的目的与要求，由适量的各类水质监测站组成的水环境监测网络。水环境监测站网可分为地表水、地下水和大气降水三种基本类型。根据监测目的或服务对象的不同，各类水质监测站可成不同类型的专业监测网或专用监测网。水环境监测站网规划应遵循以下原则：

以流域为单元进行统一规划，与水文站网、地下水水位观测井网、雨量观测站网相结合；各行政区站网规划应与流域站网规划相结合。各省、市、自治区环境站网规划应不断进行优化调整，力求做到多用途、多功能，具有较强的代表性。目前，我国地表水的监测主要由水利和环保部门承担。

（二）水样的采集与保存

水样的代表性关系着水质监测结果的正确性。采样位置、时间、频率、方法及保存等都影响着水质监测的结果。我国水利部门规定：基本测站至少每月采样一次；湖泊（水库）一般每两个月采样一次；污染严重的水体，每年应采样 8 ～ 12 次；底泥和水生生物，每年在枯水期采样一次。

水样采集后，由于环境的改变、微生物及化学作用，水样水质会受到不同程度的影响，所以，应尽快进行分析测定，以免在存放过程中引起较大的水质变化。有的监测项目要在采样现场采用相应方法立即测定，如水温、pH 值、溶解氧、电导率、透明度、色嗅及感官性状等。有的监测项目不能很快测定，需要保存一段时间。水样保存的期限取决于水样的性质、测定要求和保存条件。未采取任何保存措施的水样，允许存放的时间分别为：清洁水样 72h；轻度污染的水样 48h；严重污染的水样 12h。为了最大限度地减少水样水质的变化，应采取正确有效的保存措施。

（三）监测项目和分析方法

水质监测项目包括反映水质状况的各项物理指标、化学指标、微生物指标等。选测项目过多可造成人力、物力的浪费，过少则不能正确反映水体水质状况。所以，必须合理地确定监测项目，使之能正确地反映水质状况。确定监测项目时要根据被测水体和监测目的综合考虑。通常按以下原则确定监测项目：

国家与行业水环境与水资源质量标准或评价标准中已列入的监测项目；

国家及行业正式颁布的标准分析方法中列入的监测项目；

反映本地区水体中主要污染物的监测项目；

专用站应依据监测目的选择监测项目。

水质分析的基本方法有化学分析法（滴定分析、重量分析等）、仪器分析法（光学分析法、色谱分析法、电化学分析法等），分析方法的选用应根据样品类型、污染物含量以及方法适用范围等确定。分析方法的选择应符合以下原则：

国家或行业标准分析方法；

等效或者参照适用 ISO 分析方法或其他国际公认的分析方法；

经过验证的新方法，其精密度、灵敏度与准确度不得低于常规方法。

（四）数据处理与资料整理

水质监测所测得的化学、物理以及生物学的监测数据，是描述和评价水环境质量，进行环境管理的基本依据，必须进行科学的计算和处理，并按照要求的形式在监测报告中表达出来。水质资料的整编包括两个阶段：一是资料的初步整编；二是水质资料的复审汇编。习惯上称前者为整编，后者为汇编。

1. 水质资料整编

水质资料整编工作是以基层水环境监测中心为单位进行的，是对水质资料的初步整理，是整编全过程中最主要最基础的工作，它的工作内容有搜集原始资料（包括监测任务书、采样记录、送样单至最终监测报告及有关说明等一切原始记录资料）、审核原始资料编制有关整编图表（水质监测站监测情况说明表及位置图、监测成果表、监测成果特征值年统计表）。

2. 水质资料汇编

水质资料汇编工作一般以流域为单位，其是流域水环境监测中心对所辖区内基层水环境监测中心已整编的水质资料的进一步复查审核。其工作内容有抽样、资料合理性检查及审核、编制汇编图表。汇编成果一般包括的内容有资料索引表、编制说明、水质监测站及监测断面一览表、水质监测站及监测断面分布图、水质监测站监测情况说明表及位置图、监测成果表、监测成果特征值年统计表。

经过整编和汇编的水质资料可以用纸质、磁盘和光盘保存起来，如水质监测年鉴、水环境监测报告、水质监测数据库、水质检测档案库等。

二、水质评价

水质评价是水环境质量评价的简称，也根据水的不同用途，选定评价参数，按照一定的质量标准和评价方法，对水体质量定性或定量评定的过程。目的在于准确地反映水质的情况，指出发展趋势，为水资源的规划、管理、开发、利用和污染防治提供依据。

水质评价是环境质量评价的重要组成部分，内容很广泛，工作目的和研究角度的不同，分类的方法不同。

（一）水质评价分类

水质评价分类：水质评价按时间分，有回顾评价、预断评价；按水体用途分，有生活饮用水质评价、渔业水质评价、工业水质评价、农田灌溉水质评价、风景和游览水质评价；按水体类别分，有江河水质评价、湖泊（水库）水质评价、海洋水质评价、地下水水质评价；按评价参数分，有单要素评价和综合评价。

（二）水质评价步骤

水质评价步骤一般包括：提出问题、污染源调查及评价、收集资料与水质监测、参数选择和取值、选择评价标准、确定评价内容和方法、编制评价图表和报告书等。

1. 提出问题

这包括明确评价对象、评价目的、评价范围和评价精度等。

2. 污染源调查及评价

查明污染物排放地点、形式、数量、种类和排放规律，并在此基础上，结合污染物毒性，确定影响水体质量的主要污染物和主要污染源，作出相应的评价。

3. 收集资料与水质监测

水质评价要收集和监测足以代表研究水域水体质量各种数据。将数据整理验证后，用适当方法进行统计计算，以获得各种必要的参数统计特征值。监测数据的准确性和精确度以及统计方法的合理性，是决定评价结果可靠程度的重要因素。

4. 参数选择和取值

水体污染的物质很多，一般可根据评的目的和要求，选择对生物、人类及社会经济危害大的污染物作为主要评价参数。常选用的参数有水温、pH 值、化学耗氧量、生化需氧量、悬浮物、氨、氮、酚、汞、神、铬、铜、镉、铅、氟化物、硫化物、有机氯有机磷、油类、大肠杆菌等。参数一般取算术平均值或几何平均值。水质参数受水文条件和污染源条件影响，具有随机性，故从统计学角度看，参数按概率取值较为合理。

5. 选择评价标准

水质评价标准是进行水质评价的主要依据。根据水体用途和评价目的，选择相应的评价标准。一般地表水评价可选用地表水环境质量标准；海洋评价可选用海洋水质标准；专业用途水体评价可分别选用生活饮用水卫生标准、渔业水质标准、农田灌溉水质标准、工业用水水质标准以及有关流域或地区制定的各类地方水质标准等。地质目前还缺乏统一评价标准，通常参照清洁区土壤自然含量调查资料或地球化学背景值来拟定。

6. 确定评价内容及方法

评价内容一般包括感观性、氧平衡、化学指标、生物学指标等。评价方法的种类繁多，其常用的有：生物学评价法、以化学指标为主的水质指数评价法、模糊数学评价法等。

7. 编制评价图表及报告书

评价图表可以直观反映水体质量好坏。图表的内容可根据评价目的确定，一般包括评价范围图、水系图、污染源分布图、监测断面（或监测点）位置图、污染物含量等值线图、水质、底质、水生物质量评价图、水体质量综合评价图等。图表的绘制一般采用：符号法、定位图法、类型图法、等值线法、网格法等。评价报告书编制内容包括：评价对象、范围、目的和要求，评价程序，环境概况，污染源调查及评价，水体质量评价，评价结论及建议等。

第六节 水资源保护措施

一、加强节约用水管理

依据《中华人民共和国水法》与《中华人民共和国水污染防治法》有关节约用水的规定，从四个方面抓好落实。

（一）落实建设项目节水“三同时”制度

即新建、扩建、改建的建设项目，应当制订节水措施方案并配套建设节水设施；节水设施与主体工程同时设计、同时施工同时投产；今后新、改、扩建项目，先向水务部门报送节水措施方案，经审查同意后，项目主管部门才批准建设，项目完工后，对节水设施验收合格后才能投入使用，否则供水企业不予供水。

（二）大力推广节水工艺，节水设备和节水器具

新建、改建、扩建的工业项目，项目主管部门在批准建设以及水行政主管部门批准取水许可时，以生产工艺达到省规定的取水定额要求为标准；对新建居民生活用水、机关事业及商业服务业等用水强制推广使用节水型用水器具，凡不符合要求的，不得投入使用。通过多种方式促进现有非节水型器具改造，对现有居民住宅供水计量设施全部实行户表外移改造，所需资金由地方财政、供水企业和用户承担，对新建居民住宅要严格按照“供水计量设施户外设置”的要求进行建设。

（三）调整农业结构，建设节水型高效农业

推广抗旱、优质农作物品种，推广工程措施、管理措施、农艺措施和生物措施相结合的高效节水农业配套技术，农业用水逐步实行计量管理、总量控制，实行节

奖超罚的制度，适时开征农业水资源费，可由工程节水向制度节水转变。

（四）启动节水型社会试点建设工作

突出抓好水权分配、定额制定、结构调整、计量监测和制度建设，通过用水制度改革，建立与用水指标控制相适应的水资源管理体制，并大力开展节水型社区和节水型企业创建活动。

二、合理开发利用水资源

（一）严格限制自备井的开采和使用

已被划定为深层地下水严重超采区的城市，今后除为解决农村饮水困难确需取水的不再审批开凿新的自备井，市区供水管网覆盖范围内的自备井，限时全部关停；对于公共供水不能满足用户需求的自备井，安装监控设施，实行定额限量开采，适时关停。

（二）贯彻水资源论证制度

国民经济和社会发展规划以及城市总体规划的编制，重大建设项目的布局，应与当地水资源条件相适应，并进行科学论证。项目取水先期进行水资源论证，论证通过后方能由项目主管部门立项。调整产业结构、产品结构和空间布局，切实做到以水定产业，以水定规模，以水定发展，确保用水安全，并以水资源可持续利用支撑经济可持续发展。

（三）做好水资源优化配置

鼓励使用再生水、微咸水、汛期雨水等非传统水资源；优先利用浅层地下水，控制开采深层地下水，综合采取行政和经济手段，实现水资源优化配置。

三、加大污水处理力度，改善水环境

第一，根据《入河排污口监督管理办法》的规定，对现有入河排污口进行登记，建立入河排污口管理档案。此后设置入河排污口的，应当在向环境保护行政主管部门报送建设项目环境影响报告书之前，向水行政主管部门提出入河排污口设置申请，水行政主管部门审查同意后，合理设置。

第二，积极推进城镇居民区、机关事业及商业服务业等再生水设施建设。建筑面积在万平方米以上的居民住宅小区及新建大型文化、教育、宾馆、饭店设施，都必须配套建设再生水利用设施；没有再生水利用设施的在用大型公建工程，也要完善再生水配套设施。

第三，足额征收污水处理费。各省、市应当根据特定情况，制定并出台《污水处理费征收管理办法》。应加大污水处理费征收力度，为污水处理设施运行提供资金支持。

第四，加快城市排水管网建设，要按照“先排水管网、后污水处理设施”的建设原则，加快城市排水管网建设。在新建设时，要建设雨水管网和污水管网，推行雨污分流排水体系；要在城市道路建设改造的同时，对城市排水管网进行雨、污分流改造和完善，提高污水收水率。

四、深化水价改革，建立科学的水价体系

第一，利用价格杠杆促进节约用水、保护水资源。以便逐步提高城市供水价格，不仅包括供水合理成本和利润，还要包括户表改造费用、居住区供水管网改造等费用。

第二，合理确定非传统水源的供水价格。再生水价格以补偿成本和合理收益原则，结合水质、用途等情况，按城市供水价格的一定比例确定。要根据非传统水源的开发利用进展情况，及时制定合理的供水价格。

第三，积极推行“阶梯式水价（含水资源费）”。电力、钢铁、石油、纺织、造纸、啤酒、酒精七个高耗水行业，应当实施“定额用水”和“阶梯式水价（水资源费）”。水价分三级，级差为1：2：10。工业用水的第一级含量，按《省用水定额》确定，第二、三级水量为超出基本水量10（含）和10以上的水量。

五、加强水资源费征管和使用

第一，加大水资源费征收力度。征收水资源费是优化配置水资源、促进节约用水的重要措施。使用自备井（农村生活和农业用水除外）的单位和个人都应当按规定缴纳水资源费（含南水北调基金）。水资源费（含南水北调基金）主要用于水资源管理、节约、保护工作和南水北调工程建设，不得挪作他用。

第二，加强取水的科学管理工作，全面推动水资源远程监控系统建设、智能水表等科技含量高的计量设施安装工作，所有自备井都要安装计量设施，实现水资源计量，收费和管理科学化、现代化、规范化。

六、加强领导，落实责任，保障各项制度落实到位

水资源管理、水价改革和节约用水涉及面广、政策性强、实施难度大，各部门要进一步提高认识，确保责任到位、政策到位。落实建设项目节水措施“三同时”和建设项目水资源论证制度，取水许可和入河排污口审批、污水处理费和水资源费征收、节水工艺和节水器具的推广都需要有法律、法规做保障，对违法、违规行为要依法查处，确保各项制度措施落实到位。要大力做好宣传工作，使人民群众充分认识我国水资源的严峻形势，增强水资源的忧患意识与节约意识，形成“节水光荣，浪费可耻”的良好社会风尚，形成共建节约型社会的合力。

参考文献

[1] 贾绍凤，韩雁，朱文彬．中国水资源安全 [M]. 武汉：湖北科学技术出版社，2021.

[2] 王琳，王丽，黄绪达．水资源与城市供水安全 [M]. 北京：科学出版社，2021.

[3] 高娟，王化儒，向龙．生态文明与水资源管理实践 [M]. 上海：上海科学技术文献出版社，2021.

[4] 贾艳辉．水资源优化配置耦合模型及应用 [M]. 郑州：黄河水利出版社，2021.

[5] 帅神．节水动漫教育与水资源管理 [M]. 杭州：浙江工商大学出版社，2021.

[6] 刘凯．水文与水资源利用管理研究 [M]. 天津：天津科学技术出版社，2021.

[7] 沈连起，李成光，田婵娟．滨海区水资源保护与综合治理 [M]. 郑州：黄河水利出版社，2021.

[8] 钱龙霞．水资源评价决策与风险分析理论方法及其应用 [M]. 北京：中国水利水电出版社，2021.

[9] 李秋萍．流域水资源生态补偿制度及效率测度研究 [M]. 北京：经济管理出版社，2021.

[10] 刘凤睿．水文统计学与水资源系统优化方法 [M]. 天津：天津科学技术出版社，2021.

[11] 贾仰文，牛存稳，仇亚琴．多尺度山地水文过程与水资源效应 [M]. 北京：中国水利水电出版社，2021.

[12] 赵钟楠，袁勇，刘震．中国水资源风险状况与防控战略 [M]. 北京：中国水利水电出版社，2021.

[13] 杨明祥，陈靓，鹿星．气候变化对黄河流域水资源的影响与对策 [M]. 北京：中国水利水电出版社，2021.

[14] 杨晓华，孙波扬．区域水资源承载力及利用效率综合评价与调控 [M]. 北京：科学出版社，2021.

[15] 陈名．沿江型城市工业经济与水资源环境耦合研究 [M]. 北京：海洋出版社，2021.

[16] 傅晓华，傅泽鼎．流域水资源行政交接治理机制及实践 [M]. 长沙：湖南科学技术出版社，2020.

[17] 耿雷华，黄昌硕，卞锦宇．水资源承载力动态预测与调控技术及其应用研究 [M]. 南京：河海大学出版社，2020.

[18] 英爱文，章树安，孙龙．水文水资源监测与评价应用技术论文集 [M]. 南京：河海大学出版社，2020.

[19] 李广贺．水资源利用与保护 [M]. 北京：中国建筑工业出版社，2020.

[20] 孙秀玲，王立萍，娄山崇．水资源利用与保护 [M]. 北京：中国建材工业出版社，2020.

[21] 王建群，谭忠成，陆宝宏．水资源系统优化方法 [M]. 南京：河海大学出版社，2020.

[22] 刘江波．水资源水利工程建设 [M]. 长春：吉林科学技术出版社，2020.

[23] 曹升乐，于翠松，宋承新．水资源预警理论与应用 [M]. 北京：科学出版社，2020.

[24] 支援．水资源态势与虚拟水出路 [M]. 北京：科学出版社，2020.

[25] 张占贵，李春光，王磊．水文与水资源基本理论与方法 [M]. 沈阳：辽宁大学出版社，2020.

[26] 张修宇，陶洁．水资源承载力计算模型及应用 [M]. 武汉：湖北科学技术出版社，2020.

[27] 孙才志，赵良仕，马奇飞．中国水资源绿色效率研究 [M]. 北京：科学出版社，2020.

[28] 马兴冠．污水处理与水资源循环利用 [M]. 北京：冶金工业出版社，2020.

[29] 赵玉红，马喆，孙晓庆．水资源基础实验指导书 [M]. 北京：中国水利水电出版社，2020.

[30] 王喜峰．水资源协同安全制度体系研究 [M]. 北京：中国社会科学出版社，2020.

[31] 冯耀龙．水资源优化调度典型案例研究 [M]. 武汉：华中师范大学出版社，2020.

[32] 康德奎，王磊．内陆河流域水资源与水环境管理研究 [M]. 郑州：黄河水利出版社，2020.

[33] 潘奎生，丁长春．水资源保护与管理 [M]. 长春：吉林科学技术出版社，2019.

[34] 李泰儒．水资源保护与管理研究 [M]. 长春：吉林大学出版社，2019.

[35] 汪跃军．淮河流域水资源系统模拟与调度 [M]. 南京：东南大学出版社，2019.